工业和信息化“十三五”人才培养规划教材 …类

Routing and Switching Technology

路由交换技术与实践

刘道刚 ◉ 主编

人民邮电出版社

北京

图书在版编目（CIP）数据

路由交换技术与实践 / 刘道刚主编. -- 北京 : 人民邮电出版社, 2020.1（2024.1重印）
工业和信息化“十三五”人才培养规划教材. 网络技术类
ISBN 978-7-115-51509-4

Ⅰ. ①路… Ⅱ. ①刘… Ⅲ. ①计算机网络－路由选择－高等职业教育－教材②计算机网络－信息交换机－高等职业教育－教材 Ⅳ. ①TN915.05

中国版本图书馆CIP数据核字(2019)第129811号

内 容 提 要

本书详细介绍了常用的路由与交换技术，共分 6 个模块，20 个项目。本书相继讲解了路由器的基本配置、静态路由、RIPv1/RIPv2、EIGRP、单区域 OSPF、多区域 OSPF、OSPF 虚链路、路由重分布、VLAN、VLAN 中继、VLAN 间路由、ACL、NAT、STP、EtherChannel、端口安全、路由器密码恢复和 IOS 的备份与恢复等内容。每个项目在梳理知识点的基础上，分析需求并给出实施方案，在项目的结尾有项目小结和拓展训练，可帮助读者总结和巩固所学的内容。

本书可以作为高职高专院校计算机网络技术相关专业路由与交换技术课程的教材，也可以作为职业技能大赛备赛与学习的参考书，并适合网络工程技术人员和广大计算机网络爱好者自学使用。

◆ 主　　编　刘道刚
责任编辑　左仲海
责任印制　马振武

◆ 人民邮电出版社出版发行　　北京市丰台区成寿寺路 11 号
邮编　100164　　电子邮件　315@ptpress.com.cn
网址　http://www.ptpress.com.cn
天津翔远印刷有限公司印刷

◆ 开本：787×1092　1/16
印张：13.75　　2020 年 1 月第 1 版
字数：367 千字　　2024 年 1 月天津第10次印刷

定价：46.00 元

读者服务热线：(010)81055256　印装质量热线：(010)81055316
反盗版热线：(010)81055315
广告经营许可证：京东市监广登字 20170147 号

前言 FOREWORD

路由器和交换机是网络中的核心设备。路由与交换技术及路由器与交换机的配置在网络组建、网络设备的调试及网络管理过程中起着重要作用，是保证网络互联互通和可靠运行的关键。作为网络工程技术人员，掌握路由与交换技术，对完成路由器与交换机的配置至关重要。

本书编者在企业调研的基础上，结合山东省职业院校技能大赛“计算机网络应用”赛项考核的技能点和高等职业院校学生的特点，以实际应用转化项目为主线，按“教、学、做一体化”的指导思想选取并安排内容。本书是为培养技术技能型人才提供的适合教学与训练的教材，读者在学习本书的过程中，不仅可以学习基础知识和基本技术，还可以根据所学内容按工程化实践要求完成项目。

本书的主要特点如下。

1. 项目引领，任务驱动

本书以项目为载体，分为 6 个模块，20 个项目，可引导学生分析问题和解决问题，提高学生组建网络、配置与调试网络设备的能力。

2. 理论与实践紧密结合

本书在每个项目中都有知识点的梳理和配置命令语法格式的介绍，在分析项目需求的基础上提出了完成项目的解决方案，并配有配置步骤和完成每个子项目的分析、总结与说明，每个项目都有项目小结和拓展训练。本书将理论知识学习与实践应用训练相结合，可提高学生的专业技能，有助于“教、学、做一体化”教学模式的实施。

3. 与技能大赛和行业对接

本书编者在调研了企业应用的基础上，深入分析了技能大赛考核的技能点，在组织内容时兼顾了行业认证的需求，有利于推动教学与技能大赛和行业的对接。

本书编者常年工作在教学一线，有着丰富的高等职业教育教学经验，多年来辅导学生参加各类职业技能大赛，参与了多种类型的教育教学改革与研究工作。编者在本书的编写过程中得到了同事们和学生们的支持，思科网络技术学院和锐捷大学的讲师及工程技术人员也给予了指导性意见，在此表示感谢。

由于编者水平有限，书中不足之处在所难免，殷切希望广大读者批评指正，编者将不胜感激（E-mail：yzlwldg@163.com）。

编　者

2019 年 3 月

本书使用的图标

图标	名称	图标	名称
	路由器		集线器
	二层交换机		计算机
	三层交换机		服务器
	以太网连接	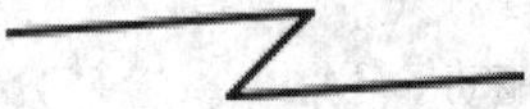	串行连接
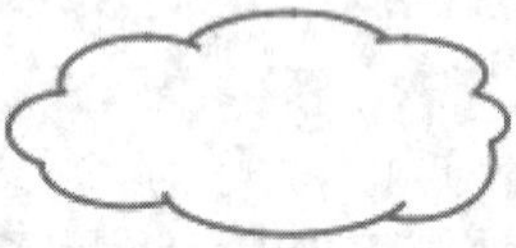	网络云		

目录 CONTENTS

模块一　网络路由的配置

项目 1

项目 2

项目 3

项目 4

项目 5

项目 6

模块二　网络交换的配置

项目 7

项目 8

项目 9

项目 10

模块三 网络访问控制的配置

项目 11

模块五　网络优化与安全配置

项目16

项目17

项目 18

模块六 网络设备的管理

项目 19

项目 20

模块一

网络路由的配置

路由器能够把不同的网络彼此互连起来，实现不同网络之间数据包的转发，隔离广播域和冲突域。当数据包在网络中转发时，路由器可以使数据包从源设备沿着正确的路径到达目的设备，实现路由选择。路由器要找到数据包去往目的地的路径，正确的路由配置是必不可少的。本模块介绍路由器的基本配置、静态路由的配置、RIP 的配置、EIGRP 的配置、OSPF 的配置和路由重分布的配置。

项目1 路由器的基本配置

01

1.1 用户需求

某学校网络拓扑图如图 1-1 所示，由于路由器 R1 出现故障，学校采购了一台新路由器。路由器刚刚到货并拆箱，怎样完成路由器的基本配置？

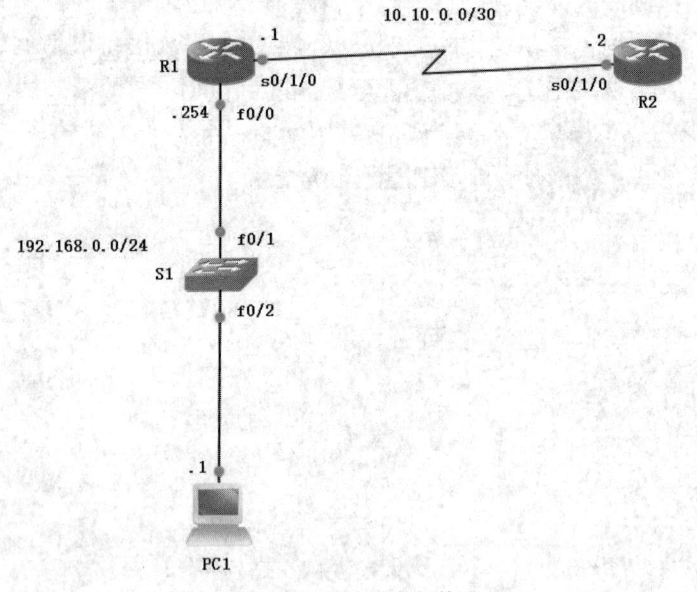

图 1-1　某学校网络拓扑图

1.2 知识梳理

1.2.1 认识路由器

路由器实质上是一种特殊的计算机，它是一种软硬件相结合的设备。路由器可以像计算机一样执行操作系统指令，如进行系统初始化、实现路由功能和交换功能。路由器由中央处理器（CPU）、随机存储器（RAM）、只读存储器（ROM）、闪存、非易失性随机访问存储器（NVRAM）和操作系统（OS）组成。

1. 中央处理器

中央处理器（CPU）是路由器的核心，与计算机的 CPU 功能相似，负责路由进程维护、路由算法运行、路由过滤和数据包转发等工作。中央处理器是衡量路由器性能的一个重要指标，路由器对数据包的处理速度很大程度上取决于中央处理器的类型和性能。

2. 随机存储器

随机存储器（RAM）称为易失性存储器，提供各种应用程序和进程的临时存储。RAM 中存储的内容有运行的 IOS、运行配置文件、各种表格（如 IP 路由表和 ARP 表）等，设备断电后，RAM 中的内容将会全部丢失。

3. 只读存储器

只读存储器（ROM）称为非易失性存储器，掉电后内容不会丢失。ROM 提供启动说明、基本诊断软件和有限的 IOS 的永久存储。

4. 闪存

闪存是非易失性的，掉电后内容不会丢失。闪存提供 IOS 和其他相关系统文件的永久性存储。

5. 非易失性随机访问存储器

非易失性随机访问存储器（NVRAM）提供启动配置文件的永久存储，存储器掉电后内容不会丢失。

6. 操作系统

思科设备的操作系统是 IOS。IOS 是网络设备的操作维护系统。用户通过命令运行人机界面对网络设备进行功能设置。操作系统主要能够提供网络设备及连接端口的功能选项设置、网络协议与网络设备之间数据传输安全管理设置等功能。

1.2.2 CLI 的操作模式

1. 用户执行模式

用户执行模式是系统启动后，进入设备的 CLI（命令行界面）的第一种模式。该模式仅允许执行数量有限的基本监控命令，不允许执行任何可能改变设备配置的命令，因此其通常被称为仅查看模式。

用户执行模式采用>符号结尾的提示符标识，如下所示。

```
Router>
```

2. 特权执行模式

特权执行模式是管理员执行配置或管理命令时处于的模式。这个模式是进入全局配置模式和其他所有的具体配置模式必须通过的模式。特权执行模式用#符号结尾的提示符标识，如下所示。

```
Router#
```

在用户执行模式下输入 enable，可以从用户执行模式进入特权执行模式；在特权执行模式下输入 disable 或者 exit，可以从特权执行模式退回到用户执行模式。

3. 全局配置模式

全局配置模式又称为主配置模式。在全局配置模式下进行的 CLI 配置更改会影响设备的整体工作情况。在特权执行模式下输入 configure terminal 后按 Enter 键，提示符发生变化，表明路由器已处于全局配置模式，如下所示。

```
Router#configure terminal
Router(config)#
```

在全局配置模式下输入 exit，可以从全局配置模式退回到特权执行模式。

1.2.3 路由器的登录方式

1. Console 口登录

控制台（Console）口登录方式是使用 Console 电缆把路由器和计算机连接起来，通过 Console 口对路由器进行带外访问。带外访问是指通过仅用于设备维护的专用管理通道进行访问。即使设备没有配置任何网络服务，也可以通过这种方式访问设备。

2. 远程登录

远程登录是通过虚拟接口在网络中建立远程设备的 CLI 会话的方法。这种登录方法必须至少配置了一个活动接口才可以使用。常用的远程登录有 Telnet 和 SSH。

3. 辅助口登录

辅助口（AUX）登录使用连接到路由器辅助口（AUX）的调制解调器进行拨号连接，类似于控制台连接。AUX 登录也是带外访问。

1.2.4 路由器的配置文件

1. 运行配置文件

运行配置文件是用于设备当前工作过程中的配置文件。通过命令或者图形化界面配置设备，会立即修改运行配置并影响设备的运行。运行配置文件存储在设备的内存或 RAM 中，如果设备断电或重新启动，所有未保存的运行配置的更改都会丢失。

2. 启动配置文件

启动配置文件用于备份配置，是设备重新启动时加载的配置。启动配置文件存储在 NVRAM 中。当配置了网络设备并修改了运行配置时，必须将这些更改保存到启动配置文件中，这样可防止所做的更改在电源故障或重新启动时丢失。

1.2.5 配置命令

1. 命名路由器

```
Router(config)#hostname name
```

name：设备的名称。设备名称要以字母开头，以字母或数字结尾，仅可使用字母、数字和破折号，不可包含空格，长度须小于 64 个字符。

2. 路由器的 Console 口加密

```
Router(config)#line console 0
Router(config-line)#password password
Router(config-line)#login
```

password：路由器的 Console 口登录密码。

login：对命令启用密码检查。

3. 使能密码的配置

```
Router(config)#enable password password
```

4. 使能加密密码的配置

```
Router(config)#enable secret password
```

5. VTY 密码的配置

```
Router(config)#line vty 0 4
```

```
Router(config-line)#password password
Router(config-line)#login
```

6. 加密密码显示

```
Router(config)#service password-encryption
```

7. 配置接口

（1）指定接口的类型和编号以进入接口配置模式

```
Router(config)#interface type number
```

type number：接口的类型和编号。

（2）配置 IP 地址和子网掩码

```
Router(config-if)#ip address ip-address mask
```

ip-address：接口的 IP 地址。

mask：接口 IP 地址对应的子网掩码。

（3）接口描述

```
Router(config-if)#description description
```

description：为每个接口配置的说明文字。说明文字的长度不能超过 240 个字符，可以说明接口所连接的网络信息以及该网络中是否还有其他路由器等信息。

（4）激活接口

```
Router(config-if)#no shutdown
```

8. 保存配置

```
Router#copy running-config startup-config
Router#write memory
```

注意

以上两条保存配置命令，只要在设备的特权执行模式下配置其中的任意一条，就可以实现对设备配置更改的保存。

9. 删除启动配置

```
Router#erase startup-config
```

10. 重启设备

```
Router#reload
```

11. 查看运行配置和启动配置

```
Router#show running-config
Router#show startup-config
```

12. 显示与当前加载的 IOS 版本以及硬件和设备相关的信息

```
Router#show version
```

13. 查看接口信息

```
Router#show interfaces
Router#show ip interface brief
```

1.2.6 热键和快捷方式

Tab：完成已部分输入的命令或关键字的其余部分（补全命令或者关键字）。

Ctrl+Shift+6：中断 ping 或 traceroute 一类的 IOS 进程。

向下箭头（Ctrl+P）：在前面用过的命令的列表中向前滚动。

向上箭头（Ctrl+N）：在前面用过的命令的列表中向后滚动。

Ctrl+C：放弃当前命令并退出配置模式。

Ctrl+R：重新显示一行。

Ctrl+A：将光标移至行首。

Ctrl+Z：退出配置模式并返回用户执行模式。

1.3 方案设计

路由器本身没有显示设备和输入设备（如键盘），无法直接显示运行的参数和输入命令，路由器的配置需要借助于有输入和输出设备的计算机。因为设备刚刚拆箱，没有配置任何网络服务，所以登录方式适合选择 Console 口登录。通过 Console 口登录后，完成以太口、串口的配置以及路由器的加密配置、telnet 的配置。

1.4 项目实施

1.4.1 Console 口登录路由器

网络拓扑图如图 1-1 所示，要求完成 Console 口登录路由器 R1 的配置。

步骤 1：硬件连接。Console 口登录的硬件连接如图 1-2 所示，Console 电缆一端连接路由器的 Console 口，另一端连接计算机的 COM 口。

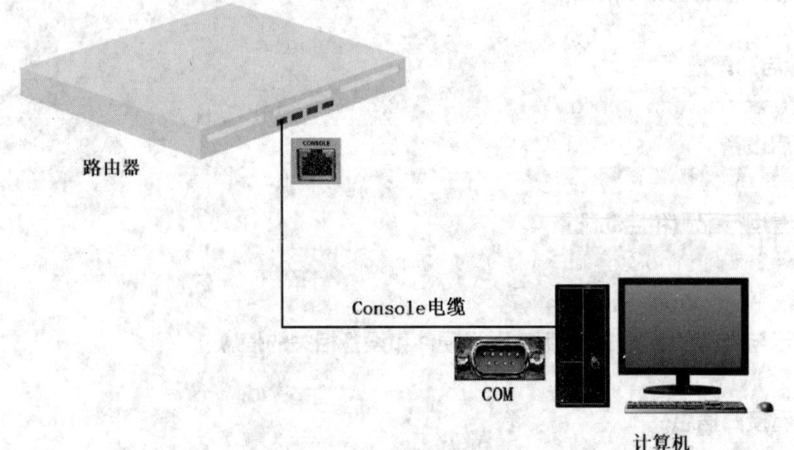

图 1-2　Console 口登录硬件连线

步骤 2：在计算机上运行 PuTTY、Tera Term、SecureCRT 或者超级终端等终端软件（本项目中运行的是 SecureCRT 软件）。双击桌面上的“SecureCRT”图标，打开 SecureCRT 软件主界面，单击（Quick Connect 图标），出现如图 1-3 所示的对话框。

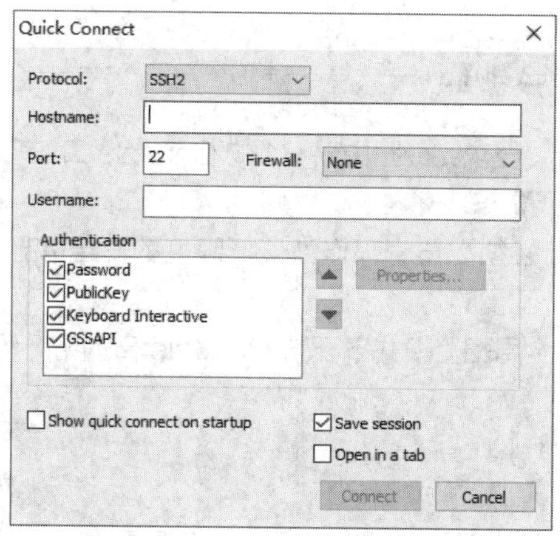

图 1-3 “Quick Connect”对话框

步骤 3：在“Protocol”下拉列表中选择“Serial”选项，在“Port”下拉列表中选择“COM1”选项，在“Baud rate”下拉列表中选择“9600”选项，取消勾选“RTS/CTS”复选框，如图 1-4 所示。

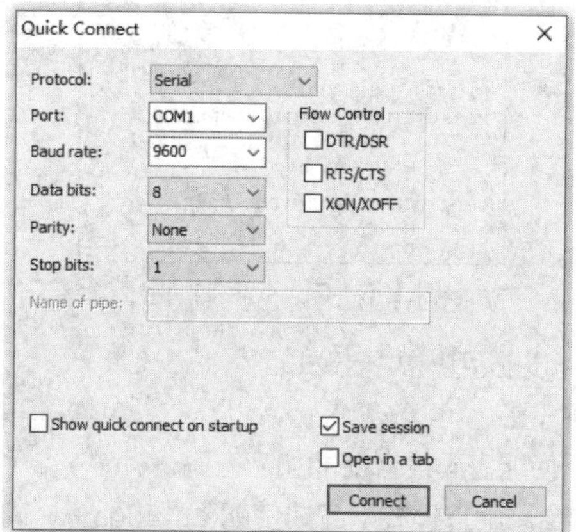

图 1-4 配置完成的“Quick Connect”对话框

步骤 4：单击“Connect”按钮，出现如图 1-5 所示的界面，可知计算机通过 Console 口成功登录路由器。

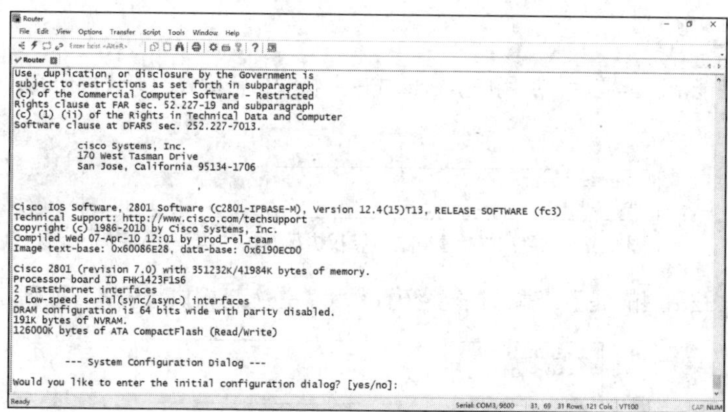


```
Use, duplication, or disclosure by the Government is
subject to restrictions as set forth in subparagraph
(c) of the Commercial Computer Software - Restricted
Rights clause at FAR sec. 52.227-19 and subparagraph
(c) (1) (ii) of the Rights in Technical Data and Computer
Software clause at DFARS sec. 252.227-7013.

           cisco Systems, Inc.
           170 West Tasman Drive
           San Jose, California 95134-1706


Cisco IOS Software, 2801 Software (C2801-IPBASE-M), Version 12.4(15)T13, RELEASE SOFTWARE (fc3)
Technical Support: http://www.cisco.com/techsupport
Copyright (c) 1986-2010 by Cisco Systems, Inc.
Compiled Wed 07-Apr-10 12:01 by prod_rel_team
Image text-base: 0x60086E28, data-base: 0x6190ECD0

Cisco 2801 (revision 7.0) with 351232K/41984K bytes of memory.
Processor board ID FHK1423F1S6
2 FastEthernet interfaces
2 Low-speed serial(sync/async) interfaces
DRAM configuration is 64 bits wide with parity disabled.
191K bytes of NVRAM.
126000K bytes of ATA CompactFlash (Read/Write)


         --- System Configuration Dialog ---

Would you like to enter the initial configuration dialog? [yes/no]:
```

图 1-5 通过 Console 口成功登录路由器

1.4.2 路由器的加密配置

网络拓扑图如图 1-1 所示，要求完成路由器 R1 的 Console 口加密和保护特权执行模式的配置。

1. Console 口的加密配置

网络设备的 Console 口必须配置密码作为最低限度的安全措施。本项目是在完成了路由器 Console 口登录的基础上进行配置的。

步骤 1：在路由器 R1 的全局配置模式下配置 Console 口加密，输入以下代码。

```
R1(config)#line console 0
R1(config-line)#password cisco
R1(config-line)#login
```

步骤 2：输入三个 exit 从路由器的当前模式退出，出现图 1-6 所示的提示。

```
R1(config-line)#exit
R1(config)#exit
R1#exit
```

```
R1 con0 is now available



Press RETURN to get started.


User Access Verification
Password:
```

图 1-6　Console 口加密

步骤 3：输入密码 cisco，进入用户执行模式。

2. 保护特权执行模式的配置

保护特权执行模式用的是使能密码或者使能加密密码。

步骤 1：在路由器 R1 的全局配置模式下完成使能密码的配置，输入以下代码。

```
R1(config)#enable password cisco
```

步骤 2：在路由器 R1 的全局配置模式下输入以下代码，从全局配置模式返回用户执行模式。

```
R1(config)#exit
R1#disable
R1>
```

路由器完成使能密码配置后，从用户执行模式进入特权执行模式时，会提示输入密码，如图 1-7 所示。

```
R1>enable
Password:
```

图 1-7　从用户执行模式进入特权执行模式时提示输入密码

步骤 3：根据路由器的提示，输入使能密码 cisco，进入特权执行模式，如图 1-8 所示。

```
R1>enable
Password:
R1#
```

图 1-8　输入使能密码

注意 **当输入密码时，路由器不会显示*或者#，只要输入的密码正确，按 Enter 键就可以进入特权执行模式。**

步骤 4：在路由器 R1 的全局配置模式下完成使能加密密码的配置，输入以下代码。

```
R1(config)#enable secret cisco1
```

然后重复完成步骤 2 和步骤 3，当从用户执行模式进入特权执行模式提示输入密码时，输入 cisco 无法进入，输入 cisco1 可以进入。

步骤 5：在路由器 R1 的特权执行模式下，输入 show run | begin enable 命令查看运行配置文件，如图 1-9 所示（在实际设备中，配置命令可以简写，如 show 可简写为 sh）。

```
R1#sh run | begin enable
enable secret 5 $1$zhvn$dFNZvmDdmZRsNT462dxLb/
enable password cisco
```

图 1-9　运行配置文件

步骤 6：在路由器 R1 的全局配置模式下，使路由器 R1 以明文方式显示的密码变成密文方式，输入以下代码。

```
R1(config)#service password-encryption
```

通过路由器 R1 从用户执行模式进入特权执行模式输入的密码和查看路由器的运行配置文件，可以发现，当一台路由器同时配置了使能密码和使能加密密码时，使能加密密码会起作用；在运行配置文件中，使能密码是以明文方式显示的，使能加密密码是以密文方式显示的，使能加密密码安全性更好。

1.4.3　路由器以太口和计算机 IP 地址的配置

网络拓扑图如图 1-1 所示，要实现计算机 PC1 与路由器 R1 的互通，需要完成路由器 R1 以太口的配置和计算机 IP 地址的配置。

步骤 1：在路由器 R1 的全局配置模式下配置路由器 R1 的 f0/0 接口，输入以下代码。

```
R1(config)#interface fastEthernet 0/0
R1(config-if)#ip address 192.168.0.254 255.255.255.0
R1(config-if)#no shutdown
```

步骤 2：右键单击计算机 PC1 桌面的“网络”图标，在弹出的快捷菜单中选择“属性”命令，如图 1-10 所示。

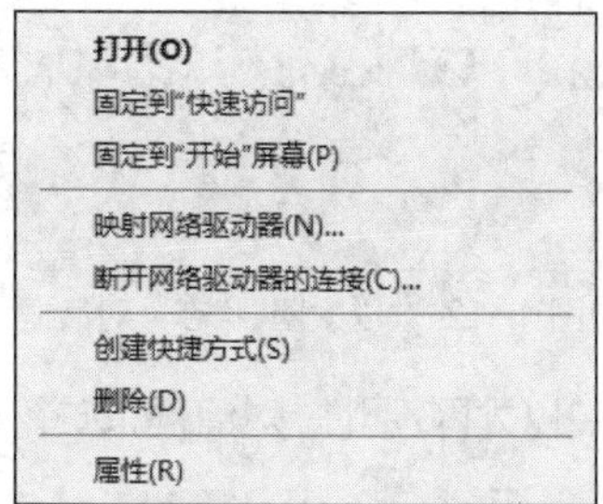

图 1-10　在快捷菜单中选择“属性”命令

步骤 3：选择“属性”命令后，打开“网络和共享中心”窗口，如图 1-11 所示。

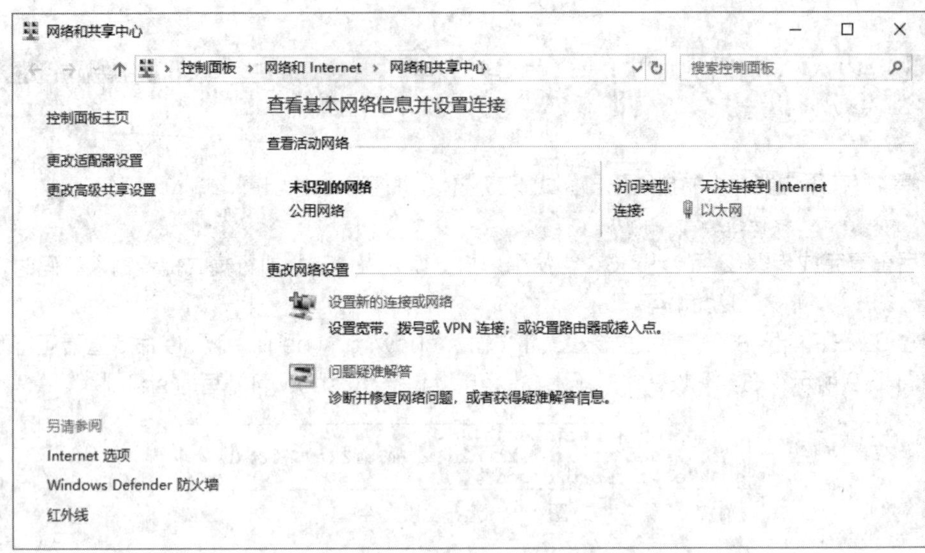

图 1-11 “网络和共享中心”窗口

步骤 4：单击“查看活动网络”栏中的“以太网”链接，打开“以太网 状态”对话框，如图 1-12 所示。

图 1-12 “以太网 状态”对话框

步骤 5：单击“属性”按钮，弹出“以太网 属性”对话框，选择“Internet 协议版本 4（TCP/IPv4）”选项，如图 1-13 所示。

步骤 6：单击“属性”按钮，弹出“Internet 协议版本 4（TCP/IPv4）属性”对话框，如图 1-14 所示。

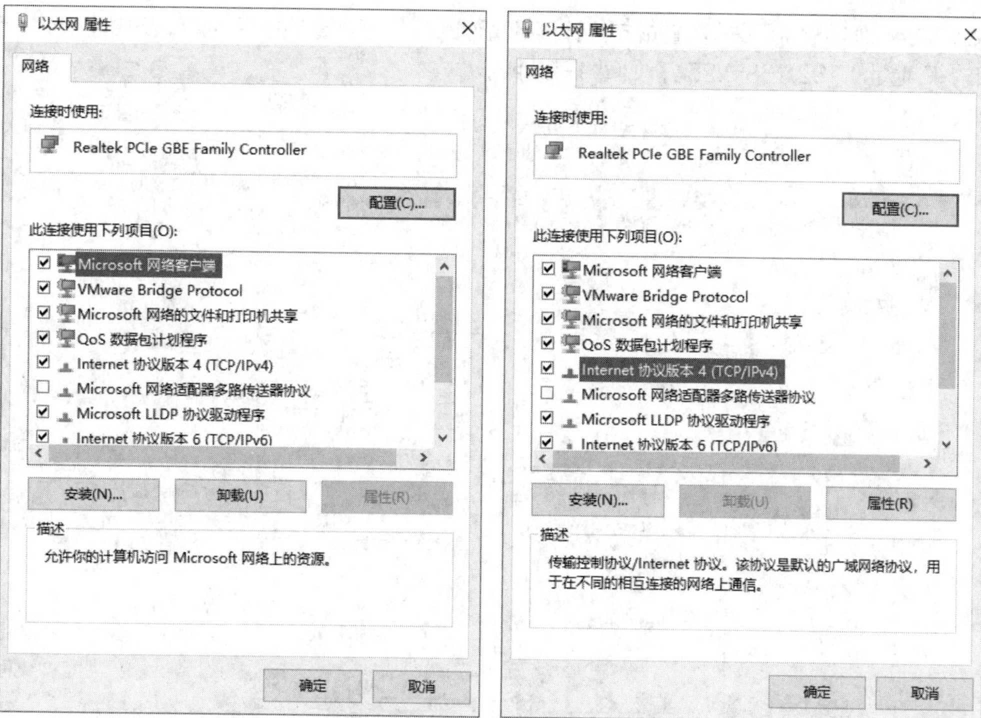

图 1-13 “以太网 属性”对话框

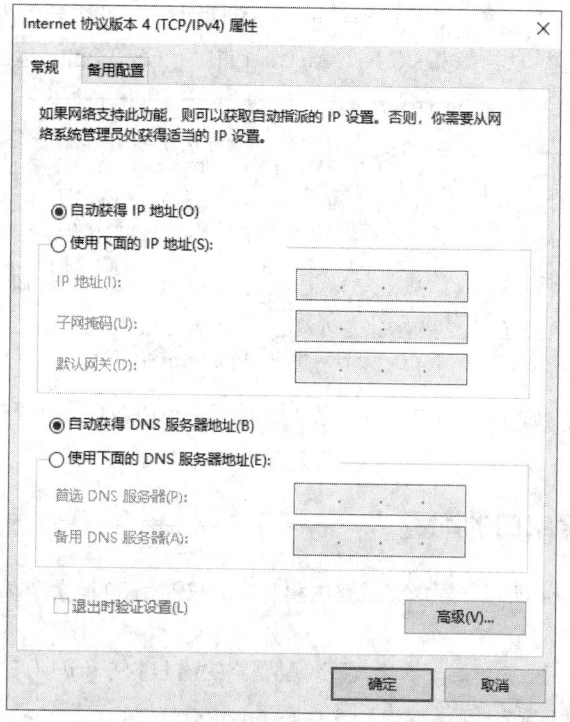

图 1-14 “Internet 协议版本 4（TCP/IPv4）属性”对话框

步骤 7：单击选中“使用下面的 IP 地址（S）:”单选按钮，根据图 1-1 中标注的计算机的 IP 地址完成配置，在“IP 地址”文本框中输入 192.168.0.1，“子网掩码”由网络前缀/24 转换成

255.255.255.0，“默认网关”配置成与该计算机直连的路由器的接口的 IP 地址（路由器 R1 的 f0/0 接口的 IP 地址）192.168.0.254，如图 1-15 所示。

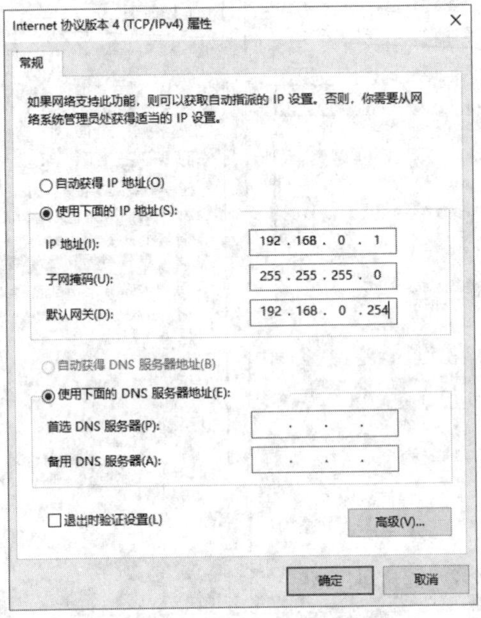

图 1-15　配置 IPv4 地址

步骤 8：单击“确定”按钮，如果没有提示 IP 地址冲突，说明配置成功。

步骤 9：检验连通性，从计算机 PC1 计算机 ping 192.168.0.254，返回结果如图 1-16 所示。

```
C:\>ping 192.168.0.254

正在 Ping 192.168.0.254 具有 32 字节的数据:
来自 192.168.0.254 的回复: 字节=32 时间<1ms TTL=255
来自 192.168.0.254 的回复: 字节=32 时间<1ms TTL=255
来自 192.168.0.254 的回复: 字节=32 时间<1ms TTL=255
来自 192.168.0.254 的回复: 字节=32 时间<1ms TTL=255

192.168.0.254 的 Ping 统计信息:
    数据包: 已发送 = 4，已接收 = 4，丢失 = 0 (0% 丢失)，
往返行程的估计时间(以ms为单位):
    最短 = 0ms，最长 = 0ms，平均 = 0ms
```

图 1-16　从计算机 PC1 ping 路由器 R1

通过查看从计算机 PC1ping 路由器 R1 返回的结果，可以发现，计算机 PC1 和路由器 R1 已经实现了互通。

1.4.4　路由器串口的配置

网络拓扑图如图 1-1 所示，要求完成路由器 R1 和 R2 串口的配置，实现路由器 R1 和路由器 R2 的互通。

步骤 1：在路由器 R1 的全局配置模式下，配置路由器 R1 的 s0/1/0 口，输入以下代码。

```
R1(config)#interface serial 0/1/0
R1(config-if)#ip address 10.10.0.1 255.255.255.252
R1(config-if)#no shutdown
```

步骤 2：在路由器 R2 的全局配置模式下配置路由器 R2 的 s0/1/0 口，输入以下代码。

```
R2(config)#interface serial 0/1/0
R2(config-if)#ip address 10.10.0.2 255.255.255.252
R2(config-if)#no shutdown
```

步骤 3：在路由器 R1 的特权执行模式下，输入 ping 10.10.0.2 命令检验连通性，如图 1-17 所示。

```
R1#ping 10.10.0.2

Type escape sequence to abort.
Sending 5, 100-byte ICMP Echos to 10.10.0.2, timeout is 2 seconds:
!!!!!
Success rate is 100 percent (5/5), round-trip min/avg/max = 12/15/16 ms
```

图 1-17　从路由器 R1 ping 路由器 R2

从路由器或者交换机等网络设备发出的 ping 命令将会为发送的每个 ICMP 回应生成一个指示符，最常见的指示符有如下几种。

!：表示收到一个 ICMP 应答。

.：表示等待答复时超时。

U：表示收到了一个 ICMP 无法到达报文。

通过查看从路由器 R1ping 路由器 R2 返回的结果，可以发现，路由器 R1 和路由器 R2 已经实现了互通。

1.4.5　路由器 telnet 的配置

1. telnet 时不进行身份验证

网络拓扑图如图 1-1 所示，这里要求完成路由器 R2 的 telnet 配置，实现路由器 R1telnet 到路由器 R2，telnet 时不进行身份验证。

步骤 1：在路由器 R2 的全局配置模式下，完成 telnet 和使能加密密码的配置，输入以下代码。

```
R2(config)#enable secret 123
R2(config)#line vty 0 4
R2(config-line)#no login
```

步骤 2：在路由器 R1 的特权执行模式下，输入 telnet 10.10.0.2，检验配置，如图 1-18 所示。

```
R1#telnet 10.10.0.2
Trying 10.10.0.2 ... Open

R2>
```

图 1-18　从路由器 R1telnet 路由器 R2

通过查看从路由器 R1telnet 路由器 R2 的状态，可以发现，从路由器 R1 可以成功 telnet 到路由器 R2。

2. telnet 时验证密码

本项目网络拓扑如图 1-1 所示，要求完成路由器 R2 的 telnet 配置，实现路由器 R1 telnet 到路由器 R2，telnet 时验证密码。

步骤 1：在路由器 R2 的全局配置模式下完成使能加密密码和 telnet 的配置，输入以下代码。

```
R2(config)#enable secret 123
R2(config)#line vty 0 4
R2(config-linc)#password 123
```

```
R2(config-line)#login
```

步骤 2：在路由器 R1 的特权执行模式下，输入 telnet 10.10.0.2，按照提示，输入密码 123，进入路由器 R2 的用户执行模式，如图 1-19 所示。

```
R1#telnet 10.10.0.2
Trying 10.10.0.2 ... Open


User Access Verification

Password:
R2>
```

图 1-19 从路由器 R1 telnet 路由器 R2

通过查看从路由器 R1telnet 路由器 R2 的状态，可以发现，从路由器 R1 成功 telnet 到了路由器 R2，telnet 时验证了密码。

3. telnet 时验证用户名和密码

网络拓扑图如图 1-1 所示，要求完成路由器 R2 的 telnet 配置，实现路由器 R1telnet 到路由器 R2，telnet 时验证用户名和密码。

步骤 1：在路由器 R2 的全局配置模式下，完成使能加密密码和 telnet 的配置，输入以下代码。

```
R2(config)#enable secret 123
R2(config)#username R2 password 123
R2(config)#line vty 0 4
R2(config-line)#login local
```

步骤 2：在路由器 R1 的特权执行模式下，输入 telnet 10.10.0.2，提示输入用户名和密码，如图 1-20 所示。按照提示，输入用户名 R2，输入密码 123，即可进入路由器 R2 的用户执行模式。

```
R1#telnet 10.10.0.2
Trying 10.10.0.2 ... Open


User Access Verification

Username: R2
Password:
```

图 1-20 telnet 时验证用户名和密码

通过查看从路由器 R1telnet 路由器 R2 的状态，可以发现，从路由器 R1 成功 telnet 到了路由器 R2，telnet 时验证了用户名和密码。

1.5 项目小结

本项目首先完成了路由器的 Console 口登录，在此基础上完成了路由器 Console 口的加密配置、使能密码和使能加密密码的配置、路由器以太口和串口的配置以及 telnet 配置。这些配置是路由器的基本配置。

1.6 拓展训练

网络拓扑图如图 1-21 所示，要求完成如下配置。

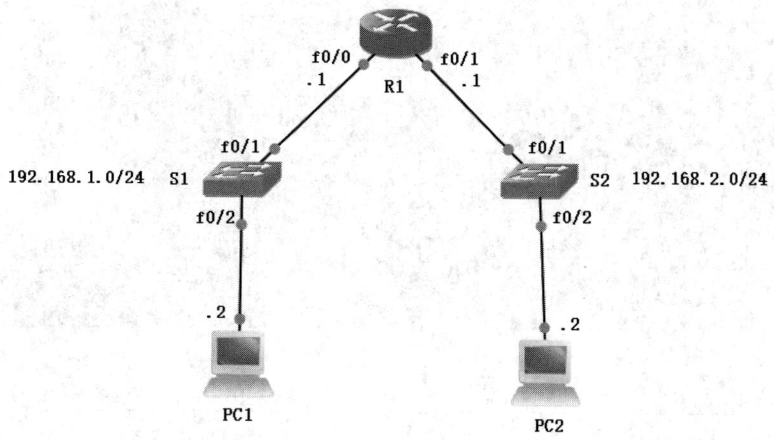

图 1-21　网络拓扑图

（1）完成路由器 R1 的接口和计算机 PC1 和 PC2 的 IP 地址的配置，实现网络互通。

（2）完成路由器 R1 的 Console 口的加密配置。

（3）完成路由器 R1 的 telnet 配置，telnet 时验证用户名和密码，并且登录后能够对设备进行配置。

（4）配置过程中用到的用户名为 R1，密码为 cisco。

项目2 静态路由的配置

02

2.1 用户需求

某学校网络拓扑图如图 2-1 所示，要求配置静态路由，实现计算机 PC1、PC2 和 PC3 互通。

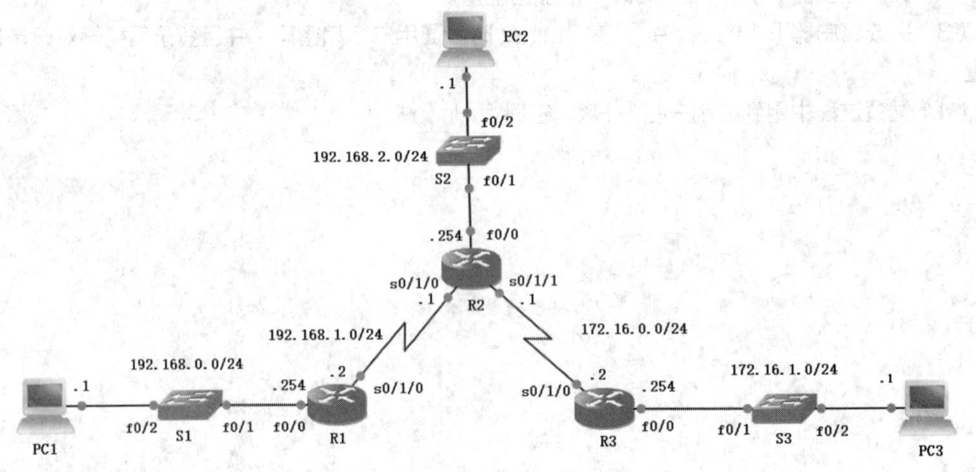

图 2-1　某学校网络拓扑图

2.2 知识梳理

2.2.1 直连路由

当使用 no shutdown 命令将直连其他设备的路由器接口激活后，接口为 up/up 状态，并且该接口也配置了 IP 地址。该接口所在的网络就会作为直连网络而加入路由表，形成一条直连路由。

1. 直连路由出现在路由表的条件

（1）接口为 up/up 状态。

（2）接口已经完成了 IP 地址的配置。

2. 直连路由的检查

用 show ip route 命令查看路由表，示例如图 2-2 所示。

```
R1#show ip route
Codes: L - local, C - connected, S - static, R - RIP, M - mobile, B - BGP
       D - EIGRP, EX - EIGRP external, O - OSPF, IA - OSPF inter area
       N1 - OSPF NSSA external type 1, N2 - OSPF NSSA external type 2
       E1 - OSPF external type 1, E2 - OSPF external type 2
       i - IS-IS, su - IS-IS summary, L1 - IS-IS level-1, L2 - IS-IS level-2
       ia - IS-IS inter area, * - candidate default, U - per-user static route
       o - ODR, P - periodic downloaded static route, H - NHRP, l - LISP
       + - replicated route, % - next hop override

Gateway of last resort is not set

      192.168.0.0/24 is variably subnetted, 2 subnets, 2 masks
C        192.168.0.0/24 is directly connected, FastEthernet0/0
L        192.168.0.254/32 is directly connected, FastEthernet0/0
```

图 2-2 路由器 R1 的路由表

路由表的第一项是路由来源，用于确定路由的获取方式。在图 2-2 所示路由器 R1 的路由表中，直连接口有两条路由，一条是路由来源为 C 的路由，C 用于标识直连网络，为直连路由条目；另外一条是路由来源为 L 的路由，L 用于标识为路由器接口分配的 IPv4 地址，为本地路由条目。不同的路由器 IOS 版本，直连条目是不同的，如果路由器用的是 IOS 15 之前的版本，路由表中的直连条目只有路由来源为 C 的直连路由条目，没有路由来源为 L 的本地路由条目；如果路由器用的是 IOS 15 之后的版本，直连条目中路由来源为 C 的直连路由条目和路由来源为 L 的本地路由条目都有。

在路由器配置静态或动态路由之前，路由器的路由表中只有直连条目，路由器只认识与自己直连的网络。直连条目是在配置静态或动态路由之前唯一显示在路由表中的路由条目。直连条目是配置静态路由和动态路由的基础，如果路由器没有直连条目，静态路由和动态路由将无法在路由表中生成。

2.2.2 静态路由

静态路由是指由网络管理员手动配置的路由信息，用于定义去往目的网络的明确路径。这种路由一经写入不会被自动修改，所以称为静态路由。当网络拓扑发生变化时，静态路由必须由网络管理员来手动修改。

1. 静态路由的类型

静态路由的类型主要有标准静态路由、默认静态路由、汇总静态路由和浮动静态路由。

静态路由根据如何指定目标，又可以分为 3 种：如果仅指定下一跳 IP 地址，则为下一跳静态路由；如果仅指定路由器的送出接口，则为直连静态路由；如果既指定下一跳 IP 地址又指定送出接口，则为完全指定静态路由。

2. 静态路由的配置方法

（1）检查每台路由器中直连路由的条数。图 2-1 所示网络拓扑图中有 3 台路由器 R1、R2 和 R3。路由器 R1 直连了两个网络，应该有两条直连路由；路由器 R2 直连了 3 个网络，应该有 3 条直连路由；路由器 R3 直连了两个网络，应该有两条直连路由。

（2）分析网络拓扑，找到每台路由器需要配置的静态路由条目的数量。

要把数据包发送到目的网络，路由器的路由表中需要有对应于该网络的路由，除了路由器的直连网络外，其他非直连网络都需要为路由器配置静态路由。图 2-1 所示网络拓扑图中，3 台路由器 R1、R2 和 R3 互连了 5 个网络，完成网络基本配置后，路由器 R1 的路由表中有两条直连路由，缺少去往 3 个（5 减 2）非直连网络的 3 条路由，要保证路由器 R1 能够把数据包发送到整个网络，路由器 R1 需要对应 3 个非直连网络，配置 3 条静态路由。同理，路由器 R2 需要配置 2 条静态路由，路由器 R3 需要配置 3 条静态路由。

（3）用静态路由配置命令为网络中的每台路由器配置静态路由。

3. 静态路由的配置命令

```
Router(config)#ip route network-address subnet-mask {ip-address|interface-type interface-number [ip-address]}[distance][name name][permanent][tag tag]
```

network-address：要加入路由表的远程网络的目的网络地址。

subnet-mask：要加入路由表的远程网络的子网掩码。此处子网掩码可修改，以便汇总一组网络。

ip-address：将数据包转发到远程目的网络所用的相连路由器的 IP 地址，一般称为下一跳 IP 地址。

interface-type interface-number：用于将数据包转发到下一跳的送出接口。

distance：可选参数，静态路由的管理距离，配置浮动静态路由时，通过修改该参数可实现路由的浮动。

name：可选参数，可以指定下一跳的名称。

permanent：可选参数，永久路由标识。

tag：可选参数，静态路由的 Tag 值。

4. 查看路由表

```
Router#show ip route
```

2.2.3 默认路由

默认路由是将 0.0.0.0/0 作为目的 IPv4 地址的静态路由，是静态路由的一种特殊形式。如果数据包能够与默认路由前面的其他路由条目匹配，路由器将不会查看默认路由；当数据包与默认路由前面的路由条目都不匹配时，路由器会查看默认路由。如果路由器配置了默认路由，数据包一定能够与默认路由匹配，并依据默认路由指示的路径转发出去。作为未知地址数据包的一种最后处理方式，配置默认路由可以创建最后选用的网关。

2.2.4 汇总静态路由

汇总静态路由是把多条静态路由汇总成一条静态路由。如果目的网络是连续的，可以把连续的网络地址汇总成一个网络地址，并且多条静态路由都使用相同的送出接口或下一跳 IP 地址，这时可以通过把静态路由中多个目的网络汇总成一个网络，从而把多条静态路由汇总成一条汇总静态路由。汇总静态路由可以减少路由表条目的数量。

2.2.5 管理距离

管理距离是路由协议的可信度或优先级。每一种路由协议都会分配一个信任等级，这个信任等级就叫管理距离。管理距离是从 0 到 255 的整数值，数值越小路由的可信度（或优先级）越高，数值越大路由的可信度（或优先级）越低。如果从多个不同的路由来源获取到同一目的网络的路由信息，路由器会使用管理距离来选择最佳路径。

2.2.6 浮动静态路由

如果数据包去往目的网络有多条路径，则当网络正常运行时，所有数据包都从某一路径去往目的网络；而当这条路径出现故障时，数据包会从其他路径去往目的网络。网络正常运行时数据包通过的这条路径称为主路径，其他路径称为备用路径。

浮动静态路由是为主静态或动态路由提供备用路径的静态路由，它仅在主路径不可用时使用，浮动静态路由的管理距离数值比主路长路由的管理距离数值要大。当主路径和备用路径都可以到达目的网络时，路由器会选择管理距离小的主路径；当主路径出现故障后，路由器会把管理距离大于主路径路由的备用路径路由添加到路由表中，实现路由的浮动。

2.3 方案设计

在如图 2-1 所示的网络拓扑图中，3 台路由器 R1、R2 和 R3 互连了 5 个网络，路由器 R1 有 3 个非直连网络，路由器 R2 有两个非直连网络，路由器 R3 有 3 个非直连网络，因为路由器 R1、R2 和 R3 没有去往非直连网络的路由，所以网络无法互通。要实现网络的互通，可以针对路由器 R1、R2 和 R3 的非直连网络配置标准静态路由。

通过观察如图 2-1 所示的网络拓扑图可以看到，路由器 R1 要把数据包转发给 192.168.2.0/24、172.16.0.0/24 和 172.16.1.0/24 三个非直连网络，都需要把数据包沿着同一路径转发给路由器 R2，所以可以针对这三个非直连网络为路由器 R1 配置一条默认路由；也可以把 172.16.0.0/24 和 172.16.1.0/24 两个网络进行汇总，配置一条汇总静态路由。

通过观察如图 2-1 所示的网络拓扑图还可以看到，路由器 R3 要把数据包转发给 192.168.0.0/24、192.168.1.0/24 和 192.168.2.0/24 三个非直连网络，都需要把数据包沿着同一路径转发给路由器 R1，所以可以针对这三个非直连网络，为路由器 R3 配置一条默认路由；也可以把 192.168.0.0/24、192.168.1.0/24 和 192.168.2.0/24 三个网络进行汇总，配置一条汇总静态路由。

2.4 项目实施

2.4.1 直连静态路由的配置

网络拓扑图如图 2-1 所示，计算机 PC1、PC2 和 PC3 的 IP 地址已经配置完成，要求完成路由器接口的配置和直连静态路由的配置，实现计算机 PC1、PC2 和 PC3 互通。

步骤 1：在路由器 R1 的全局配置模式下输入以下代码，配置接口。

```
R1(config)#interface f0/0
R1(config-if)#ip address 192.168.0.254 255.255.255.0
R1(config-if)#no shutdown
R1(config-if)#interface s0/1/0
R1(config-if)#ip address 192.168.1.2 255.255.255.0
R1(config-if)#no shutdown
```

步骤 2：在路由器 R2 的全局配置模式下输入以下代码，配置接口。

```
R2(config)#interface f0/0
R2(config-if)#ip add 192.168.2.254 255.255.255.0
R2(config-if)#no shutdown
R2(config-if)#interface s0/1/0
```

```
R2(config-if)#ip add 192.168.1.1 255.255.255.0
R2(config-if)#no shutdown
R2(config-if)#interface s0/1/1
R2(config-if)#ip add 172.16.0.1 255.255.255.0
R2(config-if)#no shutdown
```

步骤 3：在路由器 R3 的全局配置模式下输入以下代码，配置接口。

```
R3(config)#interface f0/0
R3(config-if)#ip add 172.16.1.254 255.255.255.0
R3(config-if)#no shutdown
R3(config-if)#interface s0/1/0
R3(config-if)#ip add 172.16.0.2 255.255.255.0
R3(config-if)#no shutdown
```

步骤 4：在路由器 R1 的特权执行模式下，输入 show ip route 命令查看路由表，如图 2-3 所示。

```
R1#sh ip route
Codes: C - connected, S - static, R - RIP, M - mobile, B - BGP
       D - EIGRP, EX - EIGRP external, O - OSPF, IA - OSPF inter area
       N1 - OSPF NSSA external type 1, N2 - OSPF NSSA external type 2
       E1 - OSPF external type 1, E2 - OSPF external type 2
       i - IS-IS, su - IS-IS summary, L1 - IS-IS level-1, L2 - IS-IS level-2
       ia - IS-IS inter area, * - candidate default, U - per-user static route
       o - ODR, P - periodic downloaded static route

Gateway of last resort is not set

C    192.168.0.0/24 is directly connected, FastEthernet0/0
C    192.168.1.0/24 is directly connected, Serial0/1/0
```

图 2-3　路由器 R1 的路由表

步骤 5：在路由器 R2 的特权执行模式下，输入 show ip route 命令查看路由表，如图 2-4 所示。

```
R2#sh ip route
Codes: C - connected, S - static, R - RIP, M - mobile, B - BGP
       D - EIGRP, EX - EIGRP external, O - OSPF, IA - OSPF inter area
       N1 - OSPF NSSA external type 1, N2 - OSPF NSSA external type 2
       E1 - OSPF external type 1, E2 - OSPF external type 2
       i - IS-IS, su - IS-IS summary, L1 - IS-IS level-1, L2 - IS-IS level-2
       ia - IS-IS inter area, * - candidate default, U - per-user static route
       o - ODR, P - periodic downloaded static route

Gateway of last resort is not set

     172.16.0.0/24 is subnetted, 1 subnets
C       172.16.0.0 is directly connected, Serial0/1/1
C    192.168.1.0/24 is directly connected, Serial0/1/0
C    192.168.2.0/24 is directly connected, FastEthernet0/0
```

图 2-4　路由器 R2 的路由表

步骤 6：在路由器 R3 的特权执行模式下，输入 show ip route 命令查看路由表，如图 2-5 所示。

```
R3#sh ip route
Codes: C - connected, S - static, R - RIP, M - mobile, B - BGP
       D - EIGRP, EX - EIGRP external, O - OSPF, IA - OSPF inter area
       N1 - OSPF NSSA external type 1, N2 - OSPF NSSA external type 2
       E1 - OSPF external type 1, E2 - OSPF external type 2
       i - IS-IS, su - IS-IS summary, L1 - IS-IS level-1, L2 - IS-IS level-2
       ia - IS-IS inter area, * - candidate default, U - per-user static route
       o - ODR, P - periodic downloaded static route

Gateway of last resort is not set

     172.16.0.0/24 is subnetted, 2 subnets
C       172.16.0.0 is directly connected, Serial0/1/0
C       172.16.1.0 is directly connected, FastEthernet0/0
```

图 2-5　路由器 R3 的路由表

通过查看路由器 R1、R2 和 R3 的路由表，可以发现，路由器 R1、R2 和 R3 对应于每个直连网络都出现了直连路由，直连路由没有问题。

步骤 7：在路由器 R1 的全局配置模式下输入以下代码，配置直连静态路由。

```
R1(config)#ip route 192.168.2.0 255.255.255.0 s0/1/0
R1(config)#ip route 172.16.0.0 255.255.255.0 s0/1/0
R1(config)#ip route 172.16.1.0 255.255.255.0 s0/1/0
```

步骤 8：在路由器 R2 的全局配置模式下输入以下代码，配置直连静态路由。

```
R2(config)#ip route 192.168.0.0 255.255.255.0 s0/1/0
R2(config)#ip route 172.16.1.0 255.255.255.0 s0/1/1
```

步骤 9：在路由器 R3 的全局配置模式下输入以下代码，配置直连静态路由。

```
R3(config)#ip route 192.168.0.0 255.255.255.0 s0/1/0
R3(config)#ip route 192.168.1.0 255.255.255.0 s0/1/0
R3(config)#ip route 192.168.2.0 255.255.255.0 s0/1/0
```

步骤 10：在路由器 R1 的特权执行模式下，输入 show ip route 命令查看路由表，如图 2-6 所示。

```
R1#sh ip route
Codes: C - connected, S - static, R - RIP, M - mobile, B - BGP
       D - EIGRP, EX - EIGRP external, O - OSPF, IA - OSPF inter area
       N1 - OSPF NSSA external type 1, N2 - OSPF NSSA external type 2
       E1 - OSPF external type 1, E2 - OSPF external type 2
       i - IS-IS, su - IS-IS summary, L1 - IS-IS level-1, L2 - IS-IS level-2
       ia - IS-IS inter area, * - candidate default, U - per-user static route
       o - ODR, P - periodic downloaded static route

Gateway of last resort is not set

     172.16.0.0/24 is subnetted, 2 subnets
S       172.16.0.0 is directly connected, Serial0/1/0
S       172.16.1.0 is directly connected, Serial0/1/0
C    192.168.0.0/24 is directly connected, FastEthernet0/0
C    192.168.1.0/24 is directly connected, Serial0/1/0
S    192.168.2.0/24 is directly connected, Serial0/1/0
```

图 2-6　路由器 R1 的路由表

步骤 11：在路由器 R2 的特权执行模式下，输入 show ip route 命令查看路由表，如图 2-7 所示。

```
R2#sh ip route
Codes: C - connected, S - static, R - RIP, M - mobile, B - BGP
       D - EIGRP, EX - EIGRP external, O - OSPF, IA - OSPF inter area
       N1 - OSPF NSSA external type 1, N2 - OSPF NSSA external type 2
       E1 - OSPF external type 1, E2 - OSPF external type 2
       i - IS-IS, su - IS-IS summary, L1 - IS-IS level-1, L2 - IS-IS level-2
       ia - IS-IS inter area, * - candidate default, U - per-user static route
       o - ODR, P - periodic downloaded static route

Gateway of last resort is not set

     172.16.0.0/24 is subnetted, 2 subnets
C       172.16.0.0 is directly connected, Serial0/1/1
S       172.16.1.0 is directly connected, Serial0/1/1
S    192.168.0.0/24 is directly connected, Serial0/1/0
C    192.168.1.0/24 is directly connected, Serial0/1/0
C    192.168.2.0/24 is directly connected, FastEthernet0/0
```

图 2-7　路由器 R2 的路由表

步骤 12：在路由器 R3 的特权执行模式下，输入 show ip route 命令查看路由表，如图 2-8 所示。

步骤 13：在计算机 PC1 的命令行界面输入 ping 192.168.2.1 命令检验连通性，如图 2-9 所示。

```
R3#sh ip route
Codes: C - connected, S - static, R - RIP, M - mobile, B - BGP
       D - EIGRP, EX - EIGRP external, O - OSPF, IA - OSPF inter area
       N1 - OSPF NSSA external type 1, N2 - OSPF NSSA external type 2
       E1 - OSPF external type 1, E2 - OSPF external type 2
       i - IS-IS, su - IS-IS summary, L1 - IS-IS level-1, L2 - IS-IS level-2
       ia - IS-IS inter area, * - candidate default, U - per-user static route
       o - ODR, P - periodic downloaded static route

Gateway of last resort is not set

     172.16.0.0/24 is subnetted, 2 subnets
C       172.16.0.0 is directly connected, Serial0/1/0
C       172.16.1.0 is directly connected, FastEthernet0/0
S    192.168.0.0/24 is directly connected, Serial0/1/0
S    192.168.1.0/24 is directly connected, Serial0/1/0
S    192.168.2.0/24 is directly connected, Serial0/1/0
```

图 2-8　路由器 R3 的路由表

```
C:\>ping 192.168.2.1

正在 Ping 192.168.2.1 具有 32 字节的数据:
来自 192.168.2.1 的回复: 字节=32 时间=9ms TTL=126
来自 192.168.2.1 的回复: 字节=32 时间=9ms TTL=126
来自 192.168.2.1 的回复: 字节=32 时间=9ms TTL=126
来自 192.168.2.1 的回复: 字节=32 时间=9ms TTL=126

192.168.2.1 的 Ping 统计信息:
    数据包: 已发送 = 4, 已接收 = 4, 丢失 = 0 (0% 丢失),
往返行程的估计时间(以ms为单位):
    最短 = 9ms, 最长 = 9ms, 平均 = 9ms
```

图 2-9　从计算机 PC1 ping 计算机 PC2

步骤 14：在计算机 PC1 的命令行界面输入 ping 172.16.1.1 命令检验连通性，如图 2-10 所示。

```
C:\>ping 172.16.1.1

正在 Ping 172.16.1.1 具有 32 字节的数据:
来自 172.16.1.1 的回复: 字节=32 时间=18ms TTL=125
来自 172.16.1.1 的回复: 字节=32 时间=18ms TTL=125
来自 172.16.1.1 的回复: 字节=32 时间=18ms TTL=125
来自 172.16.1.1 的回复: 字节=32 时间=19ms TTL=125

172.16.1.1 的 Ping 统计信息:
    数据包: 已发送 = 4, 已接收 = 4, 丢失 = 0 (0% 丢失),
往返行程的估计时间(以ms为单位):
    最短 = 18ms, 最长 = 19ms, 平均 = 18ms
```

图 2-10　从计算机 PC1 ping 计算机 PC3

步骤 15：在计算机 PC2 的命令行界面输入 ping 172.16.1.1 命令检验连通性，如图 2-11 所示。

```
C:\>ping 172.16.1.1

正在 Ping 172.16.1.1 具有 32 字节的数据:
来自 172.16.1.1 的回复: 字节=32 时间=9ms TTL=126
来自 172.16.1.1 的回复: 字节=32 时间=9ms TTL=126
来自 172.16.1.1 的回复: 字节=32 时间=9ms TTL=126
来自 172.16.1.1 的回复: 字节=32 时间=9ms TTL=126

172.16.1.1 的 Ping 统计信息:
    数据包: 已发送 = 4, 已接收 = 4, 丢失 = 0 (0% 丢失),
往返行程的估计时间(以ms为单位):
    最短 = 9ms, 最长 = 9ms, 平均 = 9ms
```

图 2-11　从计算机 PC2 ping 计算机 PC3

通过查看路由器 R1、R2 和 R3 的路由表可以发现，静态路由在路由表中是路由来源为 S 的路由，3 台路由器的路由表中路由完整。通过从计算机 PC1 ping 计算机 PC2 和 PC3 可以发现，计算机 PC1、PC2 和 PC3 已经实现了互通。

2.4.2 下一跳静态路由的配置

网络拓扑图如图 2-1 所示，路由器 R1、R2 和 R3 的接口和计算机 PC1、PC2 和 PC3 的 IP 地址已经配置完成，要求完成下一跳静态路由的配置，实现计算机 PC1、PC2 和 PC3 的互通。

步骤 1：在路由器 R1 的全局配置模式下输入以下代码，配置下一跳静态路由。

```
R1(config)#ip route 192.168.2.0 255.255.255.0 192.168.1.1
R1(config)#ip route 172.16.0.0 255.255.255.0 192.168.1.1
R1(config)#ip route 172.16.1.0 255.255.255.0 192.168.1.1
```

步骤 2：在路由器 R2 的全局配置模式下输入以下代码，配置下一跳静态路由。

```
R2(config)#ip route 192.168.0.0 255.255.255.0 192.168.1.2
R2(config)#ip route 172.16.1.0 255.255.255.0 172.16.0.2
```

步骤 3：在路由器 R3 的全局配置模式下输入以下代码，配置下一跳静态路由。

```
R3(config)#ip route 192.168.0.0 255.255.255.0 172.16.0.1
R3(config)#ip route 192.168.1.0 255.255.255.0 172.16.0.1
R3(config)#ip route 192.168.2.0 255.255.255.0 172.16.0.1
```

步骤 4：在路由器 R1 的特权执行模式下，输入 show ip route 命令查看路由表，如图 2-12 所示。

```
R1#sh ip route
Codes: C - connected, S - static, R - RIP, M - mobile, B - BGP
       D - EIGRP, EX - EIGRP external, O - OSPF, IA - OSPF inter area
       N1 - OSPF NSSA external type 1, N2 - OSPF NSSA external type 2
       E1 - OSPF external type 1, E2 - OSPF external type 2
       i - IS-IS, su - IS-IS summary, L1 - IS-IS level-1, L2 - IS-IS level-2
       ia - IS-IS inter area, * - candidate default, U - per-user static route
       o - ODR, P - periodic downloaded static route

Gateway of last resort is not set

     172.16.0.0/24 is subnetted, 2 subnets
S       172.16.0.0 [1/0] via 192.168.1.1
S       172.16.1.0 [1/0] via 192.168.1.1
C    192.168.0.0/24 is directly connected, FastEthernet0/0
C    192.168.1.0/24 is directly connected, Serial0/1/0
S    192.168.2.0/24 [1/0] via 192.168.1.1
```

图 2-12 路由器 R1 的路由表

步骤 5：在路由器 R2 的特权执行模式下，输入 show ip route 命令查看路由表，如图 2-13 所示。

```
R2#sh ip route
Codes: C - connected, S - static, R - RIP, M - mobile, B - BGP
       D - EIGRP, EX - EIGRP external, O - OSPF, IA - OSPF inter area
       N1 - OSPF NSSA external type 1, N2 - OSPF NSSA external type 2
       E1 - OSPF external type 1, E2 - OSPF external type 2
       i - IS-IS, su - IS-IS summary, L1 - IS-IS level-1, L2 - IS-IS level-2
       ia - IS-IS inter area, * - candidate default, U - per-user static route
       o - ODR, P - periodic downloaded static route

Gateway of last resort is not set

     172.16.0.0/24 is subnetted, 2 subnets
C       172.16.0.0 is directly connected, Serial0/1/1
S       172.16.1.0 [1/0] via 172.16.0.2
S    192.168.0.0/24 [1/0] via 192.168.1.2
C    192.168.1.0/24 is directly connected, Serial0/1/0
C    192.168.2.0/24 is directly connected, FastEthernet0/0
```

图 2-13 路由器 R2 的路由表

步骤 6：在路由器 R3 的特权执行模式下，输入 show ip route 命令查看路由表，如图 2-14 所示。

```
R3#sh ip route
Codes: C - connected, S - static, R - RIP, M - mobile, B - BGP
       D - EIGRP, EX - EIGRP external, O - OSPF, IA - OSPF inter area
       N1 - OSPF NSSA external type 1, N2 - OSPF NSSA external type 2
       E1 - OSPF external type 1, E2 - OSPF external type 2
       i - IS-IS, su - IS-IS summary, L1 - IS-IS level-1, L2 - IS-IS level-2
       ia - IS-IS inter area, * - candidate default, U - per-user static route
       o - ODR, P - periodic downloaded static route

Gateway of last resort is not set

     172.16.0.0/24 is subnetted, 2 subnets
C       172.16.0.0 is directly connected, Serial0/1/0
C       172.16.1.0 is directly connected, FastEthernet0/0
S    192.168.0.0/24 [1/0] via 172.16.0.1
S    192.168.1.0/24 [1/0] via 172.16.0.1
S    192.168.2.0/24 [1/0] via 172.16.0.1
```

图 2-14　路由器 R3 的路由表

步骤 7：在计算机 PC1 的命令行界面输入 ping 192.168.2.1 命令检验连通性，如图 2-15 所示。

```
C:\>ping 192.168.2.1

正在 Ping 192.168.2.1 具有 32 字节的数据:
来自 192.168.2.1 的回复: 字节=32 时间=9ms TTL=126
来自 192.168.2.1 的回复: 字节=32 时间=9ms TTL=126
来自 192.168.2.1 的回复: 字节=32 时间=9ms TTL=126
来自 192.168.2.1 的回复: 字节=32 时间=9ms TTL=126

192.168.2.1 的 Ping 统计信息:
    数据包: 已发送 = 4, 已接收 = 4, 丢失 = 0 (0% 丢失),
往返行程的估计时间(以ms为单位):
    最短 = 9ms, 最长 = 9ms, 平均 = 9ms
```

图 2-15　从计算机 PC1 ping 计算机 PC2

步骤 8：在计算机 PC1 的命令行界面输入 ping 172.16.1.1 命令检验连通性，如图 2-16 所示。

```
C:\>ping 172.16.1.1

正在 Ping 172.16.1.1 具有 32 字节的数据:
来自 172.16.1.1 的回复: 字节=32 时间=18ms TTL=125
来自 172.16.1.1 的回复: 字节=32 时间=18ms TTL=125
来自 172.16.1.1 的回复: 字节=32 时间=18ms TTL=125
来自 172.16.1.1 的回复: 字节=32 时间=18ms TTL=125

172.16.1.1 的 Ping 统计信息:
    数据包: 已发送 = 4, 已接收 = 4, 丢失 = 0 (0% 丢失),
往返行程的估计时间(以ms为单位):
    最短 = 18ms, 最长 = 18ms, 平均 = 18ms
```

图 2-16　从计算机 PC1 ping 计算机 PC3

步骤 9：在计算机 PC2 的命令行界面输入 ping 172.16.1.1 命令检验连通性，如图 2-17 所示。

```
C:\>ping 172.16.1.1

正在 Ping 172.16.1.1 具有 32 字节的数据:
来自 172.16.1.1 的回复: 字节=32 时间=9ms TTL=126
来自 172.16.1.1 的回复: 字节=32 时间=9ms TTL=126
来自 172.16.1.1 的回复: 字节=32 时间=9ms TTL=126
来自 172.16.1.1 的回复: 字节=32 时间=9ms TTL=126

172.16.1.1 的 Ping 统计信息:
    数据包: 已发送 = 4, 已接收 = 4, 丢失 = 0 (0% 丢失),
往返行程的估计时间(以ms为单位):
    最短 = 9ms, 最长 = 9ms, 平均 = 9ms
```

图 2-17　从计算机 PC2 ping 计算机 PC3

通过查看 3 台路由器 R1、R2 和 R3 的路由表和连通性检验可以发现，3 台路由器的路由表中路由完整，计算机 PC1、PC2 和 PC3 实现了互通。

2.4.3 完全指定静态路由的配置

网络拓扑图如图 2-1 所示，路由器 R1、R2 和 R3 的接口和计算机 PC1、PC2 和 PC3 的 IP 地址已经配置完成，要求完成完全指定静态路由的配置，实现计算机 PC1、PC2 和 PC3 的互通。

步骤 1：在路由器 R1 的全局配置模式下输入以下代码，配置完全指定静态路由。

```
R1(config)#ip route 192.168.2.0 255.255.255.0 s0/1/0 192.168.1.1
R1(config)#ip route 172.16.0.0 255.255.255.0 s0/1/0 192.168.1.1
R1(config)#ip route 172.16.1.0 255.255.255.0 s0/1/0 192.168.1.1
```

步骤 2：在路由器 R2 的全局配置模式下输入以下代码，配置完全指定静态路由。

```
R2(config)#ip route 192.168.0.0 255.255.255.0 s0/1/0 192.168.1.2
R2(config)#ip route 172.16.1.0 255.255.255.0 s0/1/1 172.16.0.2
```

步骤 3：在路由器 R3 的全局配置模式下输入以下代码，配置完全指定静态路由。

```
R3(config)#ip route 192.168.0.0 255.255.255.0 s0/1/0 172.16.0.1
R3(config)#ip route 192.168.1.0 255.255.255.0 s0/1/0 172.16.0.1
R3(config)#ip route 192.168.2.0 255.255.255.0 s0/1/0 172.16.0.1
```

步骤 4：在路由器 R1 的特权执行模式下，输入 show ip route 命令查看路由表，如图 2-18 所示。

```
R1#sh ip route
Codes: C - connected, S - static, R - RIP, M - mobile, B - BGP
       D - EIGRP, EX - EIGRP external, O - OSPF, IA - OSPF inter area
       N1 - OSPF NSSA external type 1, N2 - OSPF NSSA external type 2
       E1 - OSPF external type 1, E2 - OSPF external type 2
       i - IS-IS, su - IS-IS summary, L1 - IS-IS level-1, L2 - IS-IS level-2
       ia - IS-IS inter area, * - candidate default, U - per-user static route
       o - ODR, P - periodic downloaded static route

Gateway of last resort is not set

     172.16.0.0/24 is subnetted, 2 subnets
S       172.16.0.0 [1/0] via 192.168.1.1, Serial0/1/0
S       172.16.1.0 [1/0] via 192.168.1.1, Serial0/1/0
C    192.168.0.0/24 is directly connected, FastEthernet0/0
C    192.168.1.0/24 is directly connected, Serial0/1/0
S    192.168.2.0/24 [1/0] via 192.168.1.1, Serial0/1/0
```

图 2-18 路由器 R1 的路由表

步骤 5：在路由器 R2 的特权执行模式下，输入 show ip route 命令查看路由表，如图 2-19 所示。

```
R2#sh ip route
Codes: C - connected, S - static, R - RIP, M - mobile, B - BGP
       D - EIGRP, EX - EIGRP external, O - OSPF, IA - OSPF inter area
       N1 - OSPF NSSA external type 1, N2 - OSPF NSSA external type 2
       E1 - OSPF external type 1, E2 - OSPF external type 2
       i - IS-IS, su - IS-IS summary, L1 - IS-IS level-1, L2 - IS-IS level-2
       ia - IS-IS inter area, * - candidate default, U - per-user static route
       o - ODR, P - periodic downloaded static route

Gateway of last resort is not set

     172.16.0.0/24 is subnetted, 2 subnets
C       172.16.0.0 is directly connected, Serial0/1/1
S       172.16.1.0 [1/0] via 172.16.0.2, Serial0/1/1
S    192.168.0.0/24 [1/0] via 192.168.1.2, Serial0/1/0
C    192.168.1.0/24 is directly connected, Serial0/1/0
C    192.168.2.0/24 is directly connected, FastEthernet0/0
```

图 2-19 路由器 R2 的路由表

步骤 6：在路由器 R3 的特权执行模式下，输入 show ip route 命令查看路由表，如图 2-20 所示。

```
R3#sh ip route
Codes: C - connected, S - static, R - RIP, M - mobile, B - BGP
       D - EIGRP, EX - EIGRP external, O - OSPF, IA - OSPF inter area
       N1 - OSPF NSSA external type 1, N2 - OSPF NSSA external type 2
       E1 - OSPF external type 1, E2 - OSPF external type 2
       i - IS-IS, su - IS-IS summary, L1 - IS-IS level-1, L2 - IS-IS level-2
       ia - IS-IS inter area, * - candidate default, U - per-user static route
       o - ODR, P - periodic downloaded static route

Gateway of last resort is not set

     172.16.0.0/24 is subnetted, 2 subnets
C       172.16.0.0 is directly connected, Serial0/1/0
C       172.16.1.0 is directly connected, FastEthernet0/0
S    192.168.0.0/24 [1/0] via 172.16.0.1, Serial0/1/0
S    192.168.1.0/24 [1/0] via 172.16.0.1, Serial0/1/0
S    192.168.2.0/24 [1/0] via 172.16.0.1, Serial0/1/0
```

图 2-20　路由器 R3 的路由表

步骤 7：在计算机 PC1 的命令行界面输入 ping 192.168.2.1 命令检验连通性，如图 2-21 所示。

```
C:\>ping 192.168.2.1

正在 Ping 192.168.2.1 具有 32 字节的数据:
来自 192.168.2.1 的回复: 字节=32 时间=9ms TTL=126
来自 192.168.2.1 的回复: 字节=32 时间=9ms TTL=126
来自 192.168.2.1 的回复: 字节=32 时间=9ms TTL=126
来自 192.168.2.1 的回复: 字节=32 时间=9ms TTL=126

192.168.2.1 的 Ping 统计信息:
    数据包: 已发送 = 4，已接收 = 4，丢失 = 0 (0% 丢失),
往返行程的估计时间(以ms为单位):
    最短 = 9ms，最长 = 9ms，平均 = 9ms
```

图 2-21　从计算机 PC1 ping 计算机 PC2

步骤 8：在计算机 PC1 的命令行界面输入 ping 172.16.1.1 命令检验连通性，如图 2-22 所示。

```
C:\>ping 172.16.1.1

正在 Ping 172.16.1.1 具有 32 字节的数据:
来自 172.16.1.1 的回复: 字节=32 时间=19ms TTL=125
来自 172.16.1.1 的回复: 字节=32 时间=19ms TTL=125
来自 172.16.1.1 的回复: 字节=32 时间=19ms TTL=125
来自 172.16.1.1 的回复: 字节=32 时间=18ms TTL=125

172.16.1.1 的 Ping 统计信息:
    数据包: 已发送 = 4，已接收 = 4，丢失 = 0 (0% 丢失),
往返行程的估计时间(以ms为单位):
    最短 = 18ms，最长 = 19ms，平均 = 18ms
```

图 2-22　从计算机 PC1 ping 计算机 PC3

步骤 9：在计算机 PC2 的命令行界面输入 ping 172.16.1.1 命令检验连通性，如图 2-23 所示。

```
C:\>ping 172.16.1.1

正在 Ping 172.16.1.1 具有 32 字节的数据:
来自 172.16.1.1 的回复: 字节=32 时间=9ms TTL=126
来自 172.16.1.1 的回复: 字节=32 时间=9ms TTL=126
来自 172.16.1.1 的回复: 字节=32 时间=9ms TTL=126
来自 172.16.1.1 的回复: 字节=32 时间=9ms TTL=126

172.16.1.1 的 Ping 统计信息:
    数据包: 已发送 = 4，已接收 = 4，丢失 = 0 (0% 丢失),
往返行程的估计时间(以ms为单位):
    最短 = 9ms，最长 = 9ms，平均 = 9ms
```

图 2-23　从计算机 PC2 ping 计算机 PC3

通过查看 3 台路由器 R1、R2 和 R3 的路由表和连通性检验可以发现，3 台路由器的路由表中路由完整，计算机 PC1、PC2 和 PC3 实现了互通。

2.4.4 默认路由的配置

网络拓扑图如图 2-1 所示，路由器 R1、R2 和 R3 的接口和计算机 PC1、PC2 和 PC3 的 IP 地址已经配置完成，要求在路由器 R1 和路由器 R2 上配置标准静态路由，在路由器 R3 上配置默认路由，实现计算机 PC1、PC2 和 PC3 的互通。

步骤 1：在路由器 R1 的全局配置模式下输入以下代码，配置下一跳静态路由。

```
R1(config)#ip route 192.168.2.0 255.255.255.0 192.168.1.1
R1(config)#ip route 172.16.0.0 255.255.255.0 192.168.1.1
R1(config)#ip route 172.16.1.0 255.255.255.0 192.168.1.1
```

步骤 2：在路由器 R2 的全局配置模式下输入以下代码，配置下一跳静态路由。

```
R2(config)#ip route 192.168.0.0 255.255.255.0 192.168.1.2
R2(config)#ip route 172.16.1.0 255.255.255.0 172.16.0.2
```

步骤 3：在路由器 R3 的全局配置模式下输入以下代码，配置默认路由。

```
R3(config)#ip route 0.0.0.0 0.0.0.0 172.16.0.1
```

步骤 4：在路由器 R1 的特权执行模式下，输入 show ip route 命令查看路由表，如图 2-24 所示。

```
R1#sh ip route
Codes: C - connected, S - static, R - RIP, M - mobile, B - BGP
       D - EIGRP, EX - EIGRP external, O - OSPF, IA - OSPF inter area
       N1 - OSPF NSSA external type 1, N2 - OSPF NSSA external type 2
       E1 - OSPF external type 1, E2 - OSPF external type 2
       i - IS-IS, su - IS-IS summary, L1 - IS-IS level-1, L2 - IS-IS level-2
       ia - IS-IS inter area, * - candidate default, U - per-user static route
       o - ODR, P - periodic downloaded static route

Gateway of last resort is not set

     172.16.0.0/24 is subnetted, 2 subnets
S       172.16.0.0 [1/0] via 192.168.1.1
S       172.16.1.0 [1/0] via 192.168.1.1
C    192.168.0.0/24 is directly connected, FastEthernet0/0
C    192.168.1.0/24 is directly connected, Serial0/1/0
S    192.168.2.0/24 [1/0] via 192.168.1.1
```

图 2-24 路由器 R1 的路由表

步骤 5：在路由器 R2 的特权执行模式下，输入 show ip route 命令查看路由表，如图 2-25 所示。

```
R2#sh ip route
Codes: C - connected, S - static, R - RIP, M - mobile, B - BGP
       D - EIGRP, EX - EIGRP external, O - OSPF, IA - OSPF inter area
       N1 - OSPF NSSA external type 1, N2 - OSPF NSSA external type 2
       E1 - OSPF external type 1, E2 - OSPF external type 2
       i - IS-IS, su - IS-IS summary, L1 - IS-IS level-1, L2 - IS-IS level-2
       ia - IS-IS inter area, * - candidate default, U - per-user static route
       o - ODR, P - periodic downloaded static route

Gateway of last resort is not set

     172.16.0.0/24 is subnetted, 2 subnets
C       172.16.0.0 is directly connected, Serial0/1/1
S       172.16.1.0 [1/0] via 172.16.0.2
S    192.168.0.0/24 [1/0] via 192.168.1.2
C    192.168.1.0/24 is directly connected, Serial0/1/0
C    192.168.2.0/24 is directly connected, FastEthernet0/0
```

图 2-25 路由器 R2 的路由表

步骤 6：在路由器 R3 的特权执行模式下，输入 show ip route 命令查看路由表，如图 2-26 所示。

```
R3#sh ip route
Codes: C - connected, S - static, R - RIP, M - mobile, B - BGP
       D - EIGRP, EX - EIGRP external, O - OSPF, IA - OSPF inter area
       N1 - OSPF NSSA external type 1, N2 - OSPF NSSA external type 2
       E1 - OSPF external type 1, E2 - OSPF external type 2
       i - IS-IS, su - IS-IS summary, L1 - IS-IS level-1, L2 - IS-IS level-2
       ia - IS-IS inter area, * - candidate default, U - per-user static route
       o - ODR, P - periodic downloaded static route

Gateway of last resort is 172.16.0.1 to network 0.0.0.0

     172.16.0.0/24 is subnetted, 2 subnets
C       172.16.0.0 is directly connected, Serial0/1/0
C       172.16.1.0 is directly connected, FastEthernet0/0
S*   0.0.0.0/0 [1/0] via 172.16.0.1
```

图 2-26 路由器 R3 的路由表

步骤 7：在计算机 PC1 的命令行界面输入 ping 192.168.2.1 命令检验连通性，如图 2-27 所示。

```
C:\>ping 192.168.2.1

正在 Ping 192.168.2.1 具有 32 字节的数据:
来自 192.168.2.1 的回复: 字节=32 时间=9ms TTL=126
来自 192.168.2.1 的回复: 字节=32 时间=9ms TTL=126
来自 192.168.2.1 的回复: 字节=32 时间=9ms TTL=126
来自 192.168.2.1 的回复: 字节=32 时间=9ms TTL=126

192.168.2.1 的 Ping 统计信息:
    数据包: 已发送 = 4，已接收 = 4，丢失 = 0 (0% 丢失)，
往返行程的估计时间(以ms为单位):
    最短 = 9ms，最长 = 9ms，平均 = 9ms
```

图 2-27 从计算机 PC1 ping 计算机 PC2

步骤 8：在计算机 PC1 的命令行界面输入 ping 172.16.1.1 命令检验连通性，如图 2-28 所示。

```
C:\>ping 172.16.1.1

正在 Ping 172.16.1.1 具有 32 字节的数据:
来自 172.16.1.1 的回复: 字节=32 时间=18ms TTL=125
来自 172.16.1.1 的回复: 字节=32 时间=19ms TTL=125
来自 172.16.1.1 的回复: 字节=32 时间=19ms TTL=125
来自 172.16.1.1 的回复: 字节=32 时间=18ms TTL=125

172.16.1.1 的 Ping 统计信息:
    数据包: 已发送 = 4，已接收 = 4，丢失 = 0 (0% 丢失)，
往返行程的估计时间(以ms为单位):
    最短 = 18ms，最长 = 19ms，平均 = 18ms
```

图 2-28 从计算机 PC1 ping 计算机 PC3

步骤 9：在计算机 PC2 的命令行界面输入 ping 172.16.1.1 命令检验连通性，如图 2-29 所示。

```
C:\>ping 172.16.1.1

正在 Ping 172.16.1.1 具有 32 字节的数据:
来自 172.16.1.1 的回复: 字节=32 时间=9ms TTL=126
来自 172.16.1.1 的回复: 字节=32 时间=9ms TTL=126
来自 172.16.1.1 的回复: 字节=32 时间=9ms TTL=126
来自 172.16.1.1 的回复: 字节=32 时间=9ms TTL=126

172.16.1.1 的 Ping 统计信息:
    数据包: 已发送 = 4，已接收 = 4，丢失 = 0 (0% 丢失)，
往返行程的估计时间(以ms为单位):
    最短 = 9ms，最长 = 9ms，平均 = 9ms
```

图 2-29 从计算机 PC2 ping 计算机 PC3

通过查看 3 台路由器 R1、R2 和 R3 的路由表和连通性检验可以发现，默认路由在路由表中是路由来源为 S^* 的路由，3 台路由器的路由表中路由完整，计算机 PC1、PC2 和 PC3 实现了互通。

2.4.5 汇总静态路由的配置

网络拓扑图如图 2-1 所示，路由器 R1、R2 和 R3 的接口和计算机 PC1、PC2 和 PC3 的 IP 地址已经配置完成，要求在路由器 R2 上配置标准静态路由，在路由器 R1 和 R3 上配置汇总静态路由，实现计算机 PC1、PC2 和 PC3 的互通。

步骤 1：在路由器 R1 的全局配置模式下配置下一跳静态路由，输入以下代码。

```
R1(config)#ip route 192.168.2.0 255.255.255.0 192.168.1.1
R1(config)#ip route 172.16.0.0 255.255.254.0 192.168.1.1
```

步骤 2：在路由器 R2 的全局配置模式下配置下一跳静态路由，输入以下代码。

```
R2(config)#ip route 192.168.0.0 255.255.255.0 192.168.1.2
R2(config)#ip route 172.16.1.0 255.255.255.0 172.16.0.2
```

步骤 3：在路由器 R3 的全局配置模式下配置下一跳静态路由，输入以下代码。

```
R3(config)#ip route 192.168.0.0 255.255.252.0 172.16.0.1
```

本项目中，路由器 R3 把数据包发往 192.168.0.0/24、192.168.1.0/24 和 192.168.2.0/24 三个网络，路由器 R3 的下一跳的 IP 地址是相同的，这样可以把这个三个网络地址汇总成 192.168.0.0/22，然后在配置静态路由时，目的网络地址使用汇总后的网络地址，这样配置的是汇总静态路由。

步骤 4：在路由器 R1 的特权执行模式下，输入 show ip route 命令查看路由表，如图 2-30 所示。

```
R1#sh ip route
Codes: C - connected, S - static, R - RIP, M - mobile, B - BGP
       D - EIGRP, EX - EIGRP external, O - OSPF, IA - OSPF inter area
       N1 - OSPF NSSA external type 1, N2 - OSPF NSSA external type 2
       E1 - OSPF external type 1, E2 - OSPF external type 2
       i - IS-IS, su - IS-IS summary, L1 - IS-IS level-1, L2 - IS-IS level-2
       ia - IS-IS inter area, * - candidate default, U - per-user static route
       o - ODR, P - periodic downloaded static route

Gateway of last resort is not set

     172.16.0.0/23 is subnetted, 1 subnets
S       172.16.0.0 [1/0] via 192.168.1.1
C    192.168.0.0/24 is directly connected, FastEthernet0/0
C    192.168.1.0/24 is directly connected, Serial0/1/0
S    192.168.2.0/24 [1/0] via 192.168.1.1
```

图 2-30　路由器 R1 的路由表

步骤 5：在路由器 R2 的特权执行模式下，输入 show ip route 命令查看路由表，如图 2-31 所示。

```
R2#sh ip route
Codes: C - connected, S - static, R - RIP, M - mobile, B - BGP
       D - EIGRP, EX - EIGRP external, O - OSPF, IA - OSPF inter area
       N1 - OSPF NSSA external type 1, N2 - OSPF NSSA external type 2
       E1 - OSPF external type 1, E2 - OSPF external type 2
       i - IS-IS, su - IS-IS summary, L1 - IS-IS level-1, L2 - IS-IS level-2
       ia - IS-IS inter area, * - candidate default, U - per-user static route
       o - ODR, P - periodic downloaded static route

Gateway of last resort is not set

     172.16.0.0/24 is subnetted, 2 subnets
C       172.16.0.0 is directly connected, Serial0/1/1
S       172.16.1.0 [1/0] via 172.16.0.2
S    192.168.0.0/24 [1/0] via 192.168.1.2
C    192.168.1.0/24 is directly connected, Serial0/1/0
C    192.168.2.0/24 is directly connected, FastEthernet0/0
```

图 2-31　路由器 R2 的路由表

步骤 6：在路由器 R3 的特权执行模式下，输入 show ip route 命令查看路由表，如图 2-32 所示。

```
R3#sh ip route
Codes: C - connected, S - static, R - RIP, M - mobile, B - BGP
       D - EIGRP, EX - EIGRP external, O - OSPF, IA - OSPF inter area
       N1 - OSPF NSSA external type 1, N2 - OSPF NSSA external type 2
       E1 - OSPF external type 1, E2 - OSPF external type 2
       i - IS-IS, su - IS-IS summary, L1 - IS-IS level-1, L2 - IS-IS level-2
       ia - IS-IS inter area, * - candidate default, U - per-user static route
       o - ODR, P - periodic downloaded static route

Gateway of last resort is not set

     172.16.0.0/24 is subnetted, 2 subnets
C       172.16.0.0 is directly connected, Serial0/1/0
C       172.16.1.0 is directly connected, FastEthernet0/0
S    192.168.0.0/22 [1/0] via 172.16.0.1
```

图 2-32　路由器 R3 的路由表

步骤 7：在计算机 PC1 的命令行界面输入 ping 192.168.2.1 命令检验连通性，如图 2-33 所示。

```
C:\>ping 192.168.2.1

正在 Ping 192.168.2.1 具有 32 字节的数据:
来自 192.168.2.1 的回复: 字节=32 时间=9ms TTL=126
来自 192.168.2.1 的回复: 字节=32 时间=9ms TTL=126
来自 192.168.2.1 的回复: 字节=32 时间=9ms TTL=126
来自 192.168.2.1 的回复: 字节=32 时间=9ms TTL=126

192.168.2.1 的 Ping 统计信息:
    数据包: 已发送 = 4, 已接收 = 4, 丢失 = 0 (0% 丢失),
往返行程的估计时间(以ms为单位):
    最短 = 9ms, 最长 = 9ms, 平均 = 9ms
```

图 2-33　从计算机 PC1 ping 计算机 PC2

步骤 8：在计算机 PC1 的命令行界面输入 ping 172.16.1.1 命令检验连通性，如图 2-34 所示。

```
C:\>ping 172.16.1.1

正在 Ping 172.16.1.1 具有 32 字节的数据:
来自 172.16.1.1 的回复: 字节=32 时间=18ms TTL=125
来自 172.16.1.1 的回复: 字节=32 时间=19ms TTL=125
来自 172.16.1.1 的回复: 字节=32 时间=18ms TTL=125
来自 172.16.1.1 的回复: 字节=32 时间=18ms TTL=125

172.16.1.1 的 Ping 统计信息:
    数据包: 已发送 = 4, 已接收 = 4, 丢失 = 0 (0% 丢失),
往返行程的估计时间(以ms为单位):
    最短 = 18ms, 最长 = 19ms, 平均 = 18ms
```

图 2-34　从计算机 PC1 ping 计算机 PC3

步骤 9：在计算机 PC2 的命令行界面输入 ping 172.16.1.1 命令检验连通性，如图 2-35 所示。

```
C:\>ping 172.16.1.1

正在 Ping 172.16.1.1 具有 32 字节的数据:
来自 172.16.1.1 的回复: 字节=32 时间=9ms TTL=126
来自 172.16.1.1 的回复: 字节=32 时间=9ms TTL=126
来自 172.16.1.1 的回复: 字节=32 时间=9ms TTL=126
来自 172.16.1.1 的回复: 字节=32 时间=9ms TTL=126

172.16.1.1 的 Ping 统计信息:
    数据包: 已发送 = 4, 已接收 = 4, 丢失 = 0 (0% 丢失),
往返行程的估计时间(以ms为单位):
    最短 = 9ms, 最长 = 9ms, 平均 = 9ms
```

图 2-35　从计算机 PC2 ping 计算机 PC3

通过查看路由表可以发现，使用汇总后的网络地址，路由表的长度缩短，从而加快了路由查找过程。通过从计算机 PC1 ping 计算机 PC2 和 PC3，从计算机 PC2 ping 计算机 PC3，可以发现，计算机 PC1、PC2 和 PC3 实现了互通。

2.4.6　浮动静态路由的配置

某学校网络拓扑图如图 2-36 所示，网络由主校区网络和分校网络组成，主校区和分校的网络采用双链路互连，R1-R2 为主路径，R1-R3 为备用路径，路由器 R1、R2、R3、R4 的接口已经配置完成。要求：在路由器 R2、R3、R4 上配置标准静态路由，在路由器 R1 上配置浮动静态路由，实现分校去往主校区的数据在主线路和备用线路间自动切换。

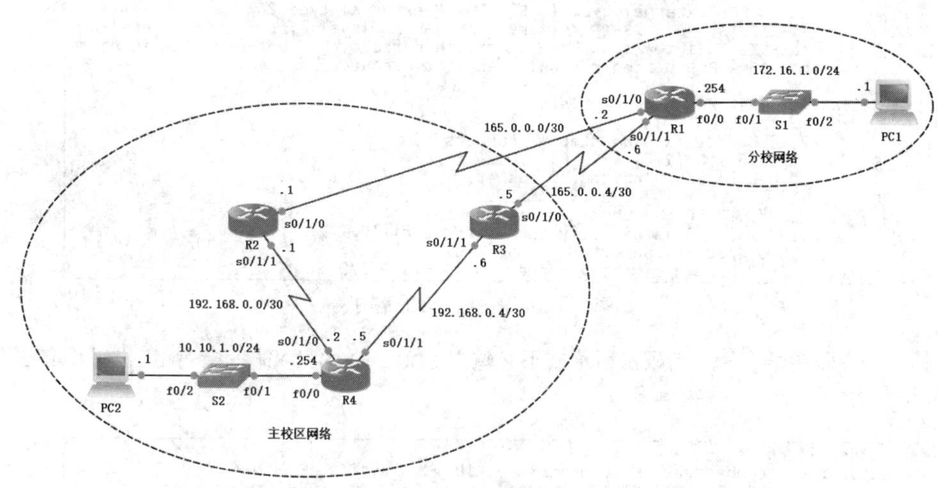

图 2-36　某学校网络拓扑图

步骤 1：在路由器 R2 的全局配置模式下配置标准静态路由，输入以下代码。

```
R2(config)#ip route 10.10.1.0 255.255.255.0 192.168.0.2
R2(config)#ip route 172.16.1.0 255.255.255.0 165.0.0.2
```

步骤 2：在路由器 R3 的全局配置模式下配置标准静态路由，输入以下代码。

```
R3(config)#ip route 10.10.1.0 255.255.255.0 192.168.0.5
R3(config)#ip route 172.16.1.0 255.255.255.0 165.0.0.6
```

步骤 3：在路由器 R4 的全局配置模式下配置标准静态路由，输入以下代码。

```
R4(config)#ip route 172.16.1.0 255.255.255.0 192.168.0.6
```

步骤 4：在路由器 R1 的全局配置模式下配置浮动静态路由，输入以下代码。

```
R1(config)#ip route 0.0.0.0 0.0.0.0 165.0.0.1
R1(config)#ip route 0.0.0.0 0.0.0.0 165.0.0.5 5
```

步骤 5：在路由器 R1 的特权执行模式下，输入 show ip route 命令查看路由器 R1 的路由表，如图 2-37 所示。

```
R1#sh ip route
Codes: C - connected, S - static, R - RIP, M - mobile, B - BGP
       D - EIGRP, EX - EIGRP external, O - OSPF, IA - OSPF inter area
       N1 - OSPF NSSA external type 1, N2 - OSPF NSSA external type 2
       E1 - OSPF external type 1, E2 - OSPF external type 2
       i - IS-IS, su - IS-IS summary, L1 - IS-IS level-1, L2 - IS-IS level-2
       ia - IS-IS inter area, * - candidate default, U - per-user static route
       o - ODR, P - periodic downloaded static route

Gateway of last resort is 165.0.0.1 to network 0.0.0.0

     172.16.0.0/24 is subnetted, 1 subnets
C       172.16.1.0 is directly connected, FastEthernet0/0
     165.0.0.0/30 is subnetted, 2 subnets
C       165.0.0.4 is directly connected, Serial0/1/1
C       165.0.0.0 is directly connected, Serial0/1/0
S*   0.0.0.0/0 [1/0] via 165.0.0.1
```

图 2-37　路由器 R1 的路由表

步骤 6：在路由器 R2 的特权执行模式下，输入 show ip route 命令查看路由器 R2 的路由表，如图 2-38 所示。

```
R2#sh ip route
Codes: C - connected, S - static, R - RIP, M - mobile, B - BGP
       D - EIGRP, EX - EIGRP external, O - OSPF, IA - OSPF inter area
       N1 - OSPF NSSA external type 1, N2 - OSPF NSSA external type 2
       E1 - OSPF external type 1, E2 - OSPF external type 2
       i - IS-IS, su - IS-IS summary, L1 - IS-IS level-1, L2 - IS-IS level-2
       ia - IS-IS inter area, * - candidate default, U - per-user static route
       o - ODR, P - periodic downloaded static route

Gateway of last resort is not set

     172.16.0.0/24 is subnetted, 1 subnets
S       172.16.1.0 [1/0] via 165.0.0.2
     10.0.0.0/24 is subnetted, 1 subnets
S       10.10.1.0 [1/0] via 192.168.0.2
     192.168.0.0/30 is subnetted, 1 subnets
C       192.168.0.0 is directly connected, Serial0/1/1
     165.0.0.0/30 is subnetted, 1 subnets
C       165.0.0.0 is directly connected, Serial0/1/0
```

图 2-38　路由器 R2 的路由表

步骤 7：在路由器 R3 的特权执行模式下，输入 show ip route 命令查看路由器 R3 的路由表，如图 2-39 所示。

```
R3#sh ip route
Codes: C - connected, S - static, R - RIP, M - mobile, B - BGP
       D - EIGRP, EX - EIGRP external, O - OSPF, IA - OSPF inter area
       N1 - OSPF NSSA external type 1, N2 - OSPF NSSA external type 2
       E1 - OSPF external type 1, E2 - OSPF external type 2
       i - IS-IS, su - IS-IS summary, L1 - IS-IS level-1, L2 - IS-IS level-2
       ia - IS-IS inter area, * - candidate default, U - per-user static route
       o - ODR, P - periodic downloaded static route

Gateway of last resort is not set

     172.16.0.0/24 is subnetted, 1 subnets
S       172.16.1.0 [1/0] via 165.0.0.6
     10.0.0.0/24 is subnetted, 1 subnets
S       10.10.1.0 [1/0] via 192.168.0.5
C    192.168.0.0/24 is directly connected, Serial0/1/1
     165.0.0.0/30 is subnetted, 1 subnets
C       165.0.0.4 is directly connected, Serial0/1/0
```

图 2-39　路由器 R3 的路由表

步骤 8：在路由器 R4 的特权执行模式下，输入 show ip route 命令查看路由器 R4 的路由表，如图 2-40 所示。

```
R4#sh ip route
Codes: C - connected, S - static, R - RIP, M - mobile, B - BGP
       D - EIGRP, EX - EIGRP external, O - OSPF, IA - OSPF inter area
       N1 - OSPF NSSA external type 1, N2 - OSPF NSSA external type 2
       E1 - OSPF external type 1, E2 - OSPF external type 2
       i - IS-IS, su - IS-IS summary, L1 - IS-IS level-1, L2 - IS-IS level-2
       ia - IS-IS inter area, * - candidate default, U - per-user static route
       o - ODR, P - periodic downloaded static route

Gateway of last resort is not set

     172.16.0.0/24 is subnetted, 1 subnets
S       172.16.1.0 [1/0] via 192.168.0.6
     10.0.0.0/24 is subnetted, 1 subnets
C       10.10.1.0 is directly connected, FastEthernet0/0
     192.168.0.0/30 is subnetted, 2 subnets
C       192.168.0.0 is directly connected, Serial0/1/0
C       192.168.0.4 is directly connected, Serial0/1/1
```

图 2-40　路由器 R4 的路由表

步骤 9：在计算机 PC1 的命令行界面输入 ping 10.10.1.1 命令检验连通性，如图 2-41 所示。

步骤 10：在计算机 PC1 的命令行界面输入 tracert 10.10.1.1 命令跟踪路径，如图 2-42 所示。

```
C:\>ping 10.10.1.1

正在 Ping 10.10.1.1 具有 32 字节的数据:
来自 10.10.1.1 的回复: 字节=32 时间=28ms TTL=125
来自 10.10.1.1 的回复: 字节=32 时间=27ms TTL=125
来自 10.10.1.1 的回复: 字节=32 时间=28ms TTL=125
来自 10.10.1.1 的回复: 字节=32 时间=27ms TTL=125

10.10.1.1 的 Ping 统计信息:
    数据包: 已发送 = 4, 已接收 = 4, 丢失 = 0 (0% 丢失),
往返行程的估计时间(以ms为单位):
    最短 = 27ms, 最长 = 28ms, 平均 = 27ms
```

图 2-41　从计算机 PC1 ping 计算机 PC2

```
C:\>tracert 10.10.1.1

通过最多 30 个跃点跟踪到 10.10.1.1 的路由

  1     <1ms     <1ms     <1ms   172.16.1.254
  2     11 ms    11 ms    11 ms  165.0.0.1
  3     31 ms    31 ms    31 ms  192.168.0.2
  4     38 ms    38 ms    38 ms  10.10.1.1

跟踪完成。
```

图 2-42　跟踪数据包从计算机 PC1 转发到计算机 PC2 的路径

步骤 11：在路由器 R1 的全局配置模式下关闭 s0/1/0 口，输入以下代码。

```
R1(config)#interface serial0/1/0
R1(config-if)#shutdown
```

步骤 12：在路由器 R1 的特权执行模式下，输入 show ip route 命令查看路由表，如图 2-43 所示。

```
R1#sh ip route
Codes: C - connected, S - static, R - RIP, M - mobile, B - BGP
       D - EIGRP, EX - EIGRP external, O - OSPF, IA - OSPF inter area
       N1 - OSPF NSSA external type 1, N2 - OSPF NSSA external type 2
       E1 - OSPF external type 1, E2 - OSPF external type 2
       i - IS-IS, su - IS-IS summary, L1 - IS-IS level-1, L2 - IS-IS level-2
       ia - IS-IS inter area, * - candidate default, U - per-user static route
       o - ODR, P - periodic downloaded static route

Gateway of last resort is 165.0.0.5 to network 0.0.0.0

     172.16.0.0/24 is subnetted, 1 subnets
C       172.16.1.0 is directly connected, FastEthernet0/0
     165.0.0.0/30 is subnetted, 1 subnets
C       165.0.0.4 is directly connected, Serial0/1/1
S*   0.0.0.0/0 [5/0] via 165.0.0.5
```

图 2-43　路由器 R1 的路由表

步骤 13：在计算机 PC1 的命令行界面输入 ping 10.10.1.1 命令检验连通性，如图 2-44 所示。

```
C:\>ping 10.10.1.1

正在 Ping 10.10.1.1 具有 32 字节的数据:
来自 10.10.1.1 的回复: 字节=32 时间=41ms TTL=125
来自 10.10.1.1 的回复: 字节=32 时间=43ms TTL=125
来自 10.10.1.1 的回复: 字节=32 时间=41ms TTL=125
来自 10.10.1.1 的回复: 字节=32 时间=42ms TTL=125

10.10.1.1 的 Ping 统计信息:
    数据包: 已发送 = 4, 已接收 = 4, 丢失 = 0 (0% 丢失),
往返行程的估计时间(以ms为单位):
    最短 = 41ms, 最长 = 43ms, 平均 = 41ms
```

图 2-44　从计算机 PC1 ping 计算机 PC2

步骤 14：在计算机 PC1 的命令行界面输入 tracert 10.10.1.1 命令跟踪路径，如图 2-45 所示。

```
C:\>tracert 10.10.1.1

通过最多 30 个跃点跟踪到 10.10.1.1 的路由

  1    <1ms     <1ms     <1ms  172.16.1.254
  2    16 ms    17 ms    15 ms  165.0.0.5
  3    47 ms    47 ms    46 ms  192.168.0.5
  4    56 ms    54 ms    54 ms  10.10.1.1

跟踪完成。
```

图 2-45　跟踪数据包从计算机 PC1 转发到计算机 PC2 的路径

通过查看路由表和 tracert 命令返回的结果可以发现，当主校区和分校互连的链路都正常时，数据从计算机 PC1 去往计算机 PC2 的路径是 R1-R2-R4；当路由器 R1 与路由器 R2 互连的链路出现故障时（本项目中把路由器 R1 与路由器 R2 互连的 s0/1/0 接口 shutdown），数据从计算机 PC1 去往计算机 PC2 的路由会自动浮动到 R1-R3-R4。关于数据从计算机 PC2 返回计算机 PC1 的路径，也可以在路由器 R4 上配置浮动静态路由，使 R4-R3-R1 为主路径，R4-R2-R1 为备用路径。

2.5　项目小结

本项目完成了直连静态路由、下一跳静态路由、完全指定静态路由、默认路由、汇总静态路由和浮动静态路由的配置，静态路由是管理员用 ip route 命令手动配置的数据转发到目的地的路径，直连路由是静态路由和动态路由的基础，所以在配置静态路由前应先检查直连路由是否完整，如果路由器的路由表中没有直连路由，静态路由和动态路由在路由器的路由表中都不会生成。

2.6　拓展训练

网络拓扑图如图 2-46 所示，要求完成如下配置。

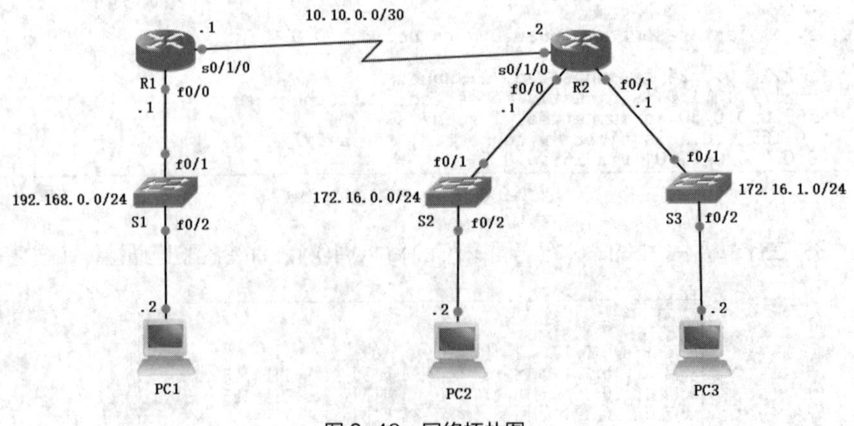

图 2-46　网络拓扑图

（1）完成路由器接口和计算机 IP 地址的配置。

（2）完成路由器 R1 汇总静态路由的配置。

（3）完成路由器 R2 默认路由的配置，实现网络互通。

项目3 RIP的配置

03

3.1 用户需求

某学校网络拓扑图如图 3-1 所示，本项目要求完成 RIP 的配置，实现计算机 PC1、PC2 和 PC3 的互通。

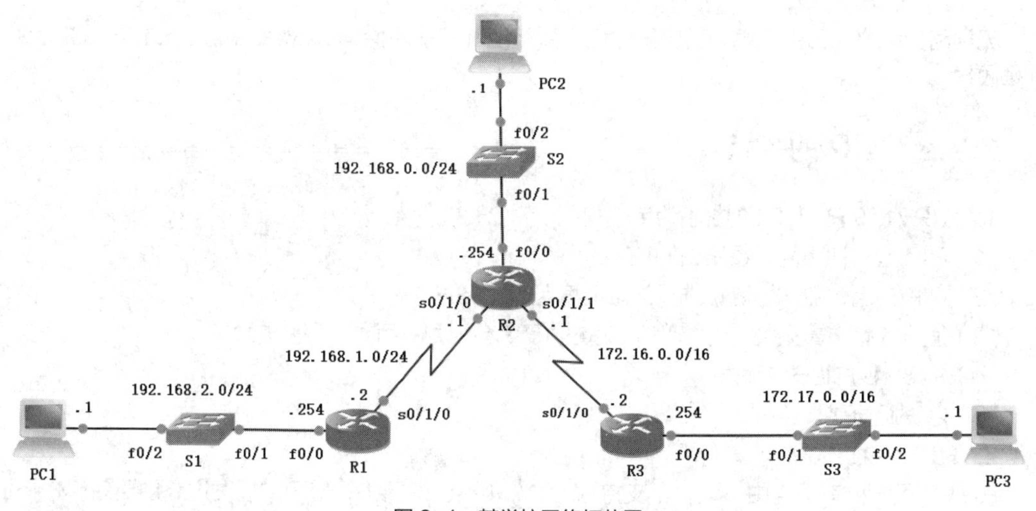

图 3-1 某学校网络拓扑图

3.2 知识梳理

3.2.1 动态路由协议

动态路由协议是用于在路由器之间交换路由信息的协议。通过动态路由协议，路由器可以动态共享有关远程网络的信息，并自动将信息添加到各自的路由表中。动态路由协议可以确定到达各个网络的最佳路径，然后将最佳路径添加到路由表中。当网络拓扑结构发生变化时，路由器通过交换路由信息能够自动获知新增加的网络，可在当前网络连接出现故障时找出备用路径。

1. 动态路由协议的分类

根据路由协议的特性，动态路由协议可以分为内部网关协议（IGP）和外部网关协议（EGP）。

内部网关协议是用于自治系统（AS，也称为路由域）内部的路由协议，外部网关协议是用于自治系统之间的路由协议。自治系统是指位于一个共同管理区域内的一组路由器。内部网关协议可以划分为距离矢量路由协议和链路状态路由协议。常用的距离矢量路由协议有 RIP、EIGRP，常用的链路状态路由协议有 OSPF 和 IS-IS，常用的外部网关协议有 BGP。

（1）距离矢量路由协议

距离矢量路由协议将路由器作为通往最终目的地路径上的路标，启用了距离矢量路由协议的路由器并不了解整个网络的拓扑图，唯一了解的远程网络信息是到该网络的距离（即度量）以及可以到达该网络的路径或接口。

（2）链路状态路由协议

启用了链路状态路由协议的路由器使用链路状态信息来创建网络拓扑图，并在拓扑结构中选择到达所有目的网络的最佳路径。

2. 有类与无类路由协议

（1）有类路由协议

有类路由协议在路由信息更新过程中不发送子网掩码信息（子网掩码根据 A 类、B 类和 C 类 IP 地址的默认子网掩码来确定）。有类路由协议不支持 VLSM（可变长子网掩码）和不连续网络。

（2）无类路由协议

无类路由协议在路由信息更新中同时包括网络地址和子网掩码。无类路由协议支持 VLSM 和不连续网络。

3.2.2 RIP 的特点

1. RIPv1 和 RIPv2 的共同特点

（1）RIP 是一种距离矢量路由协议。

（2）RIP 使用跳数作为路径选择的唯一度量。

（3）通告的路由最大跳数为 15 跳，超过 15 跳会视为不可达。

（4）每 30 秒广播一次消息。

（5）管理距离是 120。

2. RIPv1 的局限

RIPv1 是一种有类路由协议，不支持 VLSM 和不连续网络，使用广播发送路由更新，广播地址是 255.255.255.255。

3. 与 RIPv1 相比 RIPv2 的增强特性

（1）RIPv2 为无类路由协议，支持 VLSM 和不连续网络。

（2）使用组播地址发送更新，组播地址为 224.0.0.9。

（3）支持所有接口上的手动路由汇总。

（4）支持身份验证机制，可以保证邻居之间路由更新的安全。

3.2.3 被动接口

被动接口可以阻止路由更新通过其传输，但仍然允许向其他路由器通告该网络。例如，启用 RIP 的某个接口连接的是网络末端，这时如果向这个接口通告路由更新，会把带宽浪费在传输不必要的路由更新上，而且 RIP 更新可能会被数据包嗅探软件中途窃取，给网络带来安全方面的威胁。要解决上述问题，通常可以把连接网络末端的接口配置成被动接口。

3.2.4 RIP 的配置

1. RIPv1 的配置

（1）进入路由器的 RIP 配置模式

```
Router(config)#router rip
```

该命令并不直接启动 RIP 进程，而是在进行了 RIP 路由配置的情况下提供对路由器配置模式的访问。

（2）通告网络

```
Router(config-router)#network network-address
```

network-address：每个直连网络的有类网络地址。如果在特定网络所属的所有接口上启用 RIP，接口会开始发送和接收 RIP 更新，并在每 30 秒一次的 RIP 路由更新中向其他路由器通告该指定网络。

2. RIPv2 的配置

RIPv2 的配置中，进入路由器 RIP 配置模式和通告网络的操作与 RIPv1 的配置相同，除此之外，RIPv2 的配置增加了以下两条命令。

（1）将 RIP 的版本修改为第 2 版

```
Router(config-router)#version 2
```

（2）禁用自动汇总

```
Router(config-router)#no auto-summary
```

3. 被动接口的配置

```
Router(config-router)#passive-interface type number
```

type number：接口的类型和编号。

4. 显示路由器当前配置的路由协议

```
Router#show ip protocols
```

5. 显示 RIP 数据库信息

```
Router#show ip rip database
```

3.2.5 路由环路的避免

路由环路是指数据包在一系列路由器之间不断传输却始终无法到达其预期目的网络的一种现象。当两台或多台路由器的路由信息中存在错误地指向不可达目的网络的有效路径时，就可能发生路由环路。

如图 3-2 所示，路由器 R1 直连了 10.0.0.0 和 10.1.0.0 网络，路由器 R2 直连了 10.1.0.0 和 10.2.0.0 网络，路由器 R3 直连了 10.2.0.0 和 10.3.0.0 网络，3 台路由器运行了 RIP 并且路由协议收敛后，每台路由器都有对应于 4 个网络的 4 条路由。如果路由器 R3 直连的 10.3.0.0 网络的 f0/0 接口 down（不可用），因为直连路由出现的条件是接口必须为 up/up 状态，所以路由器 R3 的路由表中 10.3.0.0 网络的路由会被删除。因为 RIP 是定期更新的，每隔 30 秒发送一次路由更新，所以 10.3.0.0 网络的无效路由不会立刻更新给路由器 R2，必须等更新时间到了，才发送路由更新，如果此时路由器 R2 的更新时间比路由器 R3 先到，路由器 R2 会把从路由器 R3 学到的 10.3.0.0 网络度量值为 1 的路由发送给路由器 R3，路由器 R3 收到后会把 10.3.0.0 网络的路由写入路由表并把度量值加 1（即度量值为 2），到了下一个更新时间后，路由器 R3 会把路由信息再发给路由器 R2，路由器 R2 中 10.3.0.0 网络的路由度量值会被更新为 3，路由器 R2 会认为要把数据包发给 10.3.0.0 网络，需要把数据包发给路由器 R3，路由器 R3 会认为要把数据包发给 10.3.0.0 网络，需要把数据包发给路由器 R2，当路由器 R2 收到一个目的地址是 10.3.0.0 网络的数据包时，在路由器 R2 和路由器 R3 之间便会发生路由环路。避免路由环路的方法有以下几种。

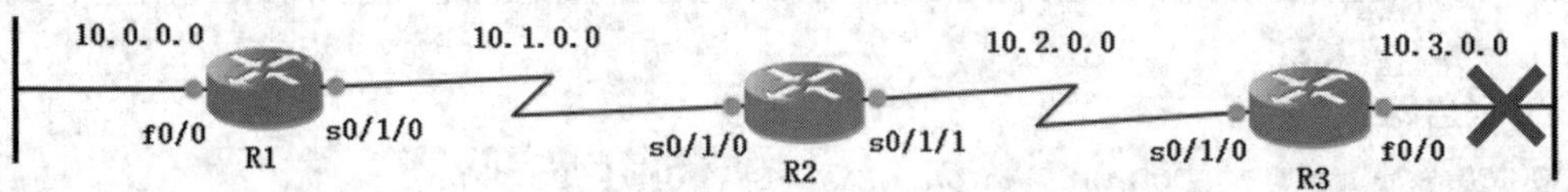

Routing Table		
目标网络	接口	度量值
10.0.0.0	f0/0	0
10.1.0.0	s0/1/0	0
10.2.0.0	s0/1/0	1
10.3.0.0	s0/1/0	2

Routing Table		
目标网络	接口	度量值
10.1.0.0	s0/1/0	0
10.2.0.0	s0/1/1	0
10.0.0.0	s0/1/0	1
10.3.0.0	s0/1/1	1

Routing Table		
目标网络	接口	度量值
10.2.0.0	s0/1/0	0
10.3.0.0	f0/0	0
10.1.0.0	s0/1/0	1
10.0.0.0	s0/1/0	2

图 3-2　路由环路

1. 触发更新

造成路由环路的原因是路由协议收敛缓慢，变化的路由没有及时更新给其他路由器，触发更新是指当路由表发生变化时不必等到更新周期到来，立刻发送路由更新给其他路由器。例如，在图 3-2 所示网络中，当路由器 R3 直连的 10.3.0.0 网络的 f0/0 接口变为 down 状态，网络拓扑结构发生变化时，触发更新会使路由器 R3 变化的路由立刻更新给其他路由器。

2. 设置最大值

距离矢量路由协议会指定一个度量值来限定无穷大，一旦路由器计数达到该“无穷大”值，该路由就会被标记为不可达。RIP 将无穷大定义为 16 跳。如图 3-2 所示网络，当路由器 R3 直连的 10.3.0.0 网络的 f0/0 接口 down 时，路由器 R3 中目的网络为 10.3.0.0 的路由度量值为 2，路由器 R2 中目的网络为 10.3.0.0 的路由度量值为 3，随着 RIP 的定期更新，路由器 R2 把路由信息再发给路由器 R1，这样路由器 R1 中目的网络为 10.3.0.0 的路由度量值会被更新为 4，经过多次更新后，度量值会不断增加，当度量值达到 16 时，该路由会被标记为不可达。

3. 水平分割

水平分割规则规定，路由器不能使用接收更新的同一接口来通告同一网络。对图 3-2 所示的网络应用水平分割后，路由器 R2 中目的网络为 10.3.0.0 的路由是从 s0/1/1 口由路由器 R3 通告过来的，这样目的网络为 10.3.0.0 的路由不允许再从路由器 R2 的 s0/1/1 口通告出去。

4. 路由毒化

路由毒化用于在发往其他路由器的路由更新中将路由标记为不可达，方法是将度量设置为最大值。对于 RIP，路由毒化的度量为 16。例如，在图 3-2 所示网络中，路由器 R3 直连的 10.3.0.0 网络的 f0/0 接口变为 down 状态，目的网络为 10.3.0.0 的路由会被标记为不可达，然后 10.3.0.0 的路由会更新给其他路由器，这样比等待跳数达到“无穷大”收敛速度更快。

5. 毒性逆转

毒性逆转是指路由器从某一接口学习到的毒化路由可以忽略水平分割，从同一接口通告毒化路由。例如，在如图 3-2 所示网络中，路由器 R3 直连的 10.3.0.0 网络的 f0/0 接口变为 down 状态，目的网络为 10.3.0.0 的路由会被标记为不可达，路由器 R2 从 s0/1/1 口接收到了路由器 R3 通告的毒化路由，可以把毒化路由从 s0/1/1 口发送给路由器 R3。

6. 抑制计时器

抑制计时器可以用来防止定期更新消息错误地恢复某条可能已经发生故障的路由。抑制计时器通过以下方式工作：路由器从邻居处接收到更新，该更新表明以前可以访问的网络现在已不可访问；路由器便将该网络标记为 possibly down，并启动抑制计时器。如果在抑制期间从任何相邻路由器接收到含有更小度量的有关该网络的更新，则恢复该网络，并删除抑制计时器。如果在抑制期间从相邻路由器收到的更新包含的度量与之前相同或更大，则该更新将被忽略。这种方法减少了路由的浮动，增加了网络的稳定性。

3.2.6 路由表

1. 路由表条目的组成

（1）直连条目

如图 3-3 所示，直连条目由路由来源、目的网络和送出接口 3 部分组成。路由表中第一列是路由来源，确定路由的获取方式。直连接口有两个路由来源代码：C 用于确定直连网络，当为某个接口配置 IP 地址并激活时，将会自动创建直连网络；L 表示这是本地路由，当为接口配置 IP 地址并激活时，会自动创建本地路由。图中，192.168.0.0/24 is directly connected 给出网络的地址和该网络的连接方式。FastEthernet0/0 是送出接口，是将数据包转发至目的网络要使用的出接口。

```
C        192.168.0.0/24 is directly connected, FastEthernet0/0
L        192.168.0.254/32 is directly connected, FastEthernet0/0
```

图 3-3 直连条目

（2）远程网络路由条目

如图 3-4 所示，远程网络路由条目的组成部分包括路由来源、目的网络、管理距离、度量、下一跳、路由时间戳和送出接口。路由表中第一列 R 是路由来源，用于确定路由的获取方式。R 表示是使用 RIP 路由协议从另一台路由器动态获知的路由。192.168.0.0/24 是目的网络，确定远程网络的地址。[120/1]中的 120 是管理距离，用于确定路由来源的可靠性。[120/1]中的 1 是度量，该数值较低的表示优选路由。172.16.0.1 是下一跳，用于确定下一跳路由器的 IPv4 地址，以转发数据包至该路由器。00:00:19 是路由时间戳，用于确定最后一次侦听路由的时间。Serial0/1/0 是送出接口，确定将数据包转发至最终目的地的出接口。

```
R     192.168.0.0/24 [120/1] via 172.16.0.1, 00:00:19, Serial0/1/0
```

图 3-4 远程网络路由条目

2. 路由表结构

路由器的路由表是分层结构，在查找路由并转发数据包时，这样的结构可加快查找进程。路由表中路由常用的术语主要有 1 级路由、最终路由、1 级父路由和 2 级子路由。

（1）1 级路由

1 级路由是指子网掩码等于或小于网络地址有类掩码的路由。如图 3-5 所示，目的网络为 192.168.0.0/24 和 192.168.1.0/24 的路由都属于 1 级路由，因为它们的目的网络子网掩码等于网络地址有类掩码。

```
S     192.168.0.0/24 [1/0] via 192.168.1.2
C     192.168.1.0/24 is directly connected, Serial0/1/0
```

图 3-5 1 级路由

1 级路由可用作：默认路由（目的网络地址为 0.0.0.0/0 的静态路由）、超网路由（掩码小于有类掩码的网络地址的路由）和网络路由（子网掩码等于有类掩码的路由）。网络路由也可以是父路由。

（2）最终路由

最终路由是包含下一跳 IPv4 地址或送出接口的路由表条目。如图 3-5 所示，目的网络为 192.168.0.0/24 的路由包含下一跳 IPv4 地址，目的网络为 192.168.1.0/24 的路由包含直连接口，这两条路由都为最终路由。

（3）1 级父路由和 2 级子路由

1 级父路由是指不包含任何网络的下一跳 IP 地址或送出接口的网络路由。父路由实际上是表示存在 2 级路由的一个标题，2 级路由是指有类网络地址的子网路由，也称为子路由，来源可以是直连网络、静态路由或动态路由协议。

如图 3-6 所示，1 级父路由为 172.16.0.0/23 is subnetted，1 subnets，2 级子路由为 S 172.16.0.0 [1/0] via 192.168.1.1。

```
        172.16.0.0/23 is subnetted, 1 subnets
S          172.16.0.0 [1/0] via 192.168.1.1
```

图 3-6 1 级父路由和 2 级子路由

如果所有 2 级子路由的网络前缀都相同，那么网络前缀会显示在 1 级父路由中；如果 2 级子路由的网络前缀不同，1 级父路由中将不会出现网络前缀，每条 2 级子路由都会出现网络前缀。

3.3 方案设计

在如图 3-1 所示的网络拓扑图中，3 台路由器 R1、R2 和 R3 互连了 5 个网络，路由器 R1 有 3 个非直连网络，路由器 R2 有两个非直连网络，路由器 R3 有 3 个非直连网络，因为路由器 R1、R2 和 R3 没有去往非直连网络的路由，所以网络无法互通。要实现网络的互通，可以在路由器 R1、R2 和 R3 上配置 RIP 动态路由。

3.4 项目实施

3.4.1 RIPv1 的配置

网络拓扑图如图 3-1 所示，路由器 R1、R2 和 R3 的接口以及计算机 PC1、PC2 和 PC3 的 IP 地址已经配置完成，要求完成 RIPv1 动态路由的配置，实现计算机 PC1、PC2 和 PC3 的互通。

步骤 1：在路由器 R1 的全局配置模式下配置 RIPv1，输入以下代码。

```
R1(config)#router rip
R1(config-router)#network 192.168.1.0
R1(config-router)#network 192.168.2.0
```

步骤 2：在路由器 R2 的全局配置模式下配置 RIPv1，输入以下代码。

```
R2(config)#router rip
R2(config-router)#network 192.168.0.0
R2(config-router)#network 192.168.1.0
R2(config-router)#network 172.16.0.0
```

步骤 3：在路由器 R3 的全局配置模式下配置 RIPv1，输入以下代码。

```
R3(config)#router rip
R3(config-router)#network 172.16.0.0
R3(config-router)#network 172.17.0.0
```

步骤 4：在路由器 R1 的特权执行模式下，输入 show ip route 命令查看路由表，如图 3-7 所示。

```
R1#sh ip route
Codes: C - connected, S - static, R - RIP, M - mobile, B - BGP
       D - EIGRP, EX - EIGRP external, O - OSPF, IA - OSPF inter area
       N1 - OSPF NSSA external type 1, N2 - OSPF NSSA external type 2
       E1 - OSPF external type 1, E2 - OSPF external type 2
       i - IS-IS, su - IS-IS summary, L1 - IS-IS level-1, L2 - IS-IS level-2
       ia - IS-IS inter area, * - candidate default, U - per-user static route
       o - ODR, P - periodic downloaded static route

Gateway of last resort is not set

R    172.17.0.0/16 [120/2] via 192.168.1.1, 00:00:01, Serial0/1/0
R    172.16.0.0/16 [120/1] via 192.168.1.1, 00:00:01, Serial0/1/0
R    192.168.0.0/24 [120/1] via 192.168.1.1, 00:00:01, Serial0/1/0
C    192.168.1.0/24 is directly connected, Serial0/1/0
C    192.168.2.0/24 is directly connected, FastEthernet0/0
```

图 3-7 路由器 R1 的路由表

步骤 5：在路由器 R2 的特权执行模式下，输入 show ip route 命令查看路由表，如图 3-8 所示。

```
R2#sh ip route
Codes: C - connected, S - static, R - RIP, M - mobile, B - BGP
       D - EIGRP, EX - EIGRP external, O - OSPF, IA - OSPF inter area
       N1 - OSPF NSSA external type 1, N2 - OSPF NSSA external type 2
       E1 - OSPF external type 1, E2 - OSPF external type 2
       i - IS-IS, su - IS-IS summary, L1 - IS-IS level-1, L2 - IS-IS level-2
       ia - IS-IS inter area, * - candidate default, U - per-user static route
       o - ODR, P - periodic downloaded static route

Gateway of last resort is not set

R    172.17.0.0/16 [120/1] via 172.16.0.2, 00:00:19, Serial0/1/1
C    172.16.0.0/16 is directly connected, Serial0/1/1
C    192.168.0.0/24 is directly connected, FastEthernet0/0
C    192.168.1.0/24 is directly connected, Serial0/1/0
R    192.168.2.0/24 [120/1] via 192.168.1.2, 00:00:26, Serial0/1/0
```

图 3-8 路由器 R2 的路由表

步骤 6：在路由器 R3 的特权执行模式下，输入 show ip route 命令查看路由表，如图 3-9 所示。

步骤 7：在计算机 PC1 的命令行界面输入 ping 192.168.0.1 命令检验连通性，如图 3-10 所示。

步骤 8：在计算机 PC1 的命令行界面输入 ping 172.17.0.1 命令检验连通性，如图 3-11 所示。

步骤 9：在计算机 PC2 的命令行界面输入 ping 172.17.0.1 命令检验连通性，如图 3-12 所示。

```
R3#sh ip route
Codes: C - connected, S - static, R - RIP, M - mobile, B - BGP
       D - EIGRP, EX - EIGRP external, O - OSPF, IA - OSPF inter area
       N1 - OSPF NSSA external type 1, N2 - OSPF NSSA external type 2
       E1 - OSPF external type 1, E2 - OSPF external type 2
       i - IS-IS, su - IS-IS summary, L1 - IS-IS level-1, L2 - IS-IS level-2
       ia - IS-IS inter area, * - candidate default, U - per-user static route
       o - ODR, P - periodic downloaded static route

Gateway of last resort is not set

C     172.17.0.0/16 is directly connected, FastEthernet0/0
C     172.16.0.0/16 is directly connected, Serial0/1/0
R     192.168.0.0/24 [120/1] via 172.16.0.1, 00:00:19, Serial0/1/0
R     192.168.1.0/24 [120/1] via 172.16.0.1, 00:00:19, Serial0/1/0
R     192.168.2.0/24 [120/2] via 172.16.0.1, 00:00:19, Serial0/1/0
```

图 3-9　路由器 R3 的路由表

```
C:\>ping 192.168.0.1

正在 Ping 192.168.0.1 具有 32 字节的数据:
来自 192.168.0.1 的回复: 字节=32 时间=9ms TTL=126
来自 192.168.0.1 的回复: 字节=32 时间=9ms TTL=126
来自 192.168.0.1 的回复: 字节=32 时间=9ms TTL=126
来自 192.168.0.1 的回复: 字节=32 时间=9ms TTL=126

192.168.0.1 的 Ping 统计信息:
    数据包: 已发送 = 4，已接收 = 4，丢失 = 0 (0% 丢失)，
往返行程的估计时间(以 ms 为单位):
    最短 = 9ms，最长 = 9ms，平均 = 9ms
```

图 3-10　从计算机 PC1 ping 计算机 PC2

```
C:\>ping 172.17.0.1

正在 Ping 172.17.0.1 具有 32 字节的数据:
来自 172.17.0.1 的回复: 字节=32 时间=19ms TTL=125
来自 172.17.0.1 的回复: 字节=32 时间=18ms TTL=125
来自 172.17.0.1 的回复: 字节=32 时间=18ms TTL=125
来自 172.17.0.1 的回复: 字节=32 时间=18ms TTL=125

172.17.0.1 的 Ping 统计信息:
    数据包: 已发送 = 4，已接收 = 4，丢失 = 0 (0% 丢失)，
往返行程的估计时间(以 ms 为单位):
    最短 = 18ms，最长 = 19ms，平均 = 18ms
```

图 3-11　从计算机 PC1 ping 计算机 PC3

通过路由表查看和连通性检验可以发现，RIPv1 动态路由协议生成的路由是路由来源为 R、管理距离为 120 的路由，路由表中路由完整；计算机 PC1、PC2 和 PC3 可以实现互通。

```
C:\>ping 172.17.0.1

正在 Ping 172.17.0.1 具有 32 字节的数据:
来自 172.17.0.1 的回复: 字节=32 时间=19ms TTL=125
来自 172.17.0.1 的回复: 字节=32 时间=18ms TTL=125
来自 172.17.0.1 的回复: 字节=32 时间=18ms TTL=125
来自 172.17.0.1 的回复: 字节=32 时间=18ms TTL=125

172.17.0.1 的 Ping 统计信息:
    数据包: 已发送 = 4，已接收 = 4，丢失 = 0 (0% 丢失)，
往返行程的估计时间(以 ms 为单位):
    最短 = 18ms，最长 = 19ms，平均 = 18ms
```

图 3-12　从计算机 PC2 ping 计算机 PC3

3.4.2　RIPv1 不连续网络的配置

本项目网络拓扑图如图 3-13 所示，路由器 R1、R2 和 R3 的接口以及计算机 PC1、PC2 和 PC3 的 IP 地址已经配置完成，要求完成 RIPv1 不连续网络的配置，实现计算机 PC1、PC2

和 PC3 的互通。

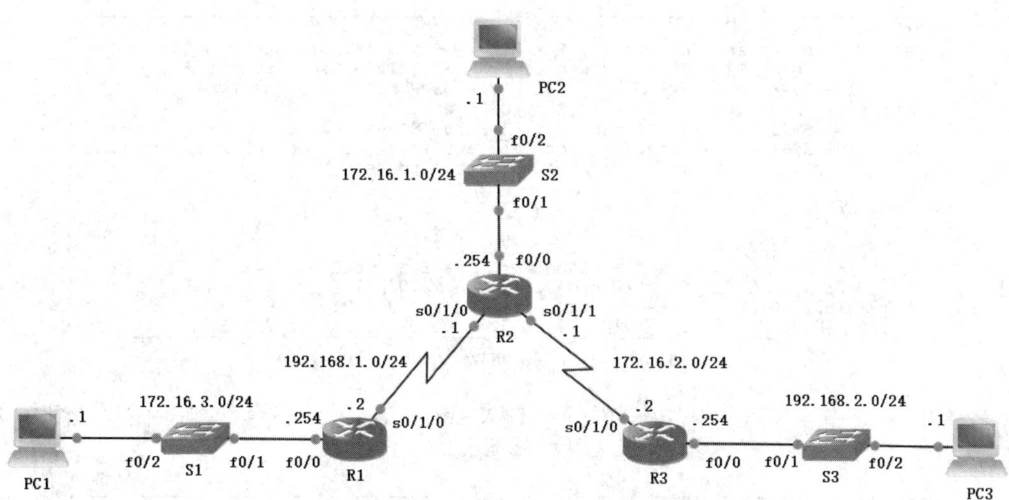

图 3-13　网络拓扑图

步骤 1：在路由器 R1 的全局配置模式下配置 RIPv1，输入以下代码。

```
R1(config)#router rip
R1(config-router)#network 192.168.1.0
R1(config-router)#network 172.16.0.0
```

步骤 2：在路由器 R2 的全局配置模式下配置 RIPv1，输入以下代码。

```
R2(config)#router rip
R2(config-router)#network 172.16.0.0
R2(config-router)#network 192.168.1.0
```

步骤 3：在路由器 R3 的全局配置模式下配置 RIPv1，输入以下代码。

```
R3(config)#router rip
R3(config-router)#network 172.16.0.0
R3(config-router)#network 192.168.2.0
```

步骤 4：在路由器 R1 的特权执行模式下，输入 show ip route 命令查看路由表，如图 3-14 所示。

```
R1#sh ip route
Codes: C - connected, S - static, R - RIP, M - mobile, B - BGP
       D - EIGRP, EX - EIGRP external, O - OSPF, IA - OSPF inter area
       N1 - OSPF NSSA external type 1, N2 - OSPF NSSA external type 2
       E1 - OSPF external type 1, E2 - OSPF external type 2
       i - IS-IS, su - IS-IS summary, L1 - IS-IS level-1, L2 - IS-IS level-2
       ia - IS-IS inter area, * - candidate default, U - per-user static route
       o - ODR, P - periodic downloaded static route

Gateway of last resort is not set

     172.16.0.0/24 is subnetted, 1 subnets
C       172.16.3.0 is directly connected, FastEthernet0/0
C    192.168.1.0/24 is directly connected, Serial0/1/0
R    192.168.2.0/24 [120/2] via 192.168.1.1, 00:00:24, Serial0/1/0
```

图 3-14　路由器 R1 的路由表

步骤 5：在路由器 R2 的特权执行模式下，输入 show ip route 命令查看路由表，如图 3-15

所示。

```
R2#sh ip route
Codes: C - connected, S - static, R - RIP, M - mobile, B - BGP
       D - EIGRP, EX - EIGRP external, O - OSPF, IA - OSPF inter area
       N1 - OSPF NSSA external type 1, N2 - OSPF NSSA external type 2
       E1 - OSPF external type 1, E2 - OSPF external type 2
       i - IS-IS, su - IS-IS summary, L1 - IS-IS level-1, L2 - IS-IS level-2
       ia - IS-IS inter area, * - candidate default, U - per-user static route
       o - ODR, P - periodic downloaded static route

Gateway of last resort is not set

     172.16.0.0/24 is subnetted, 2 subnets
C       172.16.1.0 is directly connected, FastEthernet0/0
C       172.16.2.0 is directly connected, Serial0/1/1
C    192.168.1.0/24 is directly connected, Serial0/1/0
R    192.168.2.0/24 [120/1] via 172.16.2.2, 00:00:10, Serial0/1/1
```

图 3-15　路由器 R2 的路由表

步骤 6：在路由器 R3 的特权执行模式下，输入 show ip route 命令查看路由表，如图 3-16 所示。

```
R3#sh ip route
Codes: C - connected, S - static, R - RIP, M - mobile, B - BGP
       D - EIGRP, EX - EIGRP external, O - OSPF, IA - OSPF inter area
       N1 - OSPF NSSA external type 1, N2 - OSPF NSSA external type 2
       E1 - OSPF external type 1, E2 - OSPF external type 2
       i - IS-IS, su - IS-IS summary, L1 - IS-IS level-1, L2 - IS-IS level-2
       ia - IS-IS inter area, * - candidate default, U - per-user static route
       o - ODR, P - periodic downloaded static route

Gateway of last resort is not set

     172.16.0.0/24 is subnetted, 2 subnets
R       172.16.1.0 [120/1] via 172.16.2.1, 00:00:15, Serial0/1/0
C       172.16.2.0 is directly connected, Serial0/1/0
R    192.168.1.0/24 [120/1] via 172.16.2.1, 00:00:15, Serial0/1/0
C    192.168.2.0/24 is directly connected, FastEthernet0/0
```

图 3-16　路由器 R3 的路由表

步骤 7：在计算机 PC1 的命令行界面输入 ping 172.16.1.1 命令检验连通性，如图 3-17 所示。

```
C:\>ping 172.16.1.1

正在 Ping 172.16.1.1 具有 32 字节的数据:
来自 172.16.3.254 的回复: 无法访问目标主机。
来自 172.16.3.254 的回复: 无法访问目标主机。
来自 172.16.3.254 的回复: 无法访问目标主机。
来自 172.16.3.254 的回复: 无法访问目标主机。

172.16.1.1 的 Ping 统计信息:
    数据包: 已发送 = 4，已接收 = 4，丢失 = 0 (0% 丢失)，
```

图 3-17　从计算机 PC1 ping 计算机 PC2

步骤 8：在计算机 PC1 的命令行界面输入 ping 192.168.2.1 命令检验连通性，如图 3-18 所示。

```
C:\>ping 192.168.2.1

正在 Ping 192.168.2.1 具有 32 字节的数据:
请求超时。
请求超时。
请求超时。
请求超时。

192.168.2.1 的 Ping 统计信息:
    数据包: 已发送 = 4，已接收 = 0，丢失 = 4 (100% 丢失)，
```

图 3-18　从计算机 PC1 ping 计算机 PC3

步骤 9：在计算机 PC2 的命令行界面输入 ping 192.168.2.1 命令检验连通性，如图 3-19 所示。

```
C:\>ping 192.168.2.1

正在 Ping 192.168.2.1 具有 32 字节的数据:
来自 192.168.2.1 的回复: 字节=32 时间=9ms TTL=126
来自 192.168.2.1 的回复: 字节=32 时间=9ms TTL=126
来自 192.168.2.1 的回复: 字节=32 时间=9ms TTL=126
来自 192.168.2.1 的回复: 字节=32 时间=9ms TTL=126

192.168.2.1 的 Ping 统计信息:
    数据包: 已发送 = 4, 已接收 = 4, 丢失 = 0 (0% 丢失),
往返行程的估计时间(以ms为单位):
    最短 = 9ms, 最长 = 9ms, 平均 = 9ms
```

图 3-19　从计算机 PC2 ping 计算机 PC3

通过路由表查看和连通性检验可以发现，路由器 R1、R2 和 R3 的路由表中的路由不完整；计算机 PC1 没有 ping 通计算机 PC2 和 PC3，未实现全网互通。因为 RIPv1 不支持不连续的网络，所以针对图 3-13 所示的 IP 地址不连续的网络，配置 RIPv1 无法实现网络互通。

3.4.3 RIPv2 的配置

网络拓扑图如图 3-13 所示，路由器 R1、R2 和 R3 的接口以及计算机 PC1、PC2 和 PC3 的 IP 地址已经配置完成，要求完成 RIPv2 动态路由的配置，实现计算机 PC1、PC2 和 PC3 的互通。

步骤 1：在路由器 R1 的全局配置模式下配置 RIPv2，输入以下代码。

```
R1(config)#router rip
R1(config-router)#version 2
R1(config-router)#network 192.168.1.0
R1(config-router)#network 172.16.0.0
R1(config-router)#no auto-summary
```

步骤 2：在路由器 R2 的全局配置模式下配置 RIPv2，输入以下代码。

```
R2(config)#router rip
R2(config-router)#version 2
R2(config-router)#network 172.16.0.0
R2(config-router)#network 192.168.1.0
R2(config-router)#no auto-summary
```

步骤 3：在路由器 R3 的全局配置模式下配置 RIPv2，输入以下代码。

```
R3(config)#router rip
R3(config-router)#version 2
R3(config-router)#network 172.16.0.0
R3(config-router)#network 192.168.2.0
R3(config-router)#no auto-summary
```

步骤 4：在路由器 R1 的特权执行模式下，输入 show ip route 命令查看路由表，如图 3-20 所示。

步骤 5：在路由器 R2 的特权执行模式下，输入 show ip route 命令查看路由表，如图 3-21 所示。

```
R1#sh ip route
Codes: C - connected, S - static, R - RIP, M - mobile, B - BGP
       D - EIGRP, EX - EIGRP external, O - OSPF, IA - OSPF inter area
       N1 - OSPF NSSA external type 1, N2 - OSPF NSSA external type 2
       E1 - OSPF external type 1, E2 - OSPF external type 2
       i - IS-IS, su - IS-IS summary, L1 - IS-IS level-1, L2 - IS-IS level-2
       ia - IS-IS inter area, * - candidate default, U - per-user static route
       o - ODR, P - periodic downloaded static route

Gateway of last resort is not set

     172.16.0.0/16 is variably subnetted, 4 subnets, 2 masks
R       172.16.0.0/16 is possibly down,
          routing via 192.168.1.1, Serial0/1/0
R       172.16.1.0/24 [120/1] via 192.168.1.1, 00:00:09, Serial0/1/0
R       172.16.2.0/24 [120/1] via 192.168.1.1, 00:00:09, Serial0/1/0
C       172.16.3.0/24 is directly connected, FastEthernet0/0
C    192.168.1.0/24 is directly connected, Serial0/1/0
R    192.168.2.0/24 [120/2] via 192.168.1.1, 00:00:09, Serial0/1/0
```

图 3-20　路由器 R1 的路由表

```
R2#sh ip route
Codes: C - connected, S - static, R - RIP, M - mobile, B - BGP
       D - EIGRP, EX - EIGRP external, O - OSPF, IA - OSPF inter area
       N1 - OSPF NSSA external type 1, N2 - OSPF NSSA external type 2
       E1 - OSPF external type 1, E2 - OSPF external type 2
       i - IS-IS, su - IS-IS summary, L1 - IS-IS level-1, L2 - IS-IS level-2
       ia - IS-IS inter area, * - candidate default, U - per-user static route
       o - ODR, P - periodic downloaded static route

Gateway of last resort is not set

     172.16.0.0/24 is subnetted, 3 subnets
C       172.16.1.0 is directly connected, FastEthernet0/0
C       172.16.2.0 is directly connected, Serial0/1/1
R       172.16.3.0 [120/1] via 192.168.1.2, 00:00:11, Serial0/1/0
C    192.168.1.0/24 is directly connected, Serial0/1/0
R    192.168.2.0/24 [120/1] via 172.16.2.2, 00:00:02, Serial0/1/1
```

图 3-21　路由器 R2 的路由表

步骤 6：在路由器 R3 的特权执行模式下，输入 show ip route 命令查看路由表，如图 3-22 所示。

```
R3#sh ip route
Codes: C - connected, S - static, R - RIP, M - mobile, B - BGP
       D - EIGRP, EX - EIGRP external, O - OSPF, IA - OSPF inter area
       N1 - OSPF NSSA external type 1, N2 - OSPF NSSA external type 2
       E1 - OSPF external type 1, E2 - OSPF external type 2
       i - IS-IS, su - IS-IS summary, L1 - IS-IS level-1, L2 - IS-IS level-2
       ia - IS-IS inter area, * - candidate default, U - per-user static route
       o - ODR, P - periodic downloaded static route

Gateway of last resort is not set

     172.16.0.0/24 is subnetted, 3 subnets
R       172.16.1.0 [120/1] via 172.16.2.1, 00:00:21, Serial0/1/0
C       172.16.2.0 is directly connected, Serial0/1/0
R       172.16.3.0 [120/2] via 172.16.2.1, 00:00:21, Serial0/1/0
R    192.168.1.0/24 [120/1] via 172.16.2.1, 00:00:21, Serial0/1/0
C    192.168.2.0/24 is directly connected, FastEthernet0/0
```

图 3-22　路由器 R3 的路由表

步骤 7：在计算机 PC1 的命令行界面输入 ping 172.16.1.1 命令检验连通性，如图 3-23 所示。

```
C:\>ping 172.16.1.1

正在 Ping 172.16.1.1 具有 32 字节的数据:
来自 172.16.1.1 的回复: 字节=32 时间=10ms TTL=126
来自 172.16.1.1 的回复: 字节=32 时间=9ms TTL=126
来自 172.16.1.1 的回复: 字节=32 时间=9ms TTL=126
来自 172.16.1.1 的回复: 字节=32 时间=9ms TTL=126

172.16.1.1 的 Ping 统计信息:
    数据包: 已发送 = 4，已接收 = 4，丢失 = 0 (0% 丢失)，
往返行程的估计时间(以 ms 为单位):
    最短 = 9ms，最长 = 10ms，平均 = 9ms
```

图 3-23　从计算机 PC1 ping 计算机 PC2

步骤 8：在计算机 PC1 的命令行界面输入 ping 192.168.2.1 命令检验连通性，如图 3-24 所示。

```
C:\>ping 192.168.2.1

正在 Ping 192.168.2.1 具有 32 字节的数据:
来自 192.168.2.1 的回复: 字节=32 时间=18ms TTL=125
来自 192.168.2.1 的回复: 字节=32 时间=19ms TTL=125
来自 192.168.2.1 的回复: 字节=32 时间=18ms TTL=125
来自 192.168.2.1 的回复: 字节=32 时间=18ms TTL=125

192.168.2.1 的 Ping 统计信息:
    数据包: 已发送 = 4，已接收 = 4，丢失 = 0 (0% 丢失),
往返行程的估计时间(以ms为单位):
    最短 = 18ms，最长 = 19ms，平均 = 18ms
```

图 3-24 从计算机 PC1 ping 计算机 PC3

步骤 9：在计算机 PC2 的命令行界面输入 ping 192.168.2.1 命令检验连通性，如图 3-25 所示。

```
C:\>ping 192.168.2.1

正在 Ping 192.168.2.1 具有 32 字节的数据:
来自 192.168.2.1 的回复: 字节=32 时间=9ms TTL=126
来自 192.168.2.1 的回复: 字节=32 时间=9ms TTL=126
来自 192.168.2.1 的回复: 字节=32 时间=9ms TTL=126
来自 192.168.2.1 的回复: 字节=32 时间=9ms TTL=126

192.168.2.1 的 Ping 统计信息:
    数据包: 已发送 = 4，已接收 = 4，丢失 = 0 (0% 丢失),
往返行程的估计时间(以ms为单位):
    最短 = 9ms，最长 = 9ms，平均 = 9ms
```

图 3-25 从计算机 PC2 ping 计算机 PC3

通过路由表查看和连通性检验可以发现，路由器 R1、R2 和 R3 的路由表中的路由完整，计算机 PC1、PC2 和 PC3 实现了互通。因为 RIPv2 是一种无类路由协议，支持不连续的网络，所以针对如图 3-13 所示的 IP 地址不连续的网络，可以通过配置 RIPv2 路由协议实现网络互通。

3.4.4 被动接口的配置

网络拓扑图如图 3-13 所示，路由器的接口和计算机的 IP 地址已经配置完成，路由器 R1、R2 和 R3 配置了 RIPv2 动态路由协议，已经实现了全网互通，要求完成被动接口的配置，减少不必要的路由通告流量。

步骤 1：在路由器 R1 的全局配置模式下配置被动接口，输入以下代码。

```
R1(config)#router rip
R1(config-router)#passive-interface f0/0
```

步骤 2：在路由器 R2 的全局配置模式下配置被动接口，输入以下代码。

```
R2(config)#router rip
R2(config-router)#passive-interface f0/0
```

步骤 3：在路由器 R3 的全局配置模式下配置被动接口，输入以下代码。

```
R3(config)#router rip
R3(config-router)#passive-interface f0/0
```

3.5 项目小结

本项目完成了 RIPv1 和 RIPv2 的配置，RIPv1 是一种有类路由协议，不支持 VLSM 和不连续网络，所以对于 IP 地址不连续的网络，如果配置 RIPv1，无法实现全网互通，对于这样的网络，配置 RIPv2 可以实现全网互通。

3.6 拓展训练

网络拓扑图如图 3-26 所示，要求完成如下配置。

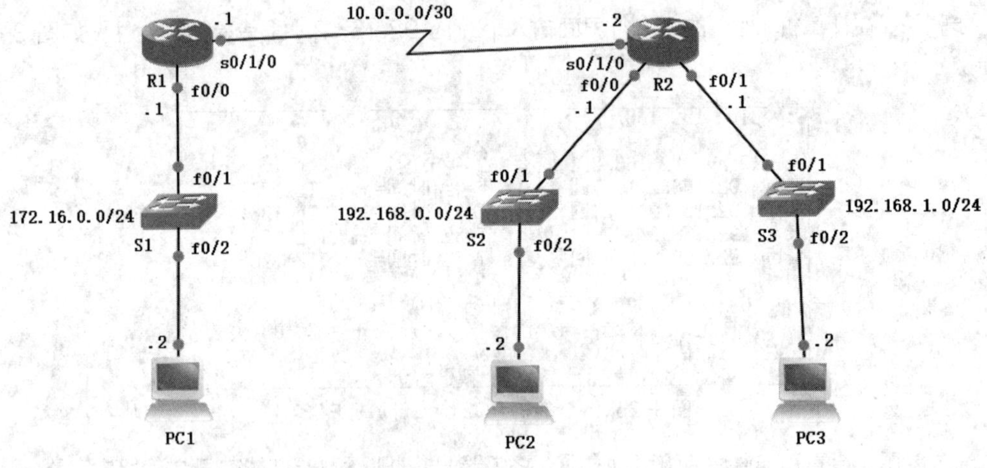

图 3-26　网络拓扑图

（1）完成路由器接口和计算机 IP 地址的配置。

（2）完成 RIPv2 的配置，实现全网互通。

（3）要求业务网段中不出现协议报文。

项目4 EIGRP的配置

04

4.1 用户需求

某学校网络拓扑图如图 4-1 所示，要求完成 EIGRP 的配置，实现计算机 PC1、PC2 和 PC3 的互通。

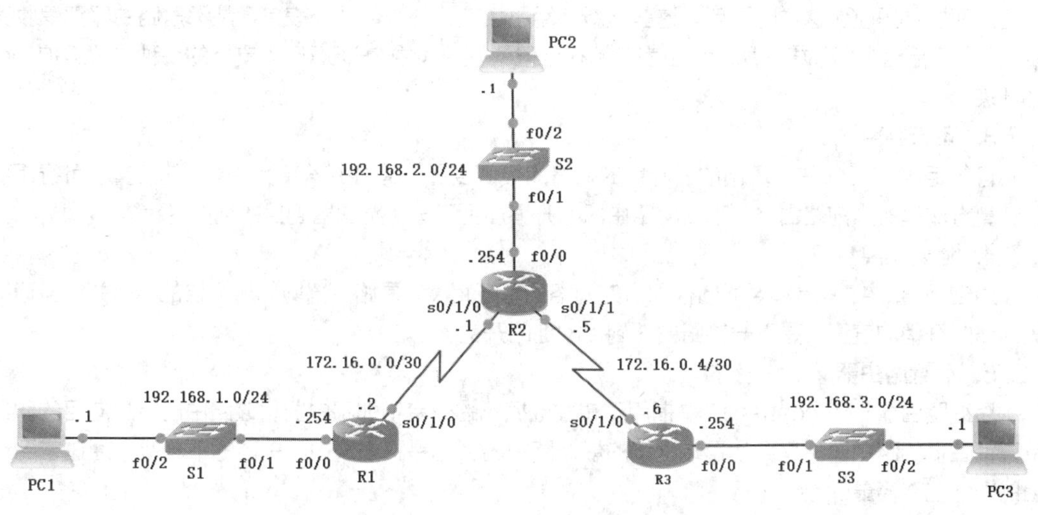

图 4-1　某学校网络拓扑图

4.2 知识梳理

4.2.1 EIGRP 的特点

（1）EIGRP 是思科的私有协议，是一种距离矢量路由协议。

（2）采用不定期更新（增量更新）机制，即只在路由器改变计量标准或拓扑出现变化时才发送部分路由更新，更新中只包含变化的链路信息，并且只将这些部分更新传递给需要的路由器，因此占用的带宽较少，收敛速度较快。

（3）路由更新中包含子网掩码，支持 VLSM 和不连续网络。

（4）采用组播（224.0.0.10）或单播发送路由更新。

（5）内部 EIGRP 路由的默认管理距离为 90，从外部来源（如静态路由）导入的 EIGRP 路由的默认管理距离为 170。

（6）对每一种网络协议，EIGRP 都维持独立的邻居表、拓扑表和路由表，拓扑表包含最佳路由和所有无环备用路径。

（7）支持等价和非等价的负载均衡。

（8）使用扩散更新算法（DUAL）实现快速收敛，并确保没有路由环路。

（9）存储整个网络拓扑结构的信息，以便快速适应网络变化。

4.2.2 术语

1. 邻居表

使用 Hello 数据包来发现邻居，用于确保直连邻居之间能够进行双向通信。路由器发现新邻居并建立邻居关系后，将在邻居表中添加一个条目，其中包含该邻居的地址以及可能到达该邻居的接口。EIGRP 为支持的每种协议维护一个邻居表。

2. 拓扑表

路由器动态发现新邻居后，将向它发送一个更新，其中包含有关自己知道的路由的信息，同时也将从邻居那里收到这样的更新，这些更新将用于填充拓扑表，拓扑表包含从邻居路由器那里收到的更新，每台路由器都将邻居的路由表存储在自己的拓扑表中。EIGRP 为支持的每种协议维护一个拓扑表。

3. 可行距离

可行距离（FD）是计算出的通向目的网络的最低度量，是路由表条目中所列的度量。可行距离的计算方法是将当前路由器到下一跳路由器的开销加上下一跳路由器到目的地的开销。

4. 通告距离

通告距离（AD）是邻居通向相同目的网络的可行距离，是路由器向邻居报告的、有关自身通向该网络的开销的度量，是下一跳路由器到目的地的开销。

5. 后继路由器

后继路由器（Successor）是指用于转发数据包的一台相邻路由器，该路由器是通向目的网络的开销最低的路由器，是到达远端网络的最佳路由器，也是路由表中路由器的下一跳，通过它到达目的网络的路径最优。

6. 可行后继路由器

可行后继路由器（Feasible Successor）是指一个邻居，它有一条通向后继路由器所连通的同一个目的网络的无环备用路径，并且满足可行性条件。通过它到达目的地的度量值比后继路由器高，但它的通告距离小于通过后继路由器到达目的网络的可行距离，因而被保存在拓扑表中，用作备份路由。

7. 路由表

路由表包含前往每个目的网络的最佳路由，用于转发数据包，前往后继路由器的路由被存储到路由表中。路由器为配置的每种网络协议维护一个路由表，默认情况下，每种协议最多可以将 4 条前往同一个目的网络且度量值相同的路由加入路由表。

4.2.3 EIGRP 的数据包类型

1. Hello 数据包

Hello 数据包用来发现和维护 EIGRP 邻居关系，以组播方式发送，目标地址为 224.0.0.10。

在大多数网络中，每 5 秒发送一次 Hello 数据包。在多点 NBMA（非广播多路访问）网络中，如 X.25、帧中继和带有 T1（1.544Mbit/s）或更慢访问链路的 ATM 接口上，每 60 秒单播一次 Hello 数据包。EIGRP 路由器假定：只要还能收到邻居发来的 Hello 数据包，该邻居及其路由就仍然保持活动。

保持时间用于告诉路由器在宣告邻居无法到达前应等待该设备发送下一个 Hello 数据包的最长时间。默认情况下，保持时间是 Hello 数据包间隔时间的 3 倍。当保持时间截止后，EIGRP 将宣告该路由发生故障，而 DUAL（扩散更新算法）则将通过发出查询来寻找新路径。

2. Update 数据包

Update 数据包用于传播路由信息，EIGRP 仅在必要时才发送 Update 数据包。Update 数据包仅包含需要的路由信息，且仅发送给需要该信息的路由器。Update 数据包使用可靠传输，邻居收到后必须回复确认消息。当多台路由器需要 Update 数据包时，通过组播发送；当只有一台路由器需要 Update 数据包时，则通过单播发送。

3. Query 数据包

Query 数据包用于在路由信息丢失并没有备份路径时向邻居查询，邻居必须回复确认。

4. Reply 数据包

Reply 数据包是对邻居 Query 数据包的回复，也需要邻居回复确认。

5. Ack 数据包

Ack 数据包由 EIGRP 在使用可靠传输时发送，是对收到的数据包的确认，告诉邻居已经收到数据包。收到 Ack 后，不需要再对 Ack 做出回复。

4.2.4 EIGRP 的度量值

EIGRP 使用复合度量，包括带宽、延迟、可靠性和负载。默认情况下仅使用带宽和延迟计算度量值，复合度量值的计算公式如下。

$$度量值=[k_1\times宽带+(k_2\times宽带)/(256-负载)+k_3\times延迟]\times[k_5/(可靠性+k_4)]$$

度量值的计算公式是一个条件公式，当 $k_5=0$ 时，公式中最后一部分“$[k_5/(可靠性+k_4)]$”不使用，默认情况下，$k_1=1$，$k_2=0$，$k_3=1$，$k_4=0$，$k_5=0$，度量值的计算公式可以简化为：

$$度量值=[k_1\times宽带+k_3\times延迟]$$

4.2.5 配置命令

1. 启用 EIGRP

```
Router(config)# router eigrp autonomous-system
```

autonomous-system：自治系统编号，它实际上起进程 ID 的作用。EIGRP 路由域内的所有路由器都必须使用同一个进程 ID。

2. 通告网络

```
Router(config-router)#network network-address [wildcard-mask]
```

network-address：接口的有类网络地址。

wildcard-mask：反掩码。有时网络管理员并不想为所有接口启用 EIGRP，要配置 EIGRP 仅通告特定子网，可以把 wildcard-mask 选项与 network 命令一起使用。

3. 禁用自动汇总

```
Router(config-router)#no auto-summary
```

4. 手动汇总

```
Router(config-if)#ip summary-address eigrp as-number network-address subnet-mask
```

5. 被动接口的配置

```
Router(config-router)#passive-interface type number
```

type number：接口的类型和编号。

6. 显示路由器当前配置的路由协议

```
Router#show ip protocols
```

7. 查看邻居表并检验 EIGRP 是否已经与邻居建立邻居关系

```
Router#show ip eigrp neighbors
```

8. 查看拓扑表

```
Router#show ip eigrp topology [all-links]
```

all-links：查看所有可能的链路。

4.3 方案设计

在如图 4-1 所示网络拓扑图中，3 台路由器 R1、R2 和 R3 互连了 5 个网络，路由器 R1 有 3 个非直连网络，路由器 R2 有两个非直连网络，路由器 R3 有 3 个非直连网络，因为路由器 R1、R2 和 R3 没有去往非直连网络的路由，所以网络无法互通。要实现网络的互通，可以在路由器 R1、R2 和 R3 上配置 EIGRP。

4.4 项目实施

4.4.1 EIGRP 的配置

网络拓扑图如图 4-1 所示，路由器 R1、R2 和 R3 的接口以及计算机 PC1、PC2 和 PC3 的 IP 地址已经配置完成，要求完成 EIGRP 的配置，实现计算机 PC1、PC2 和 PC3 的互通。

步骤 1：在路由器 R1 的全局配置模式下配置 EIGRP，输入以下代码。

```
R1(config)#router eigrp 1
R1(config-router)#network 192.168.1.0
R1(config-router)#network 172.16.0.0
R1(config-router)#no auto-summary
```

步骤 2：在路由器 R2 的全局配置模式下配置 EIGRP，输入以下代码。

```
R2(config)#router eigrp 1
R2(config-router)#network 192.168.2.0
R2(config-router)#network 172.16.0.0
R2(config-router)#no auto-summary
```

步骤 3：在路由器 R3 的全局配置模式下配置 EIGRP，输入以下代码。

```
R3(config)#router eigrp 1
R3(config-router)#network 172.16.0.0
R3(config-router)#network 192.168.3.0
```

```
R2(config-router)#no auto-summary
```

步骤 4：在路由器 R1 的特权执行模式下，输入 show ip route 命令查看路由表，如图 4-2 所示。

```
R1#sh ip route
Codes: C - connected, S - static, R - RIP, M - mobile, B - BGP
       D - EIGRP, EX - EIGRP external, O - OSPF, IA - OSPF inter area
       N1 - OSPF NSSA external type 1, N2 - OSPF NSSA external type 2
       E1 - OSPF external type 1, E2 - OSPF external type 2
       i - IS-IS, su - IS-IS summary, L1 - IS-IS level-1, L2 - IS-IS level-2
       ia - IS-IS inter area, * - candidate default, U - per-user static route
       o - ODR, P - periodic downloaded static route

Gateway of last resort is not set

     172.16.0.0/30 is subnetted, 2 subnets
D       172.16.0.4 [90/21024000] via 172.16.0.1, 00:06:48, Serial0/1/0
C       172.16.0.0 is directly connected, Serial0/1/0
C    192.168.1.0/24 is directly connected, FastEthernet0/0
D    192.168.2.0/24 [90/20514560] via 172.16.0.1, 00:06:48, Serial0/1/0
D    192.168.3.0/24 [90/21026560] via 172.16.0.1, 00:05:50, Serial0/1/0
```

图 4-2　路由器 R1 的路由表

步骤 5：在路由器 R2 的特权执行模式下，输入 show ip route 命令查看路由表，如图 4-3 所示。

```
R2#sh ip route
Codes: C - connected, S - static, R - RIP, M - mobile, B - BGP
       D - EIGRP, EX - EIGRP external, O - OSPF, IA - OSPF inter area
       N1 - OSPF NSSA external type 1, N2 - OSPF NSSA external type 2
       E1 - OSPF external type 1, E2 - OSPF external type 2
       i - IS-IS, su - IS-IS summary, L1 - IS-IS level-1, L2 - IS-IS level-2
       ia - IS-IS inter area, * - candidate default, U - per-user static route
       o - ODR, P - periodic downloaded static route

Gateway of last resort is not set

     172.16.0.0/30 is subnetted, 2 subnets
C       172.16.0.4 is directly connected, Serial0/1/1
C       172.16.0.0 is directly connected, Serial0/1/0
D    192.168.1.0/24 [90/20514560] via 172.16.0.2, 00:05:38, Serial0/1/0
C    192.168.2.0/24 is directly connected, FastEthernet0/0
D    192.168.3.0/24 [90/20514560] via 172.16.0.6, 00:04:40, Serial0/1/1
```

图 4-3　路由器 R2 的路由表

步骤 6：在路由器 R3 的特权执行模式下，输入 show ip route 命令查看路由表，如图 4-4 所示。

```
R3#sh ip route
Codes: C - connected, S - static, R - RIP, M - mobile, B - BGP
       D - EIGRP, EX - EIGRP external, O - OSPF, IA - OSPF inter area
       N1 - OSPF NSSA external type 1, N2 - OSPF NSSA external type 2
       E1 - OSPF external type 1, E2 - OSPF external type 2
       i - IS-IS, su - IS-IS summary, L1 - IS-IS level-1, L2 - IS-IS level-2
       ia - IS-IS inter area, * - candidate default, U - per-user static route
       o - ODR, P - periodic downloaded static route

Gateway of last resort is not set

     172.16.0.0/30 is subnetted, 2 subnets
C       172.16.0.4 is directly connected, Serial0/1/0
D       172.16.0.0 [90/21024000] via 172.16.0.5, 00:03:29, Serial0/1/0
D    192.168.1.0/24 [90/21026560] via 172.16.0.5, 00:03:29, Serial0/1/0
D    192.168.2.0/24 [90/20514560] via 172.16.0.5, 00:03:29, Serial0/1/0
C    192.168.3.0/24 is directly connected, FastEthernet0/0
```

图 4-4　路由器 R3 的路由表

步骤 7：在计算机 PC1 的命令行界面输入 ping 192.168.2.1 命令检验连通性，如图 4-5 所示。

```
C:\>ping 192.168.2.1

正在 Ping 192.168.2.1 具有 32 字节的数据:
来自 192.168.2.1 的回复: 字节=32 时间=9ms TTL=126
来自 192.168.2.1 的回复: 字节=32 时间=9ms TTL=126
来自 192.168.2.1 的回复: 字节=32 时间=9ms TTL=126
来自 192.168.2.1 的回复: 字节=32 时间=9ms TTL=126

192.168.2.1 的 Ping 统计信息:
    数据包: 已发送 = 4, 已接收 = 4, 丢失 = 0 (0% 丢失),
往返行程的估计时间(以ms为单位):
    最短 = 9ms, 最长 = 9ms, 平均 = 9ms
```

图 4-5　从计算机 PC1 ping 计算机 PC2

步骤 8：在计算机 PC1 的命令行界面输入 ping 192.168.3.1 命令检验连通性，如图 4-6 所示。

```
C:\>ping 192.168.3.1

正在 Ping 192.168.3.1 具有 32 字节的数据:
来自 192.168.3.1 的回复: 字节=32 时间=18ms TTL=125
来自 192.168.3.1 的回复: 字节=32 时间=18ms TTL=125
来自 192.168.3.1 的回复: 字节=32 时间=19ms TTL=125
来自 192.168.3.1 的回复: 字节=32 时间=19ms TTL=125

192.168.3.1 的 Ping 统计信息:
    数据包: 已发送 = 4, 已接收 = 4, 丢失 = 0 (0% 丢失),
往返行程的估计时间(以ms为单位):
    最短 = 18ms, 最长 = 19ms, 平均 = 18ms
```

图 4-6　从计算机 PC1 ping 计算机 PC3

步骤 9：在计算机 PC2 的命令行界面输入 ping 192.168.3.1 命令检验连通性，如图 4-7 所示。

```
C:\>ping 192.168.3.1

正在 Ping 192.168.3.1 具有 32 字节的数据:
来自 192.168.3.1 的回复: 字节=32 时间=9ms TTL=126
来自 192.168.3.1 的回复: 字节=32 时间=9ms TTL=126
来自 192.168.3.1 的回复: 字节=32 时间=9ms TTL=126
来自 192.168.3.1 的回复: 字节=32 时间=9ms TTL=126

192.168.3.1 的 Ping 统计信息:
    数据包: 已发送 = 4, 已接收 = 4, 丢失 = 0 (0% 丢失),
往返行程的估计时间(以ms为单位):
    最短 = 9ms, 最长 = 9ms, 平均 = 9ms
```

图 4-7　从计算机 PC2 ping 计算机 PC3

通过路由表查看和连通性检验可以发现，EIGRP 在路由表中生成的路由是路由来源为 E、管理距离是 90 的路由，路由器 R1、R2 和 R3 的路由表中路由完整，计算机 PC1、PC2 和 PC3 实现了互通。

4.4.2　禁用自动汇总时 EIGRP 的配置

本项目网络拓扑图如图 4-8 所示，路由器 R1、R2 和 R3 的接口以及计算机 PC1、PC2 和 PC3 的 IP 地址已经配置完成，要求完成禁用自动汇总的情况下 EIGRP 的配置，实现计算机 PC1、PC2 和 PC3 的互通，并查看路由器 R1、R2 和 R3 的路由表。

步骤 1：在路由器 R1 的全局配置模式下配置 EIGRP，输入以下代码。

```
R1(config)#router eigrp 1
R1(config-router)#network 172.16.1.0 0.0.0.255
R1(config-router)#network 172.16.3.0 0.0.0.3
R1(config-router)#network 192.168.2.8 0.0.0.3
```

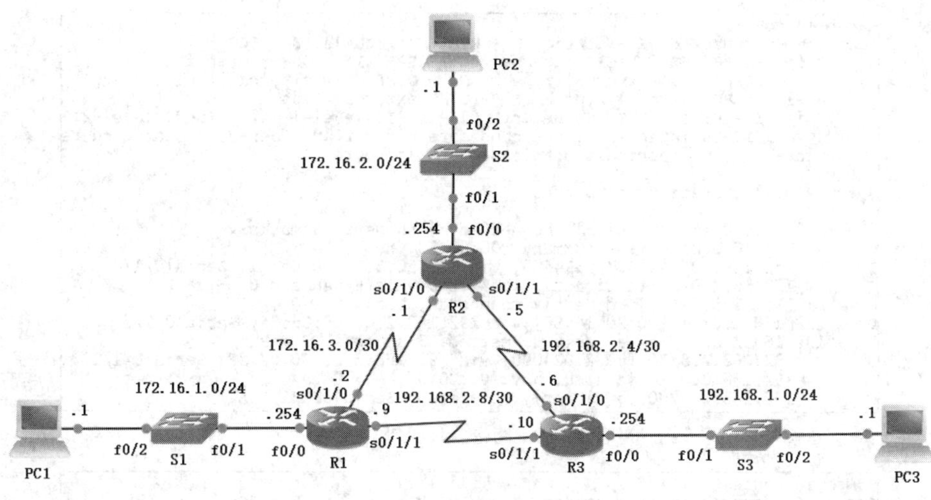

图 4-8　网络拓扑图

步骤 2：在路由器 R2 的全局配置模式下配置 EIGRP，输入以下代码。

```
R2(config)#router eigrp 1
R2(config-router)#network 172.16.2.0 0.0.0.255
R2(config-router)#network 172.16.3.0 0.0.0.3
R2(config-router)#network 192.168.2.4 0.0.0.3
```

步骤 3：在路由器 R3 的全局配置模式下配置 EIGRP，输入以下代码。

```
R3(config)#router eigrp 1
R3(config-router)#network 192.168.1.0
R3(config-router)#network 192.168.2.4 0.0.0.3
R3(config-router)#network 192.168.2.8 0.0.0.3
```

步骤 4：在路由器 R1 的特权执行模式下，输入 show ip route 命令查看路由表，如图 4-9 所示。

```
R1#sh ip route
Codes: C - connected, S - static, R - RIP, M - mobile, B - BGP
       D - EIGRP, EX - EIGRP external, O - OSPF, IA - OSPF inter area
       N1 - OSPF NSSA external type 1, N2 - OSPF NSSA external type 2
       E1 - OSPF external type 1, E2 - OSPF external type 2
       i - IS-IS, su - IS-IS summary, L1 - IS-IS level-1, L2 - IS-IS level-2
       ia - IS-IS inter area, * - candidate default, U - per-user static route
       o - ODR, P - periodic downloaded static route

Gateway of last resort is not set

     172.16.0.0/16 is variably subnetted, 4 subnets, 3 masks
D       172.16.0.0/16 is a summary, 00:04:37, Null0
C       172.16.1.0/24 is directly connected, FastEthernet0/0
D       172.16.2.0/24 [90/20514560] via 172.16.3.1, 00:04:08, Serial0/1/0
C       172.16.3.0/30 is directly connected, Serial0/1/0
D    192.168.1.0/24 [90/20514560] via 192.168.2.10, 00:07:51, Serial0/1/1
     192.168.2.0/24 is variably subnetted, 3 subnets, 2 masks
C       192.168.2.8/30 is directly connected, Serial0/1/1
D       192.168.2.0/24 is a summary, 00:07:53, Null0
D       192.168.2.4/30 [90/21024000] via 192.168.2.10, 00:07:51, Serial0/1/1
```

图 4-9　路由器 R1 的路由表

步骤 5：在路由器 R2 的特权执行模式下，输入 show ip route 命令查看路由表，如图 4-10 所示。

步骤 6：在路由器 R3 的特权执行模式下，输入 show ip route 命令查看路由表，如图 4-11 所示。

```
R2#sh ip route
Codes: C - connected, S - static, R - RIP, M - mobile, B - BGP
       D - EIGRP, EX - EIGRP external, O - OSPF, IA - OSPF inter area
       N1 - OSPF NSSA external type 1, N2 - OSPF NSSA external type 2
       E1 - OSPF external type 1, E2 - OSPF external type 2
       i - IS-IS, su - IS-IS summary, L1 - IS-IS level-1, L2 - IS-IS level-2
       ia - IS-IS inter area, * - candidate default, U - per-user static route
       o - ODR, P - periodic downloaded static route

Gateway of last resort is not set

     172.16.0.0/16 is variably subnetted, 4 subnets, 3 masks
D       172.16.0.0/16 is a summary, 00:02:53, Null0
D       172.16.1.0/24 [90/20514560] via 172.16.3.2, 00:03:21, Serial0/1/0
C       172.16.2.0/24 is directly connected, FastEthernet0/0
C       172.16.3.0/30 is directly connected, Serial0/1/0
D    192.168.1.0/24 [90/20514560] via 192.168.2.6, 00:06:35, Serial0/1/1
     192.168.2.0/24 is variably subnetted, 3 subnets, 2 masks
D       192.168.2.8/30 [90/21024000] via 192.168.2.6, 00:07:28, Serial0/1/1
D       192.168.2.0/24 is a summary, 00:06:37, Null0
C       192.168.2.4/30 is directly connected, Serial0/1/1
```

图 4-10　路由器 R2 的路由表

```
R3#sh ip route
Codes: C - connected, S - static, R - RIP, M - mobile, B - BGP
       D - EIGRP, EX - EIGRP external, O - OSPF, IA - OSPF inter area
       N1 - OSPF NSSA external type 1, N2 - OSPF NSSA external type 2
       E1 - OSPF external type 1, E2 - OSPF external type 2
       i - IS-IS, su - IS-IS summary, L1 - IS-IS level-1, L2 - IS-IS level-2
       ia - IS-IS inter area, * - candidate default, U - per-user static route
       o - ODR, P - periodic downloaded static route

Gateway of last resort is not set

D    172.16.0.0/16 [90/20514560] via 192.168.2.9, 00:05:34, Serial0/1/1
                   [90/20514560] via 192.168.2.5, 00:05:34, Serial0/1/0
C    192.168.1.0/24 is directly connected, FastEthernet0/0
     192.168.2.0/24 is variably subnetted, 3 subnets, 2 masks
C       192.168.2.8/30 is directly connected, Serial0/1/1
D       192.168.2.0/24 is a summary, 00:11:09, Null0
C       192.168.2.4/30 is directly connected, Serial0/1/0
```

图 4-11　路由器 R3 的路由表

步骤 7：在计算机 PC1 的命令行界面输入 ping 172.16.2.1 命令检验连通性，如图 4-12 所示。

```
C:\>ping 172.16.2.1

正在 Ping 172.16.2.1 具有 32 字节的数据:
来自 172.16.2.1 的回复: 字节=32 时间=9ms TTL=126
来自 172.16.2.1 的回复: 字节=32 时间=9ms TTL=126
来自 172.16.2.1 的回复: 字节=32 时间=9ms TTL=126
来自 172.16.2.1 的回复: 字节=32 时间=9ms TTL=126

172.16.2.1 的 Ping 统计信息:
    数据包: 已发送 = 4，已接收 = 4，丢失 = 0 (0% 丢失),
往返行程的估计时间(以ms为单位):
    最短 = 9ms，最长 = 9ms，平均 = 9ms
```

图 4-12　从计算机 PC1 ping 计算机 PC2

步骤 8：在计算机 PC1 的命令行界面输入 ping 192.168.1.1 命令检验连通性，如图 4-13 所示。

```
C:\>ping 192.168.1.1

正在 Ping 192.168.1.1 具有 32 字节的数据:
来自 192.168.1.1 的回复: 字节=32 时间=14ms TTL=125
来自 192.168.1.1 的回复: 字节=32 时间=14ms TTL=125
来自 192.168.1.1 的回复: 字节=32 时间=14ms TTL=125
来自 192.168.1.1 的回复: 字节=32 时间=14ms TTL=125

192.168.1.1 的 Ping 统计信息:
    数据包: 已发送 = 4，已接收 = 4，丢失 = 0 (0% 丢失),
往返行程的估计时间(以ms为单位):
    最短 = 14ms，最长 = 14ms，平均 = 14ms
```

图 4-13　从计算机 PC1 ping 计算机 PC3

步骤 9：在计算机 PC2 的命令行界面输入 ping 192.168.1.1 命令检验连通性，如图 4-14 所示。

```
C:\>ping 192.168.1.1

正在 Ping 192.168.1.1 具有 32 字节的数据:
来自 192.168.1.1 的回复: 字节=32 时间=9ms TTL=126
来自 192.168.1.1 的回复: 字节=32 时间=9ms TTL=126
来自 192.168.1.1 的回复: 字节=32 时间=9ms TTL=126
来自 192.168.1.1 的回复: 字节=32 时间=9ms TTL=126

192.168.1.1 的 Ping 统计信息:
    数据包: 已发送 = 4, 已接收 = 4, 丢失 = 0 (0% 丢失),
往返行程的估计时间(以ms为单位):
    最短 = 9ms, 最长 = 9ms, 平均 = 9ms
```

图 4-14　从计算机 PC2 ping 计算机 PC3

步骤 10：在路由器 R1 的全局配置模式下禁用自动汇总，输入以下代码。

```
R1(config)#router eigrp 1
R1(config-router)#no auto-summary
```

步骤 11：在路由器 R2 的全局配置模式下禁用自动汇总，输入以下代码。

```
R2(config)#router eigrp 1
R2(config-router)#no auto-summary
```

步骤 12：在路由器 R2 的全局配置模式下禁用自动汇总，输入以下代码。

```
R3(config)#router eigrp 1
R3(config-router)#no auto-summary
```

步骤 13：在路由器 R1 的特权执行模式下，输入 show ip route 命令查看路由表，如图 4-15 所示。

```
R1#sh ip route
Codes: C - connected, S - static, R - RIP, M - mobile, B - BGP
       D - EIGRP, EX - EIGRP external, O - OSPF, IA - OSPF inter area
       N1 - OSPF NSSA external type 1, N2 - OSPF NSSA external type 2
       E1 - OSPF external type 1, E2 - OSPF external type 2
       i - IS-IS, su - IS-IS summary, L1 - IS-IS level-1, L2 - IS-IS level-2
       ia - IS-IS inter area, * - candidate default, U - per-user static route
       o - ODR, P - periodic downloaded static route

Gateway of last resort is not set

     172.16.0.0/16 is variably subnetted, 3 subnets, 2 masks
C       172.16.1.0/24 is directly connected, FastEthernet0/0
D       172.16.2.0/24 [90/20514560] via 172.16.3.1, 00:00:26, Serial0/1/0
C       172.16.3.0/30 is directly connected, Serial0/1/0
D    192.168.1.0/24 [90/20514560] via 192.168.2.10, 00:12:08, Serial0/1/1
     192.168.2.0/30 is subnetted, 2 subnets
C       192.168.2.8 is directly connected, Serial0/1/1
D       192.168.2.4 [90/21024000] via 192.168.2.10, 00:00:26, Serial0/1/1
                    [90/21024000] via 172.16.3.1, 00:00:26, Serial0/1/0
```

图 4-15　路由器 R1 的路由表

步骤 14：在路由器 R2 的特权执行模式下，输入 show ip route 命令查看路由表，如图 4-16 所示。

步骤 15：在路由器 R3 的特权执行模式下，输入 show ip route 命令查看路由表，如图 4-17 所示。

通过路由表查看和连通性检验可以发现，在没有禁用自动汇总之前，路由器 R1、R2 和 R3 的路由表中有汇总路由 Null0；禁用自动汇总之后，Null0 被删除了，路由器 R1、R2 和 R3 的路由表中路由完整，而且网络实现了互通。

```
R2#sh ip route
Codes: C - connected, S - static, R - RIP, M - mobile, B - BGP
       D - EIGRP, EX - EIGRP external, O - OSPF, IA - OSPF inter area
       N1 - OSPF NSSA external type 1, N2 - OSPF NSSA external type 2
       E1 - OSPF external type 1, E2 - OSPF external type 2
       i - IS-IS, su - IS-IS summary, L1 - IS-IS level-1, L2 - IS-IS level-2
       ia - IS-IS inter area, * - candidate default, U - per-user static route
       o - ODR, P - periodic downloaded static route

Gateway of last resort is not set

     172.16.0.0/16 is variably subnetted, 3 subnets, 2 masks
D       172.16.1.0/24 [90/20514560] via 172.16.3.2, 00:01:15, Serial0/1/0
C       172.16.2.0/24 is directly connected, FastEthernet0/0
C       172.16.3.0/30 is directly connected, Serial0/1/0
D    192.168.1.0/24 [90/20514560] via 192.168.2.6, 00:13:17, Serial0/1/1
     192.168.2.0/30 is subnetted, 2 subnets
D       192.168.2.8 [90/21024000] via 192.168.2.6, 00:01:15, Serial0/1/1
                    [90/21024000] via 172.16.3.2, 00:01:15, Serial0/1/0
C       192.168.2.4 is directly connected, Serial0/1/1
```

图 4-16　路由器 R2 的路由表

```
R3#sh ip route
Codes: C - connected, S - static, R - RIP, M - mobile, B - BGP
       D - EIGRP, EX - EIGRP external, O - OSPF, IA - OSPF inter area
       N1 - OSPF NSSA external type 1, N2 - OSPF NSSA external type 2
       E1 - OSPF external type 1, E2 - OSPF external type 2
       i - IS-IS, su - IS-IS summary, L1 - IS-IS level-1, L2 - IS-IS level-2
       ia - IS-IS inter area, * - candidate default, U - per-user static route
       o - ODR, P - periodic downloaded static route

Gateway of last resort is not set

     172.16.0.0/16 is variably subnetted, 3 subnets, 2 masks
D       172.16.1.0/24 [90/20514560] via 192.168.2.9, 00:02:46, Serial0/1/1
D       172.16.2.0/24 [90/20514560] via 192.168.2.5, 00:02:46, Serial0/1/0
D       172.16.3.0/30 [90/21024000] via 192.168.2.9, 00:02:46, Serial0/1/1
                      [90/21024000] via 192.168.2.5, 00:02:46, Serial0/1/0
C    192.168.1.0/24 is directly connected, FastEthernet0/0
     192.168.2.0/30 is subnetted, 2 subnets
C       192.168.2.8 is directly connected, Serial0/1/1
C       192.168.2.4 is directly connected, Serial0/1/0
```

图 4-17　路由器 R3 的路由表

4.5 项目小结

本项目完成了 EIGRP 的配置。EIGRP 是思科的私有协议，默认情况下，EIGRP 会自动对路由进行汇总，在路由器的路由表中添加 Null0 汇总路由。Null0 汇总路由实际上是不通向任何地方的路由，EIGRP 使用 Null0 汇总路由来丢弃与父路由匹配但与所有子路由都不匹配的数据包。禁用自动汇总会删除 Null0 汇总路由，并允许 EIGRP 在子路由与目的数据包不匹配时寻找超网路由或默认路由。

4.6 拓展训练

网络拓扑图如图 4-18 所示，要求完成如下配置。

（1）完成路由器接口和计算机 IP 地址的配置。

（2）完成 EIGRP 的配置，实现全网互通。

（3）要求业务网段中不出现协议报文。

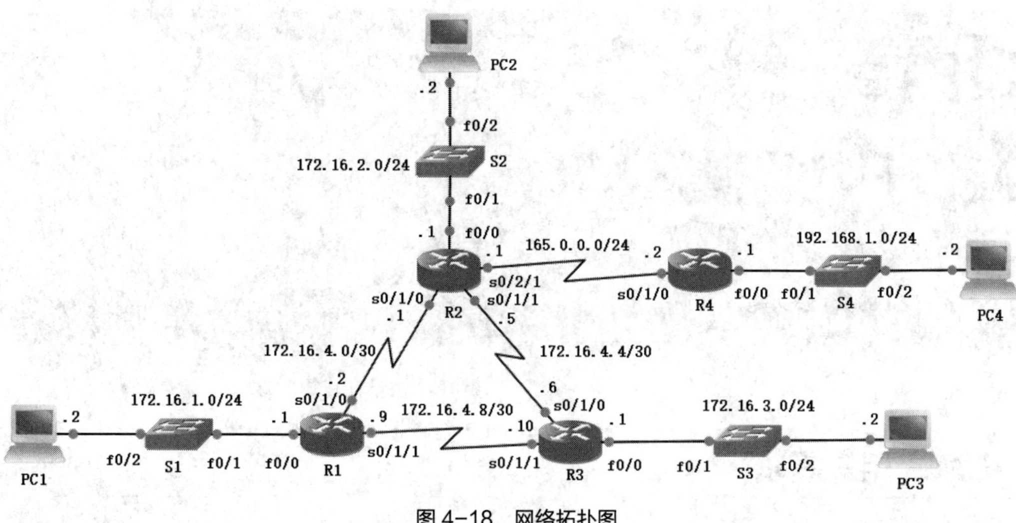
PC2
.2
f0/2
172.16.2.0/24
S2
f0/1
.1
f0/0
.1
165.0.0.0/24
.2
.1
192.168.1.0/24
.2
s0/2/1
s0/1/0
R4
f0/0
f0/1
S4
f0/2
PC4
s0/1/0
.1
R2
s0/1/1
.5
172.16.4.0/30
172.16.4.4/30
.2
s0/1/0
.6
s0/1/0
172.16.1.0/24
.2
.1
.9
172.16.4.8/30
.10
.1
172.16.3.0/24
.2
f0/2
S1
f0/1
f0/0
R1
s0/1/1
s0/1/1
R3
f0/0
f0/1
S3
f0/2
PC1
PC3

图 4-18　网络拓扑图

项目5 OSPF的配置

05

5.1 用户需求

某学校网络拓扑图如图 5-1 所示，要求完成 OSPF 动态路由的配置，实现计算机 PC1、PC2 和 PC3 的互通。

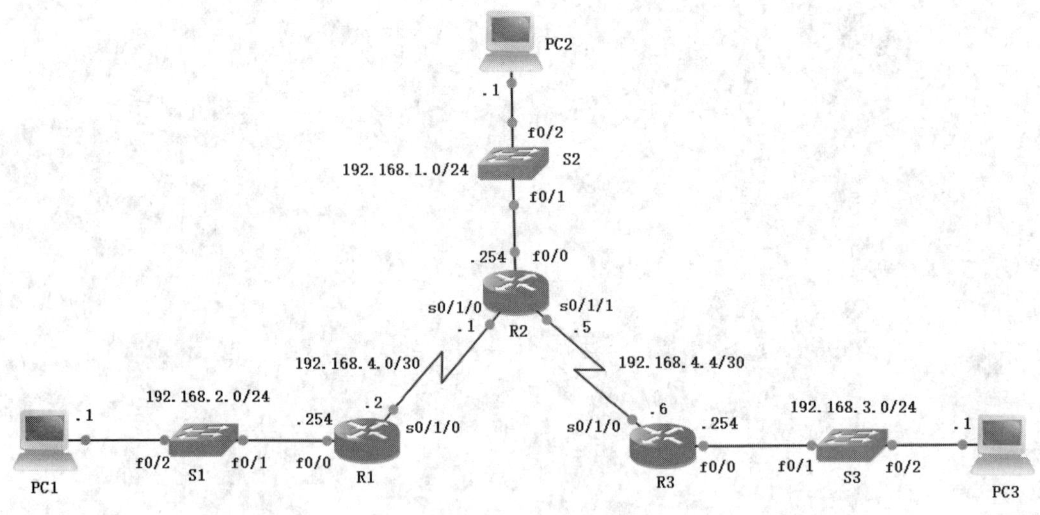

图 5-1　某学校网络拓扑图

5.2 知识梳理

5.2.1 OSPF 的特点

（1）OSPF 是链路状态路由协议。

（2）OSPF 是真正的无路由环路的路由协议。

（3）OSPF 收敛速度快，能够在最短的时间内将路由变化传递到整个自治系统。

（4）提出区域（area）划分的概念，将自治系统划分为不同区域后，区域之间对路由信息的摘要大大减少了需要传递的路由信息量，也使得路由信息不会随网络规模的扩大而急剧膨胀。

（5）在广播网络中，使用组播（而非广播）发送报文，可减少对其他不运行 OSPF 的网络设备的干扰。

（6）OSPF 采用 cost 作为度量值。

（7）OSPF 支持 MD5 身份验证，启用该功能后，OSPF 路由器只接收来自对等设备中具有相同预共享密钥的加密路由更新。

（8）OSPF 适应各种规模的网络，最大规模网络中计算机数量可达数千台。

（9）OSPF 默认管理距离是 110。

5.2.2 OSPF 数据包类型

1. Hello 数据包

Hello 数据包用于与其他 OSPF 路由器建立和维持邻接关系。Hello 数据包发现 OSPF 邻居，并建立邻接关系；通告两台路由器建立邻接关系所必需统一的参数；在以太网和帧中继网络等多路访问网络中选举指定路由器（DR）和备用指定路由器（BDR）。

默认情况下，广播多路访问网络和点到点网络中每 10 秒发送一次 Hello 数据包，非广播多路访问网络（帧中继、X.25 或 ATM）中每 30 秒发送一次 Hello 数据包。

路由器在宣告邻居进入 down 状态之前，等待该设备发送 Hello 数据包的时长是 dead 间隔，单位为秒。思科所用的默认 dead 间隔为 Hello 间隔的 4 倍，对于广播多路访问网络和点到点网络，此时长为 40 秒，对于 NBMA 网络则为 120 秒。

2. DBD 数据包

DBD（数据库描述）数据包包含发送方路由器的链路状态数据库的简略列表，供接收方路由器检查本地链路状态数据库。同一区域所有链路状态路由器上的链路状态数据库必须保持一致。

3. LSR 数据包

接收方路由器可以通过发送 LSR（链路状态请求）数据包来请求 DBD 数据包中任何条目的有关详细信息。

4. LSU 数据包

LSU（链路状态更新）数据包用于回复 LSR 和通告新信息。

5. LSAck 数据包

路由器收到 LSU 数据包后，会发送一个 LSAck（链路状态确认）数据包来确认接收到了 LSU。

5.2.3 OSPF Router ID

OSPF Router ID 用于唯一标识 OSPF 路由域内的每台路由器。一个 Router ID 其实就是一个 IP 地址。Router ID 通过以下步骤确定。

（1）使用通过 OSPF router-id 命令配置的 Router ID。

（2）如果路由器未配置 router-id，路由器会选择其所有环回口的最高 IP 地址。

（3）如果路由器未配置 router-id 和环回口，路由器会选择所有活动物理接口的最高 IP 地址。

5.2.4 OSPF 的网络类型

1. 点到点

点到点（Point-to-Point，P2P）网络是将一对路由器连接起来的网络。当链路层协议是

PPP 或 HDLC 时，OSPF 的默认网络类型是 P2P，这种类型的网络不进行 OSPF 的 DR 和 BDR 选举。

2. 广播多路访问

广播多路访问（Broadcast Multi-Access，BMA）是一个支持广播的网络环境，允许多台设备接入，任意两台设备都可以进行二层通信。当链路层协议是 Ethernet 和 FDDI 时，OSPF 的默认网络类型是 BMA，这种类型的网络要进行 OSPF 的 DR 和 BDR 选举。

3. 非广播多路访问

非广播多路访问（Non-Broadcast Multi-Access，NBMA）允许多台设备接入，但是不具备广播功能。当链路层协议是帧中继、ATM 或 X.25 时，OSPF 的默认网络类型是 NBMA。在 NBMA 网络中，也要进行 OSPF 的 DR 和 BDR 选举。

4. 点到多点

没有一种链路层协议会被 OSPF 默认地认为是点到多点（Point-to-Multipoint，P2MP）类型，这种网络类型需要管理员手动配置，这种类型的网络不进行 OSPF 的 DR 和 BDR 选举。

5.2.5 DR 和 BDR

多路访问网络会创建多边邻接关系，其中每对路由器都存在一项邻接关系，会造成 LSA 的大量泛洪，泛洪过程中的流量很大，将影响网络的正常通信。解决方法是，多路访问网络中的路由器会选举出一个 DR 和一个 BDR，其他所有路由器变为 DR Other。DR 负责收集和分发 LSA，BDR 防止 DR 发生故障。DR Other 仅与网络中的 DR 和 BDR 建立完全的邻接关系，只需使用组播地址 224.0.0.6 将 LSA 发送给 DR 和 BDR 即可。

1. DR 和 BDR 的选举

（1）具有最高 OSPF 接口优先级的路由器当选为 DR。

（2）具有第二高 OSPF 接口优先级的路由器当选为 BDR。

（3）如果 OSPF 接口优先级相等，则取 Router ID 最高者作为 DR。

2. DR 和 BDR 选举的时间安排

当多路访问网络中第一台启用了 OSPF 接口的路由器开始工作时，DR 和 BDR 选举过程随即开始。DR 一旦选出，将保持 DR 地位，直到出现下列条件之一为止。

（1）DR 发生故障。

（2）DR 上的 OSPF 进程发生故障。

（3）DR 上的多路访问接口发生故障。

5.2.6 虚链路

OSPF 如果有多个区域，其中一个区域必须为骨干区域（区域 0），其他所有区域都要与骨干区域直连，且骨干区域必须是连续的。为了避免路由环路，OSPF 的所有非骨干区域都将路由通告给骨干区域，以便将路由通告给其他区域。

虚链路可以将不连续的骨干区域连接起来，还可以把非骨干区域连接到骨干区域。一条虚链路不能穿越多个区域，只能穿越标准的非骨干区域。如果需要使用虚链路穿越两个非骨干区域连接到骨干区域，则需要使用两条虚链路。

5.2.7 度量

OSPF 度量称为开销（cost），开销与每个路由器接口的输出端关联，接口的开销值通过 10 的 8 次幂 bit/s（参考带宽，100Mbps）除以以 bit/s 为单位的默认带宽值计算得到。常用接口的开销值如表 5-1 所示。

表 5-1 常用接口的开销值

接口类型	参考带宽（bit/s）÷ 默认带宽（bit/s）	开销
10 吉比特以太网 10Gbit/s	100000000÷10000000000	1
吉比特以太网 1Gbit/s	100000000÷1000000000	1
快速以太网 100Mbit/s	100000000÷100000000	1
以太网 10Mbit/s	100000000÷10000000	10
串行 1.544Mbit/s	100000000÷1544000	64
串行 128kbit/s	100000000÷128000	781
串行 64kbit/s	100000000÷64000	1562

5.2.8 配置命令

1. 启用 OSPF

```
Router(config)#router ospf process-id
```

process-id：是一个介于 1 和 65535 之间的数字，由网络管理员选定。process-id 仅在本地有效，这意味着路由器之间建立邻接关系时无须匹配该值。

2. 通告网络

```
Router(config-router)#network network-address wildcard-mask area area-id
```

network-address：接口的网络地址。network 命令中的网络地址的接口都将启用，可发送和接收 OSPF 数据包，此网络（或子网）将被包括在 OSPF 路由更新中。

wildcard-mask：反掩码和网络地址一起，用于指定 network 命令启用的接口或接口范围。

area-id：OSPF 区域 ID。OSPF 区域是共享链路状态信息的一组路由器，相同区域内的所有 OSPF 路由器的链路状态数据库中必须具有相同的链路状态信息，这通过路由器将各自的链路状态泛洪给该区域内的其他所有路由器来实现。如果所有路由器都处于同一个 OSPF 区域，则必须在所有路由器上使用相同的 area-id 来配置 network 命令，比较好的做法是在单区域 OSPF 中使用 area 0。

3. 配置 Router ID

```
Router(config-router)#router-id ip-address
```

4. 配置环回口

```
Router(config)#interface loopback number
Router(config-if)#ip address ip-address subnet-mask
```

5. 重新加载 OSPF 进程

```
Router#clear ip ospf process
```

6. DR 和 BDR 选举的控制

```
Router(config-if)#ip ospf priority value
```

value：优先级，数值为 0 到 255，0 表示该路由器不具备成为 DR 或 BDR 的资格，1 是路由器默认优先级值。

7. 虚链路的配置

```
Router(config-router)#area area-id virtual-link router-id
```

area-id：指定虚链路经过的中转区域的区域 ID，可以是十进制值，也可以是类似于 IP 地址的点分十进制格式，没有默认值。

router-id：指定虚链路另一端的路由器的 Router ID。

8. 被动接口的配置

```
Router(config-router)#passive-interface type number
```

type number：接口的类型和编号。

9. 显示路由器当前配置的路由协议

```
Router#show ip protocols
```

该命令也可以用于查看路由器的 Router ID。

10. 显示邻居表

```
Router#show ip ospf neighbor [detail]
```

11. 查看接口的 OSPF 信息

```
Router#show ip ospf interface
```

该命令还可以显示邻接关系和各种定时器，如 Hello 间隔等。

12. 显示 OSPF 的 Router ID、OSPF 定时器、SPF 算法的执行次数和 LSA 信息

```
Router#show ip ospf
```

13. 查看 OSPF 各类 LSA

```
Router#show ip ospf database
```

14. 查看 OSPF 的虚链路

```
Router#show ip ospf virtual-link
```

5.3 方案设计

在如图 5-1 所示的网络拓扑图中，3 台路由器 R1、R2 和 R3 互连了 5 个网络，路由器 R1 有 3 个非直连网络，路由器 R2 有两个非直连网络，路由器 R3 有 3 个非直连网络，因为路由器 R1、R2 和 R3 没有去往非直连网络的路由，所以网络无法互通。要实现网络的互通，可以在路由器 R1、R2 和 R3 上配置 OSPF。

5.4 项目实施

5.4.1 单区域 OSPF 的配置

网络拓扑图如图 5-1 所示，路由器 R1、R2 和 R3 的接口以及计算机 PC1、PC2 和 PC3 的 IP 地址已经配置完成，要求完成单区域 OSPF 的配置，实现计算机 PC1、PC2 和 PC3 的互通。

步骤 1：在路由器 R1 的全局配置模式下配置 OSPF，输入以下代码。

```
R1(config)#router ospf 1
R1(config-router)#network 192.168.2.0 0.0.0.255 area 0
R1(config-router)#network 192.168.4.0 0.0.0.3 area 0
```

步骤 2：在路由器 R2 的全局配置模式下配置 OSPF，输入以下代码。

```
R2(config)#router ospf 1
R2(config-router)#network 192.168.1.0 0.0.0.255 area 0
R2(config-router)#network 192.168.4.0 0.0.0.3 area 0
R2(config-router)#network 192.168.4.4 0.0.0.3 area 0
```

步骤 3：在路由器 R3 的全局配置模式下配置 OSPF，输入以下代码。

```
R3(config)#router ospf 1
R3(config-router)#network 192.168.4.4 0.0.0.3 area 0
R3(config-router)#network 192.168.3.0 0.0.0.255 area 0
```

步骤 4：在路由器 R1 的特权执行模式下，输入 show ip route 命令查看路由表，如图 5-2 所示。

```
R1#sh ip route
Codes: C - connected, S - static, R - RIP, M - mobile, B - BGP
       D - EIGRP, EX - EIGRP external, O - OSPF, IA - OSPF inter area
       N1 - OSPF NSSA external type 1, N2 - OSPF NSSA external type 2
       E1 - OSPF external type 1, E2 - OSPF external type 2
       i - IS-IS, su - IS-IS summary, L1 - IS-IS level-1, L2 - IS-IS level-2
       ia - IS-IS inter area, * - candidate default, U - per-user static route
       o - ODR, P - periodic downloaded static route

Gateway of last resort is not set

     192.168.4.0/30 is subnetted, 2 subnets
O       192.168.4.4 [110/1562] via 192.168.4.1, 00:01:56, Serial0/1/0
C       192.168.4.0 is directly connected, Serial0/1/0
O    192.168.1.0/24 [110/782] via 192.168.4.1, 00:05:08, Serial0/1/0
C    192.168.2.0/24 is directly connected, FastEthernet0/0
O    192.168.3.0/24 [110/1563] via 192.168.4.1, 00:01:46, Serial0/1/0
```

图 5-2　路由器 R1 的路由表

步骤 5：在路由器 R2 的特权执行模式下，输入 show ip route 命令查看路由表，如图 5-3 所示。

步骤 6：在路由器 R3 的特权执行模式下，输入 show ip route 命令查看路由表，如图 5-4 所示。

步骤 7：在计算机 PC1 的命令行界面输入 ping 192.168.1.1 命令检验连通性，如图 5-5 所示。

步骤 8：在计算机 PC1 的命令行界面输入 ping 192.168.3.1 命令检验连通性，如图 5-6 所示。

```
R2#sh ip route
Codes: C - connected, S - static, R - RIP, M - mobile, B - BGP
       D - EIGRP, EX - EIGRP external, O - OSPF, IA - OSPF inter area
       N1 - OSPF NSSA external type 1, N2 - OSPF NSSA external type 2
       E1 - OSPF external type 1, E2 - OSPF external type 2
       i - IS-IS, su - IS-IS summary, L1 - IS-IS level-1, L2 - IS-IS level-2
       ia - IS-IS inter area, * - candidate default, U - per-user static route
       o - ODR, P - periodic downloaded static route

Gateway of last resort is not set

     192.168.4.0/30 is subnetted, 2 subnets
C       192.168.4.4 is directly connected, Serial0/1/1
C       192.168.4.0 is directly connected, Serial0/1/0
C    192.168.1.0/24 is directly connected, FastEthernet0/0
O    192.168.2.0/24 [110/782] via 192.168.4.2, 00:04:02, Serial0/1/0
O    192.168.3.0/24 [110/782] via 192.168.4.6, 00:00:50, Serial0/1/1
```

图 5-3　路由器 R2 的路由表

```
R3#sh ip route
Codes: C - connected, S - static, R - RIP, M - mobile, B - BGP
       D - EIGRP, EX - EIGRP external, O - OSPF, IA - OSPF inter area
       N1 - OSPF NSSA external type 1, N2 - OSPF NSSA external type 2
       E1 - OSPF external type 1, E2 - OSPF external type 2
       i - IS-IS, su - IS-IS summary, L1 - IS-IS level-1, L2 - IS-IS level-2
       ia - IS-IS inter area, * - candidate default, U - per-user static route
       o - ODR, P - periodic downloaded static route

Gateway of last resort is not set

     192.168.4.0/30 is subnetted, 2 subnets
C       192.168.4.4 is directly connected, Serial0/1/0
O       192.168.4.0 [110/1562] via 192.168.4.5, 00:02:56, Serial0/1/0
O    192.168.1.0/24 [110/782] via 192.168.4.5, 00:02:56, Serial0/1/0
O    192.168.2.0/24 [110/1563] via 192.168.4.5, 00:02:56, Serial0/1/0
C    192.168.3.0/24 is directly connected, FastEthernet0/0
```

图 5-4　路由器 R3 的路由表

```
C:\>ping 192.168.1.1

正在 Ping 192.168.1.1 具有 32 字节的数据:
来自 192.168.1.1 的回复: 字节=32 时间=10ms TTL=126
来自 192.168.1.1 的回复: 字节=32 时间=10ms TTL=126
来自 192.168.1.1 的回复: 字节=32 时间=9ms TTL=126
来自 192.168.1.1 的回复: 字节=32 时间=10ms TTL=126

192.168.1.1 的 Ping 统计信息:
    数据包: 已发送 = 4, 已接收 = 4, 丢失 = 0 (0% 丢失),
往返行程的估计时间(以ms为单位):
    最短 = 9ms, 最长 = 10ms, 平均 = 9ms
```

图 5-5　从计算机 PC1 ping 计算机 PC2

```
C:\>ping 192.168.3.1

正在 Ping 192.168.3.1 具有 32 字节的数据:
来自 192.168.3.1 的回复: 字节=32 时间=18ms TTL=125
来自 192.168.3.1 的回复: 字节=32 时间=18ms TTL=125
来自 192.168.3.1 的回复: 字节=32 时间=18ms TTL=125
来自 192.168.3.1 的回复: 字节=32 时间=18ms TTL=125

192.168.3.1 的 Ping 统计信息:
    数据包: 已发送 = 4, 已接收 = 4, 丢失 = 0 (0% 丢失),
往返行程的估计时间(以ms为单位):
    最短 = 18ms, 最长 = 18ms, 平均 = 18ms
```

图 5-6　从计算机 PC1 ping 计算机 PC3

步骤 9：在计算机 PC2 的命令行界面输入 ping 192.168.3.1 命令检验连通性，如图 5-7 所示。

通过路由表查看和连通性检验可以发现，OSPF 动态路由协议在路由表中生成的路由是路由来源为 O、管理距离为 110 的路由，路由表中路由条目完整，计算机 PC1、PC2 和 PC3 实现了互通。

```
C:\>ping 192.168.3.1

正在 Ping 192.168.3.1 具有 32 字节的数据:
来自 192.168.3.1 的回复: 字节=32 时间=9ms TTL=126
来自 192.168.3.1 的回复: 字节=32 时间=9ms TTL=126
来自 192.168.3.1 的回复: 字节=32 时间=9ms TTL=126
来自 192.168.3.1 的回复: 字节=32 时间=9ms TTL=126

192.168.3.1 的 Ping 统计信息:
    数据包: 已发送 = 4，已接收 = 4，丢失 = 0 (0% 丢失)，
往返行程的估计时间(以ms为单位):
    最短 = 9ms，最长 = 9ms，平均 = 9ms
```

图 5-7　从计算机 PC2 ping 计算机 PC3

5.4.2　多区域 OSPF 的配置

1. 骨干区域与非骨干区域直连

网络拓扑图如图 5-8 所示，路由器 R1、R2 和 R3 的接口以及计算机 PC1 和 PC2 的 IP 地址已经配置完成，要求完成多区域 OSPF 的配置，实现计算机 PC1 和 PC2 的互通。

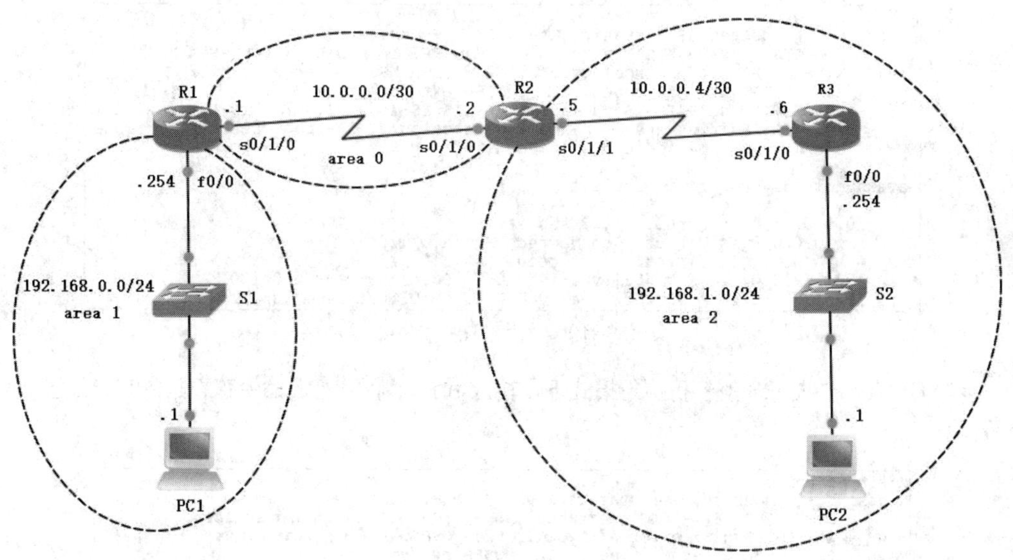

图 5-8　网络拓扑图

步骤 1：在路由器 R1 的全局配置模式下配置 OSPF，输入以下代码。

```
R1(config)#router ospf 1
R1(config-router)#network 10.0.0.0 0.0.0.3 area 0
R1(config-router)#network 192.168.0.0 0.0.0.255 area 1
```

步骤 2：在路由器 R2 的全局配置模式下配置 OSPF，输入以下代码。

```
R2(config)#router ospf 1
R2(config-router)#network 10.0.0.0 0.0.0.3 area 0
R2(config-router)#network 10.0.0.4 0.0.0.3 area 2
```

步骤 3：在路由器 R3 的全局配置模式下配置 OSPF，输入以下代码。

```
R3(config)#router ospf 1
```

```
R3(config-router)#network 10.0.0.4 0.0.0.3 area 2
R3(config-router)#network 192.168.1.0 0.0.0.255 area 2
```

步骤 4：在路由器 R1 的特权执行模式下，输入 show ip route 命令查看路由表，如图 5-9 所示。

```
R1#sh ip route
Codes: C - connected, S - static, R - RIP, M - mobile, B - BGP
       D - EIGRP, EX - EIGRP external, O - OSPF, IA - OSPF inter area
       N1 - OSPF NSSA external type 1, N2 - OSPF NSSA external type 2
       E1 - OSPF external type 1, E2 - OSPF external type 2
       i - IS-IS, su - IS-IS summary, L1 - IS-IS level-1, L2 - IS-IS level-2
       ia - IS-IS inter area, * - candidate default, U - per-user static route
       o - ODR, P - periodic downloaded static route

Gateway of last resort is not set

     10.0.0.0/30 is subnetted, 2 subnets
C       10.0.0.0 is directly connected, Serial0/1/0
O IA    10.0.0.4 [110/1562] via 10.0.0.2, 00:01:50, Serial0/1/0
C    192.168.0.0/24 is directly connected, FastEthernet0/0
O IA 192.168.1.0/24 [110/1563] via 10.0.0.2, 00:01:50, Serial0/1/0
```

图 5-9　路由器 R1 的路由表

步骤 5：在路由器 R2 的特权执行模式下，输入 show ip route 命令查看路由表，如图 5-10 所示。

```
R2#sh ip route
Codes: C - connected, S - static, R - RIP, M - mobile, B - BGP
       D - EIGRP, EX - EIGRP external, O - OSPF, IA - OSPF inter area
       N1 - OSPF NSSA external type 1, N2 - OSPF NSSA external type 2
       E1 - OSPF external type 1, E2 - OSPF external type 2
       i - IS-IS, su - IS-IS summary, L1 - IS-IS level-1, L2 - IS-IS level-2
       ia - IS-IS inter area, * - candidate default, U - per-user static route
       o - ODR, P - periodic downloaded static route

Gateway of last resort is not set

     10.0.0.0/30 is subnetted, 2 subnets
C       10.0.0.0 is directly connected, Serial0/1/0
C       10.0.0.4 is directly connected, Serial0/1/1
O IA 192.168.0.0/24 [110/782] via 10.0.0.1, 00:01:05, Serial0/1/0
O    192.168.1.0/24 [110/782] via 10.0.0.6, 00:02:02, Serial0/1/1
```

图 5-10　路由器 R2 的路由表

步骤 6：在路由器 R3 的特权执行模式下，输入 show ip route 命令查看路由表，如图 5-11 所示。

```
R3#sh ip route
Codes: C - connected, S - static, R - RIP, M - mobile, B - BGP
       D - EIGRP, EX - EIGRP external, O - OSPF, IA - OSPF inter area
       N1 - OSPF NSSA external type 1, N2 - OSPF NSSA external type 2
       E1 - OSPF external type 1, E2 - OSPF external type 2
       i - IS-IS, su - IS-IS summary, L1 - IS-IS level-1, L2 - IS-IS level-2
       ia - IS-IS inter area, * - candidate default, U - per-user static route
       o - ODR, P - periodic downloaded static route

Gateway of last resort is not set

     10.0.0.0/30 is subnetted, 2 subnets
O IA    10.0.0.0 [110/1562] via 10.0.0.5, 00:03:19, Serial0/1/0
C       10.0.0.4 is directly connected, Serial0/1/0
O IA 192.168.0.0/24 [110/1563] via 10.0.0.5, 00:02:23, Serial0/1/0
C    192.168.1.0/24 is directly connected, FastEthernet0/0
```

图 5-11　路由器 R3 的路由表

步骤 7：在计算机 PC1 的命令行界面输入 ping 192.168.1.1 命令检验连通性，如图 5-12 所示。

通过路由表查看和连通性检验可以发现，配置了多区域 OSPF 后，路由器 R1、R2 和 R3 的路由表中有路由来源为 O IA 的路由，O IA 代表 OSPF 动态路由协议生成的自治系统内的区域间路由，3 台路由器的路由表中路由条目完整，计算机 PC1 和 PC2 实现了互通。

```
C:\>ping 192.168.1.1

正在 Ping 192.168.1.1 具有 32 字节的数据:
来自 192.168.1.1 的回复: 字节=32 时间=18ms TTL=125
来自 192.168.1.1 的回复: 字节=32 时间=18ms TTL=125
来自 192.168.1.1 的回复: 字节=32 时间=18ms TTL=125
来自 192.168.1.1 的回复: 字节=32 时间=18ms TTL=125

192.168.1.1 的 Ping 统计信息:
    数据包: 已发送 = 4, 已接收 = 4, 丢失 = 0 (0% 丢失),
往返行程的估计时间(以ms为单位):
    最短 = 18ms, 最长 = 18ms, 平均 = 18ms
```

图 5-12　从计算机 PC1 ping 计算机 PC2

2. 骨干区域未与非骨干区域直连

网络拓扑图如图 5-13 所示，路由器 R1、R2 和 R3 的接口以及计算机 PC1 和 PC2 的 IP 地址已经配置完成，要求完成多区域 OSPF 的配置，实现计算机 PC1 和 PC2 的互通，并查看路由器 R1、R2 和 R3 的 Router ID。

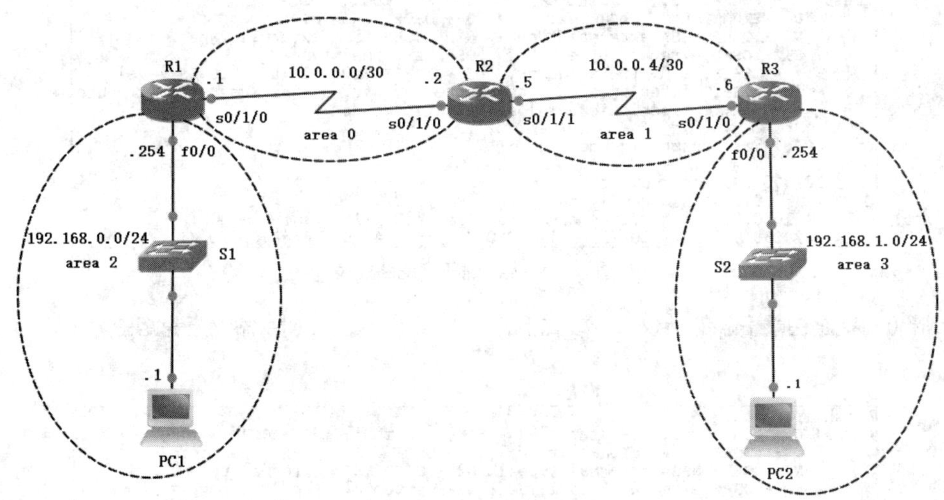

图 5-13　网络拓扑图

步骤 1：在路由器 R1 的全局配置模式下配置 OSPF，输入以下代码。

```
R1(config)#router ospf 1
R1(config-router)#network 10.0.0.0 0.0.0.3 area 0
R1(config-router)#network 192.168.0.0 0.0.0.255 area 2
```

步骤 2：在路由器 R2 的全局配置模式下配置 OSPF，输入以下代码。

```
R2(config)#router ospf 1
R2(config-router)#network 10.0.0.0 0.0.0.3 area 0
R2(config-router)#network 10.0.0.4 0.0.0.3 area 1
```

步骤 3：在路由器 R3 的全局配置模式下配置 OSPF，输入以下代码。

```
R3(config)#router ospf 1
R3(config-router)#network 10.0.0.4 0.0.0.3 area 1
R3(config-router)#network 192.168.1.0 0.0.0.255 area 3
```

步骤 4：在路由器 R1 的特权执行模式下，输入 show ip route 命令查看路由表，如图 5-14 所示。

```
R1#sh ip route
Codes: C - connected, S - static, R - RIP, M - mobile, B - BGP
       D - EIGRP, EX - EIGRP external, O - OSPF, IA - OSPF inter area
       N1 - OSPF NSSA external type 1, N2 - OSPF NSSA external type 2
       E1 - OSPF external type 1, E2 - OSPF external type 2
       i - IS-IS, su - IS-IS summary, L1 - IS-IS level-1, L2 - IS-IS level-2
       ia - IS-IS inter area, * - candidate default, U - per-user static route
       o - ODR, P - periodic downloaded static route

Gateway of last resort is not set

     10.0.0.0/30 is subnetted, 2 subnets
C       10.0.0.0 is directly connected, Serial0/1/0
O IA    10.0.0.4 [110/1562] via 10.0.0.2, 01:45:16, Serial0/1/0
C    192.168.0.0/24 is directly connected, FastEthernet0/0
```

图 5-14 路由器 R1 的路由表

步骤 5：在路由器 R2 的特权执行模式下，输入 show ip route 命令查看路由表，如图 5-15 所示。

```
R2#sh ip route
Codes: C - connected, S - static, R - RIP, M - mobile, B - BGP
       D - EIGRP, EX - EIGRP external, O - OSPF, IA - OSPF inter area
       N1 - OSPF NSSA external type 1, N2 - OSPF NSSA external type 2
       E1 - OSPF external type 1, E2 - OSPF external type 2
       i - IS-IS, su - IS-IS summary, L1 - IS-IS level-1, L2 - IS-IS level-2
       ia - IS-IS inter area, * - candidate default, U - per-user static route
       o - ODR, P - periodic downloaded static route

Gateway of last resort is not set

     10.0.0.0/30 is subnetted, 2 subnets
C       10.0.0.0 is directly connected, Serial0/1/0
C       10.0.0.4 is directly connected, Serial0/1/1
O IA 192.168.0.0/24 [110/782] via 10.0.0.1, 01:44:40, Serial0/1/0
```

图 5-15 路由器 R2 的路由表

步骤 6：在路由器 R3 的特权执行模式下，输入 show ip route 命令查看路由表，如图 5-16 所示。

```
R3#sh ip route
Codes: C - connected, S - static, R - RIP, M - mobile, B - BGP
       D - EIGRP, EX - EIGRP external, O - OSPF, IA - OSPF inter area
       N1 - OSPF NSSA external type 1, N2 - OSPF NSSA external type 2
       E1 - OSPF external type 1, E2 - OSPF external type 2
       i - IS-IS, su - IS-IS summary, L1 - IS-IS level-1, L2 - IS-IS level-2
       ia - IS-IS inter area, * - candidate default, U - per-user static route
       o - ODR, P - periodic downloaded static route

Gateway of last resort is not set

     10.0.0.0/30 is subnetted, 2 subnets
O IA    10.0.0.0 [110/1562] via 10.0.0.5, 01:43:47, Serial0/1/0
C       10.0.0.4 is directly connected, Serial0/1/0
O IA 192.168.0.0/24 [110/1563] via 10.0.0.5, 01:43:47, Serial0/1/0
C    192.168.1.0/24 is directly connected, FastEthernet0/0
```

图 5-16 路由器 R3 的路由表

步骤 7：在计算机 PC1 的命令行界面输入 ping 192.168.1.1 命令检验连通性，如图 5-17 所示。

```
C:\>ping 192.168.1.1

正在 Ping 192.168.1.1 具有 32 字节的数据:
来自 192.168.0.254 的回复: 无法访问目标主机。
来自 192.168.0.254 的回复: 无法访问目标主机。
来自 192.168.0.254 的回复: 无法访问目标主机。
来自 192.168.0.254 的回复: 无法访问目标主机。

192.168.1.1 的 Ping 统计信息:
    数据包: 已发送 = 4，已接收 = 4，丢失 = 0 (0% 丢失)，
```

图 5-17 从计算机 PC1 ping 计算机 PC2

通过路由表查看和连通性检验可以发现，路由器 R1 和路由器 R2 的路由表中没有目的网络为 192.168.1.0/24（区域 3）的路由，网络无法实现互通。原因是非骨干区域（区域 3）没有与骨干区域（区域 0）直连。

步骤 8：在路由器 R1 的特权执行模式下，输入 show ip protocols 命令查看路由协议信息，如图 5-18 所示。

```
R1#sh ip protocols
Routing Protocol is "ospf 1"
  Outgoing update filter list for all interfaces is not set
  Incoming update filter list for all interfaces is not set
  Router ID 192.168.0.254
  It is an area border router
  Number of areas in this router is 2. 2 normal 0 stub 0 nssa
  Maximum path: 4
  Routing for Networks:
    10.0.0.0 0.0.0.3 area 0
    192.168.0.0 0.0.0.255 area 2
 Reference bandwidth unit is 100 mbps
  Routing Information Sources:
    Gateway         Distance      Last Update
    10.0.0.5             110      00:03:39
  Distance: (default is 110)
```

图 5-18　路由器 R1 路由协议信息

步骤 9：在路由器 R2 的特权执行模式下，输入 show ip protocols 命令查看路由协议信息，如图 5-19 所示。

```
R2#sh ip protocols
Routing Protocol is "ospf 1"
  Outgoing update filter list for all interfaces is not set
  Incoming update filter list for all interfaces is not set
  Router ID 10.0.0.5
  It is an area border router
  Number of areas in this router is 2. 2 normal 0 stub 0 nssa
  Maximum path: 4
  Routing for Networks:
    10.0.0.0 0.0.0.3 area 0
    10.0.0.4 0.0.0.3 area 1
 Reference bandwidth unit is 100 mbps
  Routing Information Sources:
    Gateway         Distance      Last Update
    192.168.0.254        110      00:11:03
  Distance: (default is 110)
```

图 5-19　路由器 R2 路由协议信息

步骤 10：在路由器 R3 的特权执行模式下，输入 show ip protocols 命令查看路由协议信息，如图 5-20 所示。

```
R3#sh ip protocols
Routing Protocol is "ospf 1"
  Outgoing update filter list for all interfaces is not set
  Incoming update filter list for all interfaces is not set
  Router ID 192.168.1.254
  Number of areas in this router is 2. 2 normal 0 stub 0 nssa
  Maximum path: 4
  Routing for Networks:
    10.0.0.4 0.0.0.3 area 1
    192.168.1.0 0.0.0.255 area 3
 Reference bandwidth unit is 100 mbps
  Routing Information Sources:
    Gateway         Distance      Last Update
    10.0.0.5             110      00:11:56
  Distance: (default is 110)
```

图 5-20　路由器 R3 路由协议信息

通过查看路由器 R1、R2 和 R3 的路由协议信息可以发现，路由器 R1 的 Router ID 是 192.168.0.254，路由器 R2 的 Router ID 是 10.0.0.5，路由器 R3 的 Router ID 是 192.168.1.254。OSPF Router ID 的确定原则是，如果路由器用 router-id 命令配置了 Router ID，那么用命令配

置这个 Router ID 将成为路由器的 Router ID。本项目中 3 台路由器都没有使用 router-id 命令配置 Router ID，也没有配置环回口，所以路由器会选择所有活动物理接口的最高 IP 地址作为 Router ID。路由器 R1 有两个活动的物理接口，两个接口的 IP 地址分别是 192.168.0.254 和 10.0.0.1，192.168.0.254 的数据值大于 10.0.0.1，所以 192.168.0.254 成为路由器 R1 的 Router ID。路由器 R2 有两个活动的物理接口，两个接口的 IP 地址分别是 10.0.0.2 和 10.0.0.5，10.0.0.5 的数据值大于 10.0.0.2，所以 10.0.0.5 成为路由器 R2 的 Router ID。路由器 R3 有两个活动的物理接口，两个接口的 IP 地址分别是 10.0.0.6 和 192.168.1.254，192.168.1.254 的数据值大于 10.0.0.6，所以 192.168.1.254 成为路由器 R3 的 Router ID。

5.4.3 OSPF 虚链路的配置

网络拓扑图如图 5-21 所示，要求完成多区域 OSPF 和 OSPF 虚链路的配置，实现计算机 PC1 和 PC2 的互通。

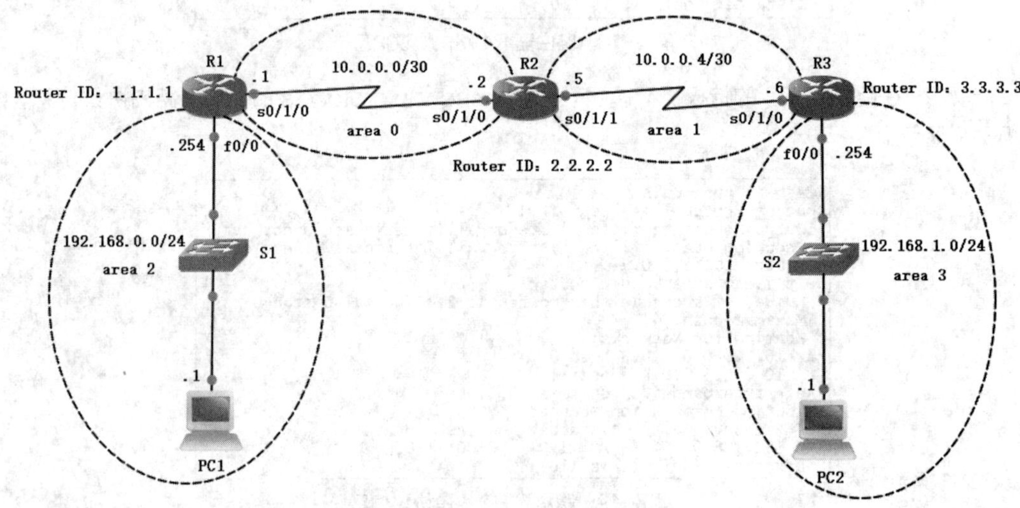

图 5-21 网络拓扑图

步骤 1：在路由器 R1 的全局配置模式下配置 OSPF，输入以下代码。

```
R1(config)#router ospf 1
R1(config-router)#router-id 1.1.1.1
R1(config-router)#network 10.0.0.0 0.0.0.3 area 0
R1(config-router)#network 192.168.0.0 0.0.0.255 area 2
```

步骤 2：在路由器 R2 的全局配置模式下配置 OSPF，输入以下代码。

```
R2(config)#router ospf 1
R2(config-router)#router-id 2.2.2.2
R2(config-router)#network 10.0.0.0 0.0.0.3 area 0
R2(config-router)#network 10.0.0.4 0.0.0.3 area 1
```

步骤 3：在路由器 R3 的全局配置模式下配置 OSPF，输入以下代码。

```
R3(config)#router ospf 1
R3(config-router)#router-id 3.3.3.3
```

```
R3(config-router)#network 10.0.0.4 0.0.0.3 area 1
R3(config-router)#network 192.168.1.0 0.0.0.255 area 3
```

步骤 4：在路由器 R2 的全局配置模式下输入以下代码，配置虚链路。

```
R2(config-router)#area 1 virtual-link 3.3.3.3
```

步骤 5：在路由器 R3 的全局配置模式下输入以下代码，配置虚链路。

```
R3(config-router)#area 1 virtual-link 2.2.2.2
```

步骤 6：在路由器 R1 的特权执行模式下，输入 show ip route 命令查看路由表，如图 5-22 所示。

```
R1#sh ip route
Codes: C - connected, S - static, R - RIP, M - mobile, B - BGP
       D - EIGRP, EX - EIGRP external, O - OSPF, IA - OSPF inter area
       N1 - OSPF NSSA external type 1, N2 - OSPF NSSA external type 2
       E1 - OSPF external type 1, E2 - OSPF external type 2
       i - IS-IS, su - IS-IS summary, L1 - IS-IS level-1, L2 - IS-IS level-2
       ia - IS-IS inter area, * - candidate default, U - per-user static route
       o - ODR, P - periodic downloaded static route

Gateway of last resort is not set

     10.0.0.0/30 is subnetted, 2 subnets
C       10.0.0.0 is directly connected, Serial0/1/0
O IA    10.0.0.4 [110/1562] via 10.0.0.2, 00:05:14, Serial0/1/0
C    192.168.0.0/24 is directly connected, FastEthernet0/0
O IA 192.168.1.0/24 [110/1563] via 10.0.0.2, 00:03:24, Serial0/1/0
```

图 5-22　路由器 R1 的路由表

步骤 7：在路由器 R2 的特权执行模式下，输入 show ip route 命令查看路由表，如图 5-23 所示。

```
R2#sh ip route
Codes: C - connected, S - static, R - RIP, M - mobile, B - BGP
       D - EIGRP, EX - EIGRP external, O - OSPF, IA - OSPF inter area
       N1 - OSPF NSSA external type 1, N2 - OSPF NSSA external type 2
       E1 - OSPF external type 1, E2 - OSPF external type 2
       i - IS-IS, su - IS-IS summary, L1 - IS-IS level-1, L2 - IS-IS level-2
       ia - IS-IS inter area, * - candidate default, U - per-user static route
       o - ODR, P - periodic downloaded static route

Gateway of last resort is not set

     10.0.0.0/30 is subnetted, 2 subnets
C       10.0.0.0 is directly connected, Serial0/1/0
C       10.0.0.4 is directly connected, Serial0/1/1
O IA 192.168.0.0/24 [110/782] via 10.0.0.1, 00:03:20, Serial0/1/0
O IA 192.168.1.0/24 [110/782] via 10.0.0.6, 00:01:29, Serial0/1/1
```

图 5-23　路由器 R2 的路由表

步骤 8：在路由器 R3 的特权执行模式下，输入 show ip route 命令查看路由表，如图 5-24 所示。

```
R3#sh ip route
Codes: C - connected, S - static, R - RIP, M - mobile, B - BGP
       D - EIGRP, EX - EIGRP external, O - OSPF, IA - OSPF inter area
       N1 - OSPF NSSA external type 1, N2 - OSPF NSSA external type 2
       E1 - OSPF external type 1, E2 - OSPF external type 2
       i - IS-IS, su - IS-IS summary, L1 - IS-IS level-1, L2 - IS-IS level-2
       ia - IS-IS inter area, * - candidate default, U - per-user static route
       o - ODR, P - periodic downloaded static route

Gateway of last resort is not set

     10.0.0.0/30 is subnetted, 2 subnets
O       10.0.0.0 [110/1562] via 10.0.0.5, 00:00:59, Serial0/1/0
C       10.0.0.4 is directly connected, Serial0/1/0
O IA 192.168.0.0/24 [110/1563] via 10.0.0.5, 00:00:59, Serial0/1/0
C    192.168.1.0/24 is directly connected, FastEthernet0/0
```

图 5-24　路由器 R3 的路由表

步骤 9：在计算机 PC1 的命令行界面输入 ping 192.168.1.1 命令，检验连通性，如图 5-25 所示。

```
C:\>ping 192.168.1.1

正在 Ping 192.168.1.1 具有 32 字节的数据:
来自 192.168.1.1 的回复: 字节=32 时间=18ms TTL=125
来自 192.168.1.1 的回复: 字节=32 时间=18ms TTL=125
来自 192.168.1.1 的回复: 字节=32 时间=18ms TTL=125
来自 192.168.1.1 的回复: 字节=32 时间=18ms TTL=125

192.168.1.1 的 Ping 统计信息:
    数据包: 已发送 = 4, 已接收 = 4, 丢失 = 0 (0% 丢失),
往返行程的估计时间(以ms为单位):
    最短 = 18ms, 最长 = 18ms, 平均 = 18ms
```

图 5-25　从计算机 PC1 ping 计算机 PC2

步骤 10：在路由器 R1 的特权执行模式下，输入 show ip protocols 命令，查看路由协议信息，如图 5-26 所示。

```
R1#sh ip protocols
Routing Protocol is "ospf 1"
  Outgoing update filter list for all interfaces is not set
  Incoming update filter list for all interfaces is not set
  Router ID 1.1.1.1
  It is an area border router
  Number of areas in this router is 2. 2 normal 0 stub 0 nssa
  Maximum path: 4
  Routing for Networks:
    10.0.0.0 0.0.0.3 area 0
    192.168.0.0 0.0.0.255 area 2
 Reference bandwidth unit is 100 mbps
  Routing Information Sources:
    Gateway         Distance      Last Update
    3.3.3.3              110      00:04:07
    2.2.2.2              110      00:05:58
  Distance: (default is 110)
```

图 5-26　路由器 R1 路由协议信息

步骤 11：在路由器 R2 的特权执行模式下，输入 show ip protocols 命令，查看路由协议信息，如图 5-27 所示。

```
R2#sh ip protocols
Routing Protocol is "ospf 1"
  Outgoing update filter list for all interfaces is not set
  Incoming update filter list for all interfaces is not set
  Router ID 2.2.2.2
  It is an area border router
  Number of areas in this router is 2. 2 normal 0 stub 0 nssa
  Maximum path: 4
  Routing for Networks:
    10.0.0.0 0.0.0.3 area 0
    10.0.0.4 0.0.0.3 area 1
 Reference bandwidth unit is 100 mbps
  Routing Information Sources:
    Gateway         Distance      Last Update
    3.3.3.3              110      00:02:14
    1.1.1.1              110      00:04:06
  Distance: (default is 110)
```

图 5-27　路由器 R2 路由协议信息

步骤 12：在路由器 R3 的特权执行模式下，输入 show ip protocols 命令，查看路由协议信息，如图 5-28 所示。

本项目中，通过骨干区域 area 0 与非骨干区域 area 3 互连的区域 area 1 建立了一条虚链路，非骨干区域 area 3 的路由信息能够通过虚链路通告给骨干区域。3 台路由器使用 router-id 命令配置了 Router ID，通过查看三台路由器的路由表和连通性检验可以发现，路由器 R1、R2 和 R3 的路由表中路由完整，计算机 PC1 和 PC2 实现了互通。

```
R3#sh ip protocols
Routing Protocol is "ospf 1"
  Outgoing update filter list for all interfaces is not set
  Incoming update filter list for all interfaces is not set
  Router ID 3.3.3.3
  It is an area border router
  Number of areas in this router is 3. 3 normal 0 stub 0 nssa
  Maximum path: 4
  Routing for Networks:
    10.0.0.4 0.0.0.3 area 1
    192.168.1.0 0.0.0.255 area 3
 Reference bandwidth unit is 100 mbps
  Routing Information Sources:
    Gateway         Distance      Last Update
    1.1.1.1              110      00:05:43
    2.2.2.2              110      00:05:43
  Distance: (default is 110)
```

图 5-28　路由器 R3 路由协议信息

5.4.4　不同进程 OSPF 的配置

网络拓扑图如图 5-29 所示，路由器 R1 和路由器 R2 的接口以及计算机 PC1 和 PC2 的 IP 地址已经配置完成，要求在路由器 R1 配置 OSPF 进程 1，在路由器 R2 配置 OSPF 进程 2，实现计算机 PC1 和 PC2 的互通。

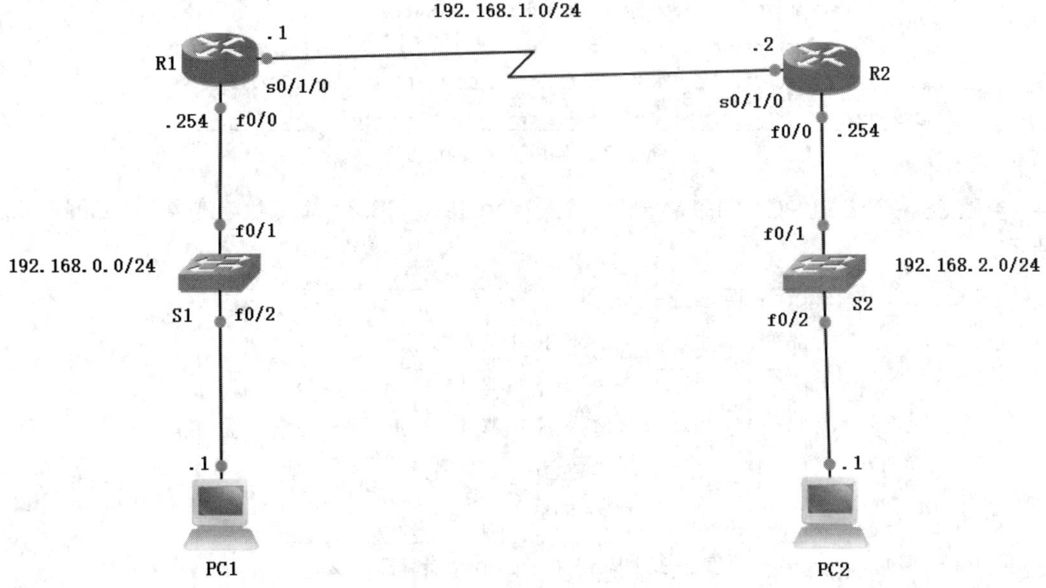

图 5-29　网络拓扑图

步骤 1：在路由器 R1 的全局配置模式下配置 OSPF，输入以下代码。

```
R1(config)#router ospf 1
R1(config-router)#network 192.168.0.0 0.0.0.255 area 0
R1(config-router)#network 192.168.1.0 0.0.0.255 area 0
```

步骤 2：在路由器 R2 的全局配置模式下配置 OSPF，输入以下代码。

```
R2(config)#router ospf 2
R2(config-router)#network 192.168.1.0 0.0.0.255 area 0
R2(config-router)#network 192.168.2.0 0.0.0.255 area 0
```

步骤 3：在路由器 R1 的特权执行模式下，输入 show ip route 命令查看路由表，如图 5-30 所示。

```
R1#sh ip route
Codes: C - connected, S - static, R - RIP, M - mobile, B - BGP
       D - EIGRP, EX - EIGRP external, O - OSPF, IA - OSPF inter area
       N1 - OSPF NSSA external type 1, N2 - OSPF NSSA external type 2
       E1 - OSPF external type 1, E2 - OSPF external type 2
       i - IS-IS, su - IS-IS summary, L1 - IS-IS level-1, L2 - IS-IS level-2
       ia - IS-IS inter area, * - candidate default, U - per-user static route
       o - ODR, P - periodic downloaded static route

Gateway of last resort is not set

C    192.168.0.0/24 is directly connected, FastEthernet0/0
C    192.168.1.0/24 is directly connected, Serial0/1/0
O    192.168.2.0/24 [110/782] via 192.168.1.2, 00:00:43, Serial0/1/0
```

图 5-30　路由器 R1 的路由表

步骤 4：在路由器 R2 的特权执行模式下，输入 show ip route 命令查看路由表，如图 5-31 所示。

```
R2#sh ip route
Codes: C - connected, S - static, R - RIP, M - mobile, B - BGP
       D - EIGRP, EX - EIGRP external, O - OSPF, IA - OSPF inter area
       N1 - OSPF NSSA external type 1, N2 - OSPF NSSA external type 2
       E1 - OSPF external type 1, E2 - OSPF external type 2
       i - IS-IS, su - IS-IS summary, L1 - IS-IS level-1, L2 - IS-IS level-2
       ia - IS-IS inter area, * - candidate default, U - per-user static route
       o - ODR, P - periodic downloaded static route

Gateway of last resort is not set

O    192.168.0.0/24 [110/782] via 192.168.1.1, 00:01:31, Serial0/1/0
C    192.168.1.0/24 is directly connected, Serial0/1/0
C    192.168.2.0/24 is directly connected, FastEthernet0/0
```

图 5-31　路由器 R2 的路由表

步骤 5：在计算机 PC1 的命令行界面输入 ping 192.168.2.1 命令检验连通性，如图 5-32 所示。

```
C:\>ping 192.168.2.1

正在 Ping 192.168.2.1 具有 32 字节的数据:
来自 192.168.2.1 的回复: 字节=32 时间=10ms TTL=126
来自 192.168.2.1 的回复: 字节=32 时间=10ms TTL=126
来自 192.168.2.1 的回复: 字节=32 时间=10ms TTL=126
来自 192.168.2.1 的回复: 字节=32 时间=10ms TTL=126

192.168.2.1 的 Ping 统计信息:
    数据包: 已发送 = 4, 已接收 = 4, 丢失 = 0 (0% 丢失),
往返行程的估计时间(以ms为单位):
    最短 = 10ms, 最长 = 10, 平均 = 10ms
```

图 5-32　从计算机 PC1 ping 计算机 PC2

通过路由表查看和连通性检验可以发现，路由器 R1 配置了 OSPF 进程 1，路由器 R2 配置了 OSPF 进程 2，不同路由器上配置了不同的 OSPF 进程。因为 OSPF 的进程 ID 仅在本地有效，路由器 R1 和 R2 在建立邻接关系时不需要匹配进程 ID，所以路由器 R1 和 R2 可以建立邻接关系，两台路由器的路由表中的路由可以学习完整，网络可以实现互通。

5.5 项目小结

本项目完成了单区域 OSPF、多区域 OSPF 和 OSPF 虚链路的配置。当非骨干区域和骨干区域（区域 0）直连时，配置多区域 OSPF 可以使网络互通；当非骨干区域没有与骨干区域（区域 0）

直连时，配置多区域 OSPF 无法直接使网络互通，这种情况下可以配置虚链路，使未与骨干区域直连的非骨干区域通过虚链路与骨干区域交换路由信息，实现网络互通。因为 OSPF 路由协议进程 ID 只在本地有效，所以当不同路由器分别运行不同的 OSPF 进程时，网络可以互通。

5.6 拓展训练

网络拓扑图如图 5-33 所示，要求完成如下配置。

（1）完成路由器接口和计算机 IP 地址的配置。

（2）完成不同进程多区域 OSPF 的配置，OSPF 进程规划和区域规划按照网络拓扑图中的标注配置。

（3）完成 OSPF 虚链路的配置，实现全网互通。

（4）要求业务网段中不出现协议报文。

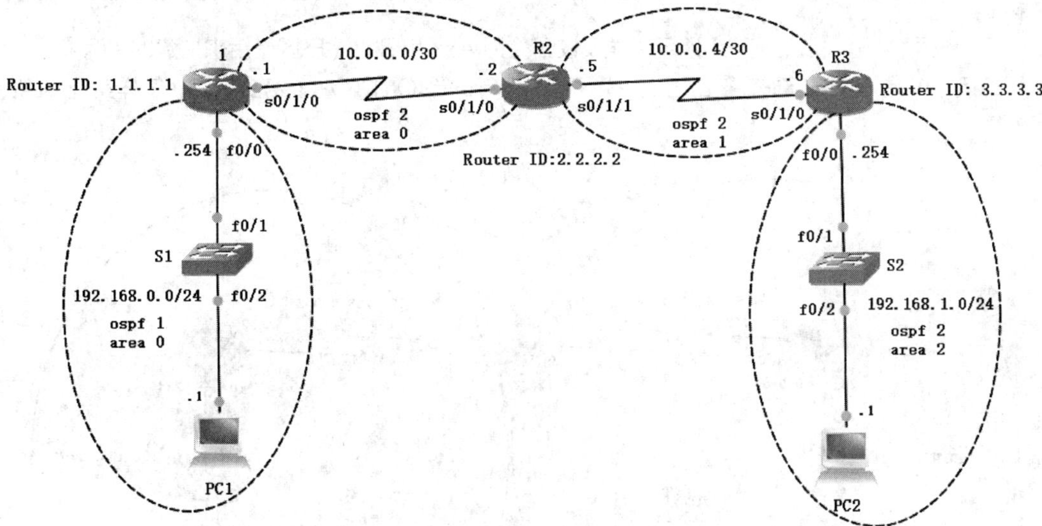

图 5-33 网络拓扑图

项目6 路由重分布

06

6.1 用户需求

某学校网络拓扑图如图 6-1 所示，学校校园分为 A 区和 B 区（B 区是后来扩建的）两个区，A 区网络运行的是 RIPv2 动态路由协议，B 区网络运行的是 OSPF 动态路由协议，怎样实现网络的互通？

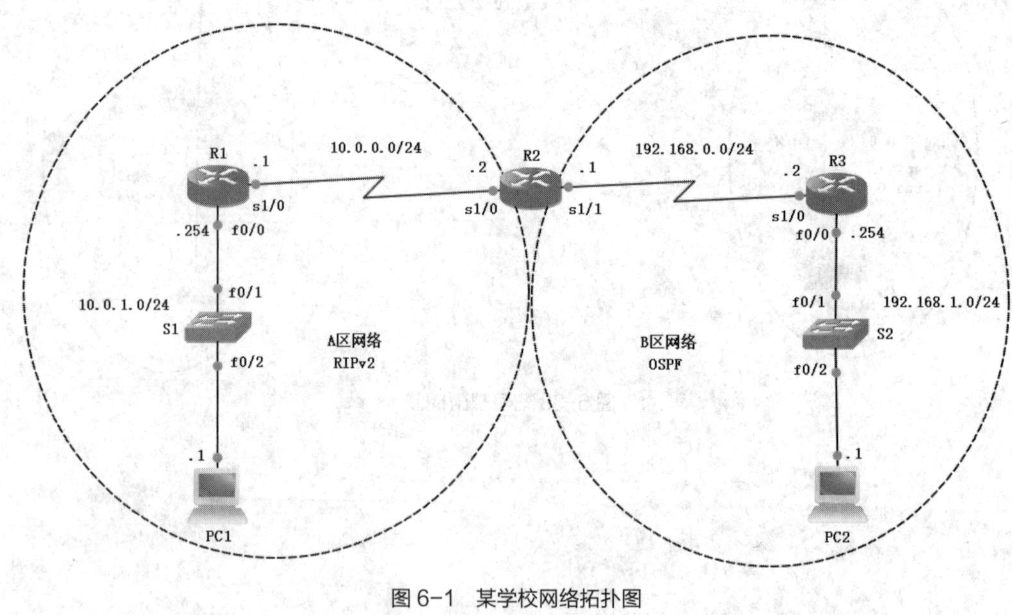

图 6-1 某学校网络拓扑图

6.2 知识梳理

6.2.1 路由重分布

如果网络运行多种路由协议（同一种协议的多个实例被视为多种不同的协议），要在路由协议之间交换路由信息，需要进行路由重分布。路由重分布是指连接到不同路由域的边界路由器在不同路由域（自治系统）之间交换和通告路由选择信息。

6.2.2 路由重分布的种类

双向重分布：在两个路由选择进程（协议）之间重分布所有路由。

单向重分布：只将通过一种路由协议获悉的网络重分布给另一种路由选择协议，同时只将通过该路由选择协议获得的网络传递给其他路由协议。

6.2.3 种子度量值

路由重分布时，路由器通告与接口相连的链路时使用的默认种子度量值是在重分布配置期间定义的。常用的默认种子度量值如表 6-1 所示。

表 6-1 常用的默认种子度量值

将路由重分布到该协议中	默认种子度量值
RIP	∞
IGRP/EIGRP	∞
OSPF	BGP 路由为 1，其他路由为 20。在 OSPF 和 OSPF 之间重分布时，区域内路由和区域间路由的度量值都保持不变
IS-IS	0
BGP	BGP 度量值被设置为 IGP 的度量值

6.2.4 路由重分布的配置

1. 重分布到 RIP

Router(config-router)#redistribute *protocol* [*process-id*] [match *route-type*] [metric *metric-value*] [route-map *map-tag*]

protocol：重分布路由的源协议，可以有关键字 bgp、static、connected、eigrp、isis、ospf 和 rip。

process-id：对于 EIGRP 或者 BGP，为自治系统号；对于 OSPF，为进程 ID；IS-IS 不需要该参数。

route-type：可选参数，是将 OSPF 路由重分布到另外一种路由协议时使用的参数，用作将 OSPF 路由重分布到其他路由域的准则。

metric-value：可选参数，用于指定重分布而来的路由的 RIP 种子度量值。

map-tag：指定路由映射表的标识符。重分布时将查询它，以便过滤从源路由协议引入 RIP 中的路由。

2. 重分布到 OSPF

Router(config-router)#redistribute *protocol* [*process-id*] [metric *metric-value*] [metric-type *type-value*] [route-map *map-tag*] [subnets] [tag *tag-value*]

protocol：重分布路由的源协议，可以有关键字 bgp、static、connected、eigrp、isis、ospf 和 rip。

process-id：对于 EIGRP 或者 BGP，为自治系统号；对于 OSPF，为进程 ID；IS-IS 不需

要该参数。

metric-value：可选参数，用于指定重分布而来的路由的 OSPF 种子度量值。

type-value：可选参数，指定通告到 OSPF 路由选择域的外部路由的外部链路类型。可取值为 1（表示 1 类外部路由）、2（表示 2 类外部路由），默认为 2。

map-tag：指定路由表的标识符。重分布时将查询它，以便过滤从源路由协议引入 OSPF 路由协议中的路由。

subnets：可选参数，指定应该同时重分布子网路由。如果没有指定 subnets，则只重分布主类网络的路由。

tag-value：可选参数，是一个 32 位的十进制值，附加到每条外部路由上。它用于在 OSPF 自治系统边界路由器（ASBR）之间交换信息。

6.3 方案设计

在如图 6-1 所示的网络拓扑图中运行了 RIPv2 和 OSPF 两种路由协议，要实现网络互通，可以进行路由重分布的配置，把 RIP 学到的路由重分布到 OSPF，把 OSPF 学到的路由重分布到 RIP。在有些网络中，可能需要把静态路由重分布到 RIP 或者 OSPF。

6.4 项目实施

6.4.1 将静态路由重分布到 RIP

某学校的网络拓扑图如图 6-2 所示，路由器 R1、交换机 S1 和计算机 PC1 位于学校内网，路由器 R2 为学校网络出口路由器，路由器 R3、交换机 S2 和计算机 PC2 位于外网，路由器 R1、R2 和 R3 以及计算机 PC1 和 PC2 的 IP 地址已经配置完成。学校内网运行 RIPv2 动态路由协议，学校内网与外网互通使用静态路由（不允许使用默认路由），要求配置路由和路由重分布，将静态路由重分布到 RIP，实现计算机 PC1 和 PC2 的互通。

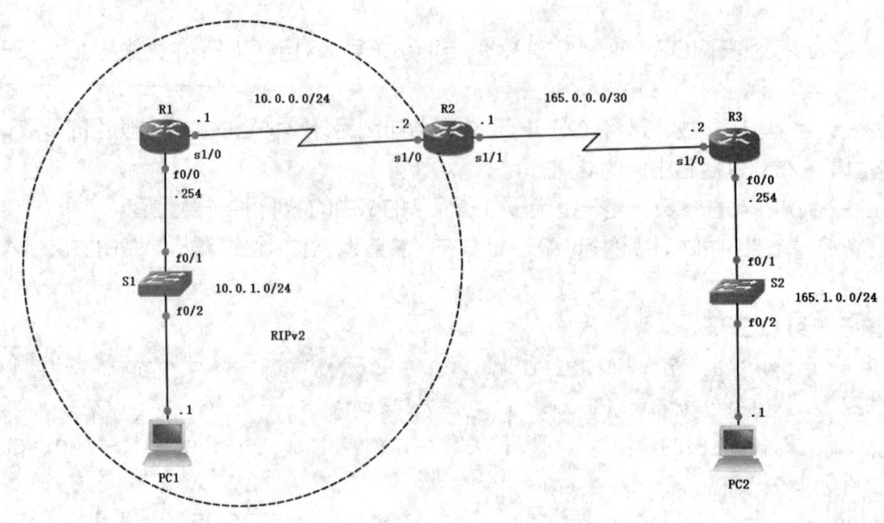

图 6-2 某学校网络拓扑图

步骤 1：在路由器 R1 的全局配置模式下配置 RIPv2，输入以下代码。

```
R1(config)#router rip
R1(config-router)#version 2
R1(config-router)#network 10.0.0.0
R1(config-router)#no auto-summary
```

步骤 2：在路由器 R2 的全局配置模式下配置 RIPv2，输入以下代码。

```
R2(config)#router rip
R2(config-router)#version 2
R2(config-router)#network 10.0.0.0
R2(config-router)#no auto-summary
R2(config-router)#ip route 165.1.0.0 255.255.255.0 165.0.0.2
```

步骤 3：在路由器 R3 的全局配置模式下配置静态路由，输入以下代码。

```
R3(config)#ip route 10.0.0.0 255.255.254.0 165.0.0.1
```

步骤 4：在路由器 R1 的特权执行模式下，输入 show ip route 命令查看路由表，如图 6-3 所示。

```
R1#sh ip route
Codes: L - local, C - connected, S - static, R - RIP, M - mobile, B - BGP
       D - EIGRP, EX - EIGRP external, O - OSPF, IA - OSPF inter area
       N1 - OSPF NSSA external type 1, N2 - OSPF NSSA external type 2
       E1 - OSPF external type 1, E2 - OSPF external type 2
       i - IS-IS, su - IS-IS summary, L1 - IS-IS level-1, L2 - IS-IS level-2
       ia - IS-IS inter area, * - candidate default, U - per-user static route
       o - ODR, P - periodic downloaded static route, H - NHRP, l - LISP
       + - replicated route, % - next hop override

Gateway of last resort is not set

      10.0.0.0/8 is variably subnetted, 4 subnets, 2 masks
C        10.0.0.0/24 is directly connected, Serial1/0
L        10.0.0.1/32 is directly connected, Serial1/0
C        10.0.1.0/24 is directly connected, FastEthernet0/0
L        10.0.1.254/32 is directly connected, FastEthernet0/0
```

图 6-3　路由器 R1 的路由表

步骤 5：在路由器 R2 的特权执行模式下，输入 show ip route 命令查看路由表，如图 6-4 所示。

```
R2#sh ip route
Codes: L - local, C - connected, S - static, R - RIP, M - mobile, B - BGP
       D - EIGRP, EX - EIGRP external, O - OSPF, IA - OSPF inter area
       N1 - OSPF NSSA external type 1, N2 - OSPF NSSA external type 2
       E1 - OSPF external type 1, E2 - OSPF external type 2
       i - IS-IS, su - IS-IS summary, L1 - IS-IS level-1, L2 - IS-IS level-2
       ia - IS-IS inter area, * - candidate default, U - per-user static route
       o - ODR, P - periodic downloaded static route, H - NHRP, l - LISP
       + - replicated route, % - next hop override

Gateway of last resort is not set

      10.0.0.0/8 is variably subnetted, 3 subnets, 2 masks
C        10.0.0.0/24 is directly connected, Serial1/0
L        10.0.0.2/32 is directly connected, Serial1/0
R        10.0.1.0/24 [120/1] via 10.0.0.1, 00:00:12, Serial1/0
      165.0.0.0/16 is variably subnetted, 2 subnets, 2 masks
C        165.0.0.0/30 is directly connected, Serial1/1
L        165.0.0.1/32 is directly connected, Serial1/1
      165.1.0.0/24 is subnetted, 1 subnets
S        165.1.0.0 [1/0] via 165.0.0.2
```

图 6-4　路由器 R2 的路由表

步骤 6：在路由器 R3 的特权执行模式下，输入 show ip route 命令查看路由表，如图 6-5 所示。

```
R3#sh ip route
Codes: L - local, C - connected, S - static, R - RIP, M - mobile, B - BGP
       D - EIGRP, EX - EIGRP external, O - OSPF, IA - OSPF inter area
       N1 - OSPF NSSA external type 1, N2 - OSPF NSSA external type 2
       E1 - OSPF external type 1, E2 - OSPF external type 2
       i - IS-IS, su - IS-IS summary, L1 - IS-IS level-1, L2 - IS-IS level-2
       ia - IS-IS inter area, * - candidate default, U - per-user static route
       o - ODR, P - periodic downloaded static route, H - NHRP, l - LISP
       + - replicated route, % - next hop override

Gateway of last resort is not set

      10.0.0.0/23 is subnetted, 1 subnets
S        10.0.0.0 [1/0] via 165.0.0.1
      165.0.0.0/16 is variably subnetted, 2 subnets, 2 masks
C        165.0.0.0/30 is directly connected, Serial1/0
L        165.0.0.2/32 is directly connected, Serial1/0
      165.1.0.0/16 is variably subnetted, 2 subnets, 2 masks
C        165.1.0.0/24 is directly connected, FastEthernet0/0
L        165.1.0.254/32 is directly connected, FastEthernet0/0
```

图 6-5　路由器 R3 的路由表

步骤 7：在路由器 R2 的全局配置模式下输入以下代码，配置静态路由重分布。

```
R2(config)#router rip
R2(config-router)#redistribute static
```

步骤 8：在路由器 R1 的特权执行模式下，输入 show ip route 命令查看路由表，如图 6-6 所示。

```
R1#sh ip route
Codes: L - local, C - connected, S - static, R - RIP, M - mobile, B - BGP
       D - EIGRP, EX - EIGRP external, O - OSPF, IA - OSPF inter area
       N1 - OSPF NSSA external type 1, N2 - OSPF NSSA external type 2
       E1 - OSPF external type 1, E2 - OSPF external type 2
       i - IS-IS, su - IS-IS summary, L1 - IS-IS level-1, L2 - IS-IS level-2
       ia - IS-IS inter area, * - candidate default, U - per-user static route
       o - ODR, P - periodic downloaded static route, H - NHRP, l - LISP
       + - replicated route, % - next hop override

Gateway of last resort is not set

      10.0.0.0/8 is variably subnetted, 4 subnets, 2 masks
C        10.0.0.0/24 is directly connected, Serial1/0
L        10.0.0.1/32 is directly connected, Serial1/0
C        10.0.1.0/24 is directly connected, FastEthernet0/0
L        10.0.1.254/32 is directly connected, FastEthernet0/0
      165.1.0.0/24 is subnetted, 1 subnets
R        165.1.0.0 [120/1] via 10.0.0.2, 00:00:06, Serial1/0
```

图 6-6　路由器 R1 的路由表

步骤 9：在路由器 R2 的特权执行模式下，输入 show ip route 命令查看路由表，如图 6-7 所示。

```
R2#sh ip route
Codes: L - local, C - connected, S - static, R - RIP, M - mobile, B - BGP
       D - EIGRP, EX - EIGRP external, O - OSPF, IA - OSPF inter area
       N1 - OSPF NSSA external type 1, N2 - OSPF NSSA external type 2
       E1 - OSPF external type 1, E2 - OSPF external type 2
       i - IS-IS, su - IS-IS summary, L1 - IS-IS level-1, L2 - IS-IS level-2
       ia - IS-IS inter area, * - candidate default, U - per-user static route
       o - ODR, P - periodic downloaded static route, H - NHRP, l - LISP
       + - replicated route, % - next hop override

Gateway of last resort is not set

      10.0.0.0/8 is variably subnetted, 3 subnets, 2 masks
C        10.0.0.0/24 is directly connected, Serial1/0
L        10.0.0.2/32 is directly connected, Serial1/0
R        10.0.1.0/24 [120/1] via 10.0.0.1, 00:00:08, Serial1/0
      165.0.0.0/16 is variably subnetted, 2 subnets, 2 masks
C        165.0.0.0/30 is directly connected, Serial1/1
L        165.0.0.1/32 is directly connected, Serial1/1
      165.1.0.0/24 is subnetted, 1 subnets
S        165.1.0.0 [1/0] via 165.0.0.2
```

图 6-7　路由器 R2 的路由表

步骤 10：在计算机 PC1 的命令行界面输入 ping 165.1.0.1 命令检验连通性，如图 6-8 所示。

```
C:\>ping 165.1.0.1

正在 Ping 165.1.0.1 具有 32 字节的数据:
来自 165.1.0.1 的回复: 字节=32 时间=19ms TTL=125
来自 165.1.0.1 的回复: 字节=32 时间=18ms TTL=125
来自 165.1.0.1 的回复: 字节=32 时间=19ms TTL=125
来自 165.1.0.1 的回复: 字节=32 时间=19ms TTL=125

165.1.0.1 的 Ping 统计信息:
    数据包: 已发送 = 4，已接收 = 4，丢失 = 0 (0% 丢失)，
往返行程的估计时间(以ms为单位):
    最短 = 18ms，最长 = 19ms，平均 = 18ms
```

图 6-8　从计算机 PC1 ping 计算机 PC2

通过路由表查看和连通性检验可以发现，将静态路由重分布到 RIP 后，RIP 路由域内的路由器（边界路由器 R2 除外）的路由表中出现了路由来源为 R、目的地址是 165.1.0.0 的路由（这就是重分布到 RIP 的静态路由），计算机 PC1 和 PC2 实现了互通。

6.4.2　将静态路由重分布到 OSPF

某学校的网络拓扑图如图 6-9 所示，路由器 R1、交换机 S1 和计算机 PC1 位于学校内网，路由器 R2 为学校网络出口路由器，路由器 R3、交换机 S2 和计算机 PC2 位于外网；路由器 R1、R2 和 R3 以及计算机 PC1 和 PC2 的 IP 地址已经配置完成，学校内网运行 OSPF 动态路由协议，学校内网与外网互通使用静态路由（不允许使用默认路由），要求配置路由和路由重分布，将静态路由重分布到 OSPF，实现计算机 PC1 和 PC2 的互通。

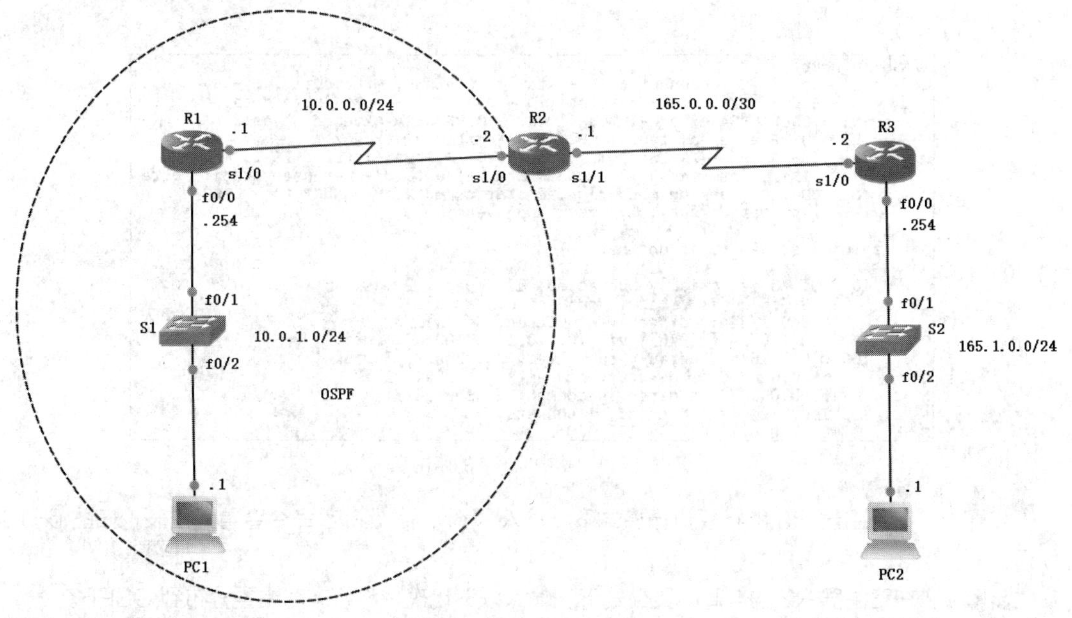

图 6-9　某学校网络拓扑图

步骤 1：在路由器 R1 的全局配置模式下配置 OSPF，输入以下代码。

```
R1(config)#router ospf 1
```

```
R1(config-router)#network 10.0.0.0 0.0.0.255 area 0
R1(config-router)#network 10.0.1.0 0.0.0.255 area 0
```

步骤 2：在路由器 R2 的全局配置模式下配置 OSPF，输入以下代码。

```
R2(config)#router ospf 1
R2(config-router)#network 10.0.0.0 0.0.0.255 area 0
R2(config-router)#ip route 165.1.0.0 255.255.255.0 165.0.0.2
```

步骤 3：在路由器 R3 的全局配置模式下配置静态路由，输入以下代码。

```
R3(config)#ip route 10.0.0.0 255.255.254.0 165.0.0.1
```

步骤 4：在路由器 R1 的特权执行模式下，输入 show ip route 命令查看路由表，如图 6-10 所示。

```
R1#sh ip route
Codes: L - local, C - connected, S - static, R - RIP, M - mobile, B - BGP
       D - EIGRP, EX - EIGRP external, O - OSPF, IA - OSPF inter area
       N1 - OSPF NSSA external type 1, N2 - OSPF NSSA external type 2
       E1 - OSPF external type 1, E2 - OSPF external type 2
       i - IS-IS, su - IS-IS summary, L1 - IS-IS level-1, L2 - IS-IS level-2
       ia - IS-IS inter area, * - candidate default, U - per-user static route
       o - ODR, P - periodic downloaded static route, H - NHRP, l - LISP
       + - replicated route, % - next hop override

Gateway of last resort is not set

      10.0.0.0/8 is variably subnetted, 4 subnets, 2 masks
C        10.0.0.0/24 is directly connected, Serial1/0
L        10.0.0.1/32 is directly connected, Serial1/0
C        10.0.1.0/24 is directly connected, FastEthernet0/0
L        10.0.1.254/32 is directly connected, FastEthernet0/0
```

图 6-10　路由器 R1 的路由表

步骤 5：在路由器 R2 的特权执行模式下，输入 show ip route 命令查看路由表，如图 6-11 所示。

```
R2#sh ip route
Codes: L - local, C - connected, S - static, R - RIP, M - mobile, B - BGP
       D - EIGRP, EX - EIGRP external, O - OSPF, IA - OSPF inter area
       N1 - OSPF NSSA external type 1, N2 - OSPF NSSA external type 2
       E1 - OSPF external type 1, E2 - OSPF external type 2
       i - IS-IS, su - IS-IS summary, L1 - IS-IS level-1, L2 - IS-IS level-2
       ia - IS-IS inter area, * - candidate default, U - per-user static route
       o - ODR, P - periodic downloaded static route, H - NHRP, l - LISP
       + - replicated route, % - next hop override

Gateway of last resort is not set

      10.0.0.0/8 is variably subnetted, 3 subnets, 2 masks
C        10.0.0.0/24 is directly connected, Serial1/0
L        10.0.0.2/32 is directly connected, Serial1/0
O        10.0.1.0/24 [110/65] via 10.0.0.1, 00:00:50, Serial1/0
      165.0.0.0/16 is variably subnetted, 2 subnets, 2 masks
C        165.0.0.0/30 is directly connected, Serial1/1
L        165.0.0.1/32 is directly connected, Serial1/1
      165.1.0.0/24 is subnetted, 1 subnets
S        165.1.0.0 [1/0] via 165.0.0.2
```

图 6-11　路由器 R2 的路由表

步骤 6：在路由器 R3 的特权执行模式下，输入 show ip route 命令查看路由表，如图 6-12 所示。

步骤 7：在路由器 R2 的全局配置模式下，输入以下代码，将静态路由重分布到 OSPF。

```
R2(config)#router ospf 1
R2(config-router)#redistribute static subnets
```

步骤 8：在路由器 R1 的特权执行模式下，输入 show ip route 命令查看路由表，如图 6-13 所示。

```
R3#sh ip route
Codes: L - local, C - connected, S - static, R - RIP, M - mobile, B - BGP
       D - EIGRP, EX - EIGRP external, O - OSPF, IA - OSPF inter area
       N1 - OSPF NSSA external type 1, N2 - OSPF NSSA external type 2
       E1 - OSPF external type 1, E2 - OSPF external type 2
       i - IS-IS, su - IS-IS summary, L1 - IS-IS level-1, L2 - IS-IS level-2
       ia - IS-IS inter area, * - candidate default, U - per-user static route
       o - ODR, P - periodic downloaded static route, H - NHRP, l - LISP
       + - replicated route, % - next hop override

Gateway of last resort is not set

      10.0.0.0/23 is subnetted, 1 subnets
S        10.0.0.0 [1/0] via 165.0.0.1
      165.0.0.0/16 is variably subnetted, 2 subnets, 2 masks
C        165.0.0.0/30 is directly connected, Serial1/0
L        165.0.0.2/32 is directly connected, Serial1/0
      165.1.0.0/16 is variably subnetted, 2 subnets, 2 masks
C        165.1.0.0/24 is directly connected, FastEthernet0/0
L        165.1.0.254/32 is directly connected, FastEthernet0/0
```

图 6-12　路由器 R3 的路由表

```
R1#sh ip route
Codes: L - local, C - connected, S - static, R - RIP, M - mobile, B - BGP
       D - EIGRP, EX - EIGRP external, O - OSPF, IA - OSPF inter area
       N1 - OSPF NSSA external type 1, N2 - OSPF NSSA external type 2
       E1 - OSPF external type 1, E2 - OSPF external type 2
       i - IS-IS, su - IS-IS summary, L1 - IS-IS level-1, L2 - IS-IS level-2
       ia - IS-IS inter area, * - candidate default, U - per-user static route
       o - ODR, P - periodic downloaded static route, H - NHRP, l - LISP
       + - replicated route, % - next hop override

Gateway of last resort is not set

      10.0.0.0/8 is variably subnetted, 4 subnets, 2 masks
C        10.0.0.0/24 is directly connected, Serial1/0
L        10.0.0.1/32 is directly connected, Serial1/0
C        10.0.1.0/24 is directly connected, FastEthernet0/0
L        10.0.1.254/32 is directly connected, FastEthernet0/0
      165.1.0.0/24 is subnetted, 1 subnets
O E2     165.1.0.0 [110/20] via 10.0.0.2, 00:00:07, Serial1/0
```

图 6-13　路由器 R1 的路由表

步骤 9：在路由器 R2 的特权执行模式下，输入 show ip route 命令查看路由表，如图 6-14 所示。

```
R2#sh ip route
Codes: L - local, C - connected, S - static, R - RIP, M - mobile, B - BGP
       D - EIGRP, EX - EIGRP external, O - OSPF, IA - OSPF inter area
       N1 - OSPF NSSA external type 1, N2 - OSPF NSSA external type 2
       E1 - OSPF external type 1, E2 - OSPF external type 2
       i - IS-IS, su - IS-IS summary, L1 - IS-IS level-1, L2 - IS-IS level-2
       ia - IS-IS inter area, * - candidate default, U - per-user static route
       o - ODR, P - periodic downloaded static route, H - NHRP, l - LISP
       + - replicated route, % - next hop override

Gateway of last resort is not set

      10.0.0.0/8 is variably subnetted, 3 subnets, 2 masks
C        10.0.0.0/24 is directly connected, Serial1/0
L        10.0.0.2/32 is directly connected, Serial1/0
O        10.0.1.0/24 [110/65] via 10.0.0.1, 00:03:52, Serial1/0
      165.0.0.0/16 is variably subnetted, 2 subnets, 2 masks
C        165.0.0.0/30 is directly connected, Serial1/1
L        165.0.0.1/32 is directly connected, Serial1/1
      165.1.0.0/24 is subnetted, 1 subnets
S        165.1.0.0 [1/0] via 165.0.0.2
```

图 6-14　路由器 R2 的路由表

步骤 10：在计算机 PC1 的命令行界面输入 ping 165.1.0.1 命令检验连通性，如图 6-15 所示。

通过查看路由表可以发现，将静态路由重分布到 OSPF 后，OSPF 路由域内路由器（边界路由器 R2 除外）的路由表中出现了路由来源为 O E2、目的地址为 165.1.0.0 的路由，这就是重分布到 OSPF 的静态路由，O E2 代表自治系统外 2 类路由。通过连通性检验可以发现，计算机 PC1 和 PC2 实现了互通。

```
C:\>ping 165.1.0.1

正在 Ping 165.1.0.1 具有 32 字节的数据:
来自 165.1.0.1 的回复: 字节=32 时间=18ms TTL=125
来自 165.1.0.1 的回复: 字节=32 时间=18ms TTL=125
来自 165.1.0.1 的回复: 字节=32 时间=18ms TTL=125
来自 165.1.0.1 的回复: 字节=32 时间=18ms TTL=125

165.1.0.1 的 Ping 统计信息:
    数据包: 已发送 = 4, 已接收 = 4, 丢失 = 0 (0% 丢失),
往返行程的估计时间(以ms为单位):
    最短 = 18ms, 最长 = 18ms, 平均 = 18ms
```

图 6-15　从计算机 PC1 ping 计算机 PC2

6.4.3 RIP 和 OSPF 间路由重分布的配置

网络拓扑图如图 6-1 所示，路由器 R1、R2 和 R3 的接口以及计算机 PC1 和 PC2 的 IP 地址已经配置完成，要求完成 RIP 和 OSPF 间路由重分布的配置，实现计算机 PC1 和 PC2 的互通。

步骤 1：在路由器 R1 的全局配置模式下配置 RIPv2，输入以下代码。

```
R1(config)#router rip
R1(config-router)#version 2
R1(config-router)#network 10.0.0.0
R1(config-router)#no auto-summary
```

步骤 2：在路由器 R2 的全局配置模式下配置 RIPv2，输入以下代码。

```
R2(config)#router rip
R2(config-router)#version 2
R2(config-router)#network 10.0.0.0
R2(config-router)#no auto-summary
R2(config-router)#router ospf 1
R2(config-router)#network 192.168.0.0 0.0.0.255 area 0
```

步骤 3：在路由器 R3 的全局配置模式下配置 OSPF，输入以下代码。

```
R3(config)#router ospf 1
R3(config-router)#network 192.168.0.0 0.0.0.255 area 0
R3(config-router)#network 192.168.1.0 0.0.0.255 area 0
```

步骤 4：在路由器 R1 的特权执行模式下，输入 show ip route 命令查看路由表，如图 6-16 所示。

```
R1#sh ip route
Codes: L - local, C - connected, S - static, R - RIP, M - mobile, B - BGP
       D - EIGRP, EX - EIGRP external, O - OSPF, IA - OSPF inter area
       N1 - OSPF NSSA external type 1, N2 - OSPF NSSA external type 2
       E1 - OSPF external type 1, E2 - OSPF external type 2
       i - IS-IS, su - IS-IS summary, L1 - IS-IS level-1, L2 - IS-IS level-2
       ia - IS-IS inter area, * - candidate default, U - per-user static route
       o - ODR, P - periodic downloaded static route, H - NHRP, l - LISP
       + - replicated route, % - next hop override

Gateway of last resort is not set

      10.0.0.0/8 is variably subnetted, 4 subnets, 2 masks
C        10.0.0.0/24 is directly connected, Serial1/0
L        10.0.0.1/32 is directly connected, Serial1/0
C        10.0.1.0/24 is directly connected, FastEthernet0/0
L        10.0.1.254/32 is directly connected, FastEthernet0/0
```

图 6-16　路由器 R1 的路由表

步骤 5：在路由器 R2 的特权执行模式下，输入 show ip route 命令查看路由表，如图 6-17 所示。

```
R2#sh ip route
Codes: L - local, C - connected, S - static, R - RIP, M - mobile, B - BGP
       D - EIGRP, EX - EIGRP external, O - OSPF, IA - OSPF inter area
       N1 - OSPF NSSA external type 1, N2 - OSPF NSSA external type 2
       E1 - OSPF external type 1, E2 - OSPF external type 2
       i - IS-IS, su - IS-IS summary, L1 - IS-IS level-1, L2 - IS-IS level-2
       ia - IS-IS inter area, * - candidate default, U - per-user static route
       o - ODR, P - periodic downloaded static route, H - NHRP, l - LISP
       + - replicated route, % - next hop override

Gateway of last resort is not set

      10.0.0.0/8 is variably subnetted, 3 subnets, 2 masks
C        10.0.0.0/24 is directly connected, Serial1/0
L        10.0.0.2/32 is directly connected, Serial1/0
R        10.0.1.0/24 [120/1] via 10.0.0.1, 00:00:03, Serial1/0
      192.168.0.0/24 is variably subnetted, 2 subnets, 2 masks
C        192.168.0.0/24 is directly connected, Serial1/1
L        192.168.0.1/32 is directly connected, Serial1/1
O     192.168.1.0/24 [110/65] via 192.168.0.2, 00:02:50, Serial1/1
```

图 6-17　路由器 R2 的路由表

步骤 6：在路由器 R3 的特权执行模式下，输入 show ip route 命令查看路由表，如图 6-18 所示。

```
R3#sh ip route
Codes: L - local, C - connected, S - static, R - RIP, M - mobile, B - BGP
       D - EIGRP, EX - EIGRP external, O - OSPF, IA - OSPF inter area
       N1 - OSPF NSSA external type 1, N2 - OSPF NSSA external type 2
       E1 - OSPF external type 1, E2 - OSPF external type 2
       i - IS-IS, su - IS-IS summary, L1 - IS-IS level-1, L2 - IS-IS level-2
       ia - IS-IS inter area, * - candidate default, U - per-user static route
       o - ODR, P - periodic downloaded static route, H - NHRP, l - LISP
       + - replicated route, % - next hop override

Gateway of last resort is not set

      192.168.0.0/24 is variably subnetted, 2 subnets, 2 masks
C        192.168.0.0/24 is directly connected, Serial1/0
L        192.168.0.2/32 is directly connected, Serial1/0
      192.168.1.0/24 is variably subnetted, 2 subnets, 2 masks
C        192.168.1.0/24 is directly connected, FastEthernet0/0
L        192.168.1.254/32 is directly connected, FastEthernet0/0
```

图 6-18　路由器 R3 的路由表

步骤 7：在路由器 R2 的全局配置模式下输入以下代码，把 OSPF 路由重分布到 RIP。

```
R2(config)#router rip
R2(config-router)#redistribute ospf 1 metric 2
```

把路由重分布到 RIP 的默认种子度量值是∞，RIP 度量值超过 15 就认为不可达，如果把 OSPF 动态路由协议重分布到 RIP 时用默认度量值（不修改度量值），RIP 会认为不可达，路由表中不会出现对应的路由。所以，把 OSPF 路由重分布到 RIP 时需要修改度量值，这里把度量值改为 2。

步骤 8：在路由器 R1 的特权执行模式下，输入 show ip route 命令查看路由表，如图 6-19 所示。

步骤 9：在路由器 R2 的全局配置模式下输入以下代码，把 RIP 路由重分布到 OSPF。

```
R2(config)#router ospf 1
R2(config-router)#redistribute rip subnets
```

步骤 10：在路由器 R3 的特权执行模式下，输入 show ip route 命令查看路由表，如图 6-20 所示。

```
R1#sh ip route
Codes: L - local, C - connected, S - static, R - RIP, M - mobile, B - BGP
       D - EIGRP, EX - EIGRP external, O - OSPF, IA - OSPF inter area
       N1 - OSPF NSSA external type 1, N2 - OSPF NSSA external type 2
       E1 - OSPF external type 1, E2 - OSPF external type 2
       i - IS-IS, su - IS-IS summary, L1 - IS-IS level-1, L2 - IS-IS level-2
       ia - IS-IS inter area, * - candidate default, U - per-user static route
       o - ODR, P - periodic downloaded static route, H - NHRP, l - LISP
       + - replicated route, % - next hop override

Gateway of last resort is not set

      10.0.0.0/8 is variably subnetted, 4 subnets, 2 masks
C        10.0.0.0/24 is directly connected, Serial1/0
L        10.0.0.1/32 is directly connected, Serial1/0
C        10.0.1.0/24 is directly connected, FastEthernet0/0
L        10.0.1.254/32 is directly connected, FastEthernet0/0
R     192.168.0.0/24 [120/2] via 10.0.0.2, 00:00:25, Serial1/0
R     192.168.1.0/24 [120/2] via 10.0.0.2, 00:00:25, Serial1/0
```

图 6-19　路由器 R1 的路由表

```
R3#sh ip route
Codes: L - local, C - connected, S - static, R - RIP, M - mobile, B - BGP
       D - EIGRP, EX - EIGRP external, O - OSPF, IA - OSPF inter area
       N1 - OSPF NSSA external type 1, N2 - OSPF NSSA external type 2
       E1 - OSPF external type 1, E2 - OSPF external type 2
       i - IS-IS, su - IS-IS summary, L1 - IS-IS level-1, L2 - IS-IS level-2
       ia - IS-IS inter area, * - candidate default, U - per-user static route
       o - ODR, P - periodic downloaded static route, H - NHRP, l - LISP
       + - replicated route, % - next hop override

Gateway of last resort is not set

      10.0.0.0/24 is subnetted, 2 subnets
O E2     10.0.0.0 [110/20] via 192.168.0.1, 00:01:33, Serial1/0
O E2     10.0.1.0 [110/20] via 192.168.0.1, 00:01:33, Serial1/0
      192.168.0.0/24 is variably subnetted, 2 subnets, 2 masks
C        192.168.0.0/24 is directly connected, Serial1/0
L        192.168.0.2/32 is directly connected, Serial1/0
      192.168.1.0/24 is variably subnetted, 2 subnets, 2 masks
C        192.168.1.0/24 is directly connected, FastEthernet0/0
L        192.168.1.254/32 is directly connected, FastEthernet0/0
```

图 6-20　路由器 R3 的路由表

步骤 11：在路由器 R2 的特权执行模式下，输入 show ip route 命令查看路由表，如图 6-21 所示。

```
R2#sh ip route
Codes: L - local, C - connected, S - static, R - RIP, M - mobile, B - BGP
       D - EIGRP, EX - EIGRP external, O - OSPF, IA - OSPF inter area
       N1 - OSPF NSSA external type 1, N2 - OSPF NSSA external type 2
       E1 - OSPF external type 1, E2 - OSPF external type 2
       i - IS-IS, su - IS-IS summary, L1 - IS-IS level-1, L2 - IS-IS level-2
       ia - IS-IS inter area, * - candidate default, U - per-user static route
       o - ODR, P - periodic downloaded static route, H - NHRP, l - LISP
       + - replicated route, % - next hop override

Gateway of last resort is not set

      10.0.0.0/8 is variably subnetted, 3 subnets, 2 masks
C        10.0.0.0/24 is directly connected, Serial1/0
L        10.0.0.2/32 is directly connected, Serial1/0
R        10.0.1.0/24 [120/1] via 10.0.0.1, 00:00:03, Serial1/0
      192.168.0.0/24 is variably subnetted, 2 subnets, 2 masks
C        192.168.0.0/24 is directly connected, Serial1/1
L        192.168.0.1/32 is directly connected, Serial1/1
O     192.168.1.0/24 [110/65] via 192.168.0.2, 00:02:50, Serial1/1
```

图 6-21　路由器 R2 的路由表

步骤 12：在计算机 PC1 的命令行界面，输入 ping192.168.1.1 命令检验连通性，如图 6-22 所示。

通过查看路由表可以发现，把 OSPF 路由重分布到 RIP 后，RIP 路由域内路由器（边界路由器 R2 除外）的路由表中出现了路由来源为 R、目的地址为 192.168.0.0 和 192.168.1.0 的路由，这是重分布到 RIP 的 OSPF 的路由；把 RIP 路由重分布到 OSPF 后，OSPF 路由域内路由器（边界路由器 R2 除外）的路由表中出现了路由来源为 O E2、目的地址为 10.0.0.0 和 10.0.1.0 的路由，这是重分布到 OSPF 的 RIP 的路由。通过连通性检验可以发现，计算机 PC1 和 PC2 实现了互通。

```
C:\>ping 192.168.1.1

正在 Ping 192.168.1.1 具有 32 字节的数据:
来自 192.168.1.1 的回复: 字节=32 时间=18ms TTL=125
来自 192.168.1.1 的回复: 字节=32 时间=18ms TTL=125
来自 192.168.1.1 的回复: 字节=32 时间=18ms TTL=125
来自 192.168.1.1 的回复: 字节=32 时间=18ms TTL=125

192.168.1.1 的 Ping 统计信息:
    数据包: 已发送 = 4，已接收 = 4，丢失 = 0 (0% 丢失)，
往返行程的估计时间(以ms为单位):
    最短 = 18ms，最长 = 18ms，平均 = 18ms
```

图 6-22　从计算机 PC1 ping 计算机 PC2

6.4.4　不同 OSPF 进程间路由重分布的配置

网络拓扑图如图 6-23 所示，路由器 R1、R2 和 R3 的接口以及计算机 PC1、PC2 和 PC3 的 IP 地址已经配置完成，要求配置不同 OSPF 进程（路由器 R1 的 f0/0、s0/1/0 接口和路由器 R2 的 f0/0、s0/1/0 接口配置 OSPF 进程 1，路由器 R2 的 s0/1/1 口和路由器 R3 的 f0/0、s0/1/0 接口配置 OSPF 进程 2）间的路由重分布，实现计算机 PC1、PC2 和 PC3 的互通。

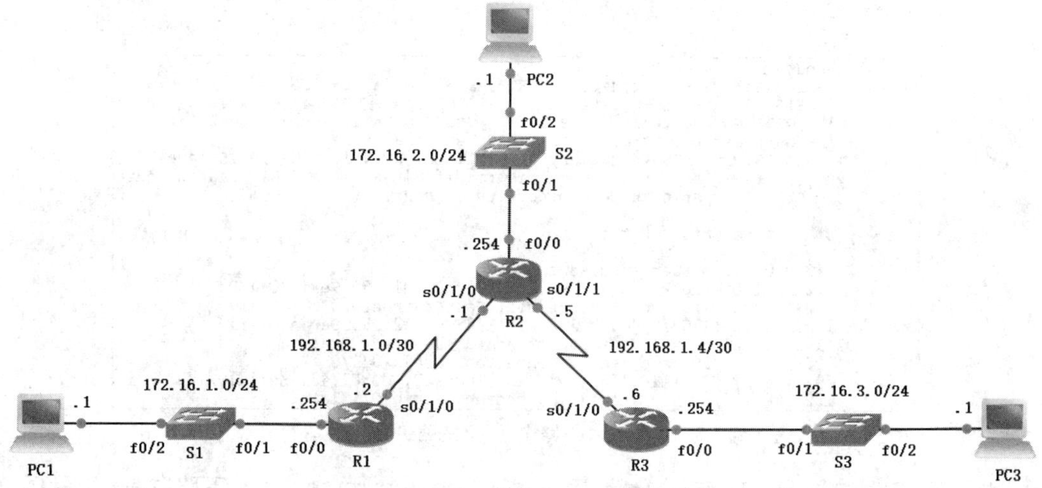

图 6-23　网络拓扑图

步骤 1：在路由器 R1 的全局配置模式下配置 OSPF 进程 1，输入以下代码。

```
R1(config)#router ospf 1
R1(config-router)#network 192.168.1.0 0.0.0.3 area 0
R1(config-router)#network 172.16.1.0 0.0.0.255 area 0
```

步骤 2：在路由器 R2 的全局配置模式下配置 OSPF 进程 1 和进程 2，输入以下代码。

```
R2(config)#router ospf 1
R2(config-router)#network 172.16.2.0 0.0.0.255 area 0
R2(config-router)#network 192.168.1.0 0.0.0.3 area 0
R2(config-router)#router ospf 2
R2(config-router)#network 192.168.1.4 0.0.0.3 area 0
```

步骤 3：在路由器 R3 的全局配置模式下配置 OSPF 进程 2，输入以下代码。

```
R3(config)#router ospf 2
R3(config-router)#network 192.168.1.4 0.0.0.3 area 0
R3(config-router)#network 172.16.3.0 0.0.0.255 area 0
```

步骤 4：在路由器 R1 的特权执行模式下，输入 show ip route 命令查看路由表，如图 6-24 所示。

```
R1#sh ip route
Codes: C - connected, S - static, R - RIP, M - mobile, B - BGP
       D - EIGRP, EX - EIGRP external, O - OSPF, IA - OSPF inter area
       N1 - OSPF NSSA external type 1, N2 - OSPF NSSA external type 2
       E1 - OSPF external type 1, E2 - OSPF external type 2
       i - IS-IS, su - IS-IS summary, L1 - IS-IS level-1, L2 - IS-IS level-2
       ia - IS-IS inter area, * - candidate default, U - per-user static route
       o - ODR, P - periodic downloaded static route

Gateway of last resort is not set

     172.16.0.0/24 is subnetted, 2 subnets
C       172.16.1.0 is directly connected, FastEthernet0/0
O       172.16.2.0 [110/782] via 192.168.1.1, 00:00:18, Serial0/1/0
     192.168.1.0/24 is variably subnetted, 2 subnets, 2 masks
O       192.168.1.0/30 [110/1562] via 192.168.1.1, 00:00:18, Serial0/1/0
C       192.168.1.0/24 is directly connected, Serial0/1/0
```

图 6-24　路由器 R1 的路由表

步骤 5：在路由器 R2 的特权执行模式下，输入 show ip route 命令查看路由表，如图 6-25 所示。

```
R2#sh ip route
Codes: C - connected, S - static, R - RIP, M - mobile, B - BGP
       D - EIGRP, EX - EIGRP external, O - OSPF, IA - OSPF inter area
       N1 - OSPF NSSA external type 1, N2 - OSPF NSSA external type 2
       E1 - OSPF external type 1, E2 - OSPF external type 2
       i - IS-IS, su - IS-IS summary, L1 - IS-IS level-1, L2 - IS-IS level-2
       ia - IS-IS inter area, * - candidate default, U - per-user static route
       o - ODR, P - periodic downloaded static route

Gateway of last resort is not set

     172.16.0.0/24 is subnetted, 3 subnets
O       172.16.1.0 [110/782] via 192.168.1.2, 00:01:38, Serial0/1/0
C       172.16.2.0 is directly connected, FastEthernet0/0
O       172.16.3.0 [110/782] via 192.168.1.6, 00:02:15, Serial0/1/1
     192.168.1.0/24 is variably subnetted, 3 subnets, 2 masks
C       192.168.1.0/30 is directly connected, Serial0/1/0
O       192.168.1.0/24 [110/1562] via 192.168.1.2, 00:01:48, Serial0/1/0
C       192.168.1.4/30 is directly connected, Serial0/1/1
```

图 6-25　路由器 R2 的路由表

步骤 6：在路由器 R3 的特权执行模式下，输入 show ip route 命令查看路由表，如图 6-26 所示。

```
R3#sh ip route
Codes: C - connected, S - static, R - RIP, M - mobile, B - BGP
       D - EIGRP, EX - EIGRP external, O - OSPF, IA - OSPF inter area
       N1 - OSPF NSSA external type 1, N2 - OSPF NSSA external type 2
       E1 - OSPF external type 1, E2 - OSPF external type 2
       i - IS-IS, su - IS-IS summary, L1 - IS-IS level-1, L2 - IS-IS level-2
       ia - IS-IS inter area, * - candidate default, U - per-user static route
       o - ODR, P - periodic downloaded static route

Gateway of last resort is not set

     172.16.0.0/24 is subnetted, 1 subnets
C       172.16.3.0 is directly connected, FastEthernet0/0
     192.168.1.0/30 is subnetted, 1 subnets
C       192.168.1.4 is directly connected, Serial0/1/0
```

图 6-26　路由器 R3 的路由表

步骤 7：在计算机 PC1 的命令行界面输入 ping 172.16.2.1 命令检验连通性，如图 6-27 所示。

```
C:\>ping 172.16.2.1

正在 Ping 172.16.2.1 具有 32 字节的数据:
来自 172.16.2.1 的回复: 字节=32 时间=9ms TTL=126
来自 172.16.2.1 的回复: 字节=32 时间=9ms TTL=126
来自 172.16.2.1 的回复: 字节=32 时间=9ms TTL=126
来自 172.16.2.1 的回复: 字节=32 时间=9ms TTL=126

172.16.2.1 的 Ping 统计信息:
    数据包: 已发送 = 4, 已接收 = 4, 丢失 = 0 (0% 丢失),
往返行程的估计时间(以ms为单位):
    最短 = 9ms, 最长 = 9ms, 平均 = 9ms
```

图 6-27　从计算机 PC1 ping 计算机 PC2

步骤 8：在计算机 PC1 的命令行界面输入 ping 172.16.3.1 命令检验连通性，如图 6-28 所示。

```
C:\>ping 172.16.3.1

正在 Ping 172.16.3.1 具有 32 字节的数据:
来自 172.16.1.254 的回复: 无法访问目标主机。
来自 172.16.1.254 的回复: 无法访问目标主机。
来自 172.16.1.254 的回复: 无法访问目标主机。
来自 172.16.1.254 的回复: 无法访问目标主机。

172.16.3.1 的 Ping 统计信息:
    数据包: 已发送 = 4, 已接收 = 4, 丢失 = 0 (0% 丢失),
```

图 6-28　从计算机 PC1 ping 计算机 PC3

步骤 9：在计算机 PC2 的命令行界面输入 ping 172.16.3.1 命令检验连通性，如图 6-29 所示。

```
C:\>ping 172.16.3.1

正在 Ping 172.16.3.1 具有 32 字节的数据:
请求超时。
请求超时。
请求超时。
请求超时。

172.16.3.1 的 Ping 统计信息:
    数据包: 已发送 = 4, 已接收 = 0, 丢失 = 4 (100% 丢失),
```

图 6-29　从计算机 PC2 ping 计算机 PC3

步骤 10：在路由器 R2 的全局配置模式下输入以下代码，把 OSPF 进程 2 的路由重分布到 OSPF 进程 1。

```
R2(config)#router ospf 1
R2(config-router)#redistribute ospf 2 subnets
```

步骤 11：在路由器 R1 的特权执行模式下，输入 show ip route 命令查看路由表，如图 6-30 所示。

```
R1#sh ip route
Codes: C - connected, S - static, R - RIP, M - mobile, B - BGP
       D - EIGRP, EX - EIGRP external, O - OSPF, IA - OSPF inter area
       N1 - OSPF NSSA external type 1, N2 - OSPF NSSA external type 2
       E1 - OSPF external type 1, E2 - OSPF external type 2
       i - IS-IS, su - IS-IS summary, L1 - IS-IS level-1, L2 - IS-IS level-2
       ia - IS-IS inter area, * - candidate default, U - per-user static route
       o - ODR, P - periodic downloaded static route

Gateway of last resort is not set

     172.16.0.0/24 is subnetted, 3 subnets
C       172.16.1.0 is directly connected, FastEthernet0/0
O       172.16.2.0 [110/782] via 192.168.1.1, 00:03:47, Serial0/1/0
O E2    172.16.3.0 [110/782] via 192.168.1.1, 00:00:45, Serial0/1/0
     192.168.1.0/24 is variably subnetted, 3 subnets, 2 masks
O       192.168.1.0/30 [110/1562] via 192.168.1.1, 00:03:47, Serial0/1/0
C       192.168.1.0/24 is directly connected, Serial0/1/0
O E2    192.168.1.4/30 [110/781] via 192.168.1.1, 00:00:45, Serial0/1/0
```

图 6-30　路由器 R1 的路由表

步骤 12：在路由器 R2 的全局配置模式下输入以下代码，把 OSPF 进程 1 的路由重分布到 OSPF 进程 2。

```
R2(config-router)#router ospf 2
R2(config-router)#redistribute ospf 1 subnets
```

步骤 13：在路由器 R2 的特权执行模式下，输入 show ip route 命令查看路由表，如图 6-31 所示。

```
R2#sh ip route
Codes: C - connected, S - static, R - RIP, M - mobile, B - BGP
       D - EIGRP, EX - EIGRP external, O - OSPF, IA - OSPF inter area
       N1 - OSPF NSSA external type 1, N2 - OSPF NSSA external type 2
       E1 - OSPF external type 1, E2 - OSPF external type 2
       i - IS-IS, su - IS-IS summary, L1 - IS-IS level-1, L2 - IS-IS level-2
       ia - IS-IS inter area, * - candidate default, U - per-user static route
       o - ODR, P - periodic downloaded static route

Gateway of last resort is not set

     172.16.0.0/24 is subnetted, 3 subnets
O       172.16.1.0 [110/782] via 192.168.1.2, 00:04:13, Serial0/1/0
C       172.16.2.0 is directly connected, FastEthernet0/0
O       172.16.3.0 [110/782] via 192.168.1.6, 00:14:48, Serial0/1/1
     192.168.1.0/24 is variably subnetted, 3 subnets, 2 masks
C       192.168.1.0/30 is directly connected, Serial0/1/0
O       192.168.1.0/24 [110/1562] via 192.168.1.2, 00:14:20, Serial0/1/0
C       192.168.1.4/30 is directly connected, Serial0/1/1
```

图 6-31　路由器 R2 的路由表

步骤 14：在路由器 R3 的特权执行模式下，输入 show ip route 命令查看路由表，如图 6-32 所示。

```
R3#sh ip route
Codes: C - connected, S - static, R - RIP, M - mobile, B - BGP
       D - EIGRP, EX - EIGRP external, O - OSPF, IA - OSPF inter area
       N1 - OSPF NSSA external type 1, N2 - OSPF NSSA external type 2
       E1 - OSPF external type 1, E2 - OSPF external type 2
       i - IS-IS, su - IS-IS summary, L1 - IS-IS level-1, L2 - IS-IS level-2
       ia - IS-IS inter area, * - candidate default, U - per-user static route
       o - ODR, P - periodic downloaded static route

Gateway of last resort is not set

     172.16.0.0/24 is subnetted, 3 subnets
O E2    172.16.1.0 [110/782] via 192.168.1.5, 00:01:19, Serial0/1/0
O E2    172.16.2.0 [110/1] via 192.168.1.5, 00:01:19, Serial0/1/0
C       172.16.3.0 is directly connected, FastEthernet0/0
     192.168.1.0/24 is variably subnetted, 3 subnets, 2 masks
O E2    192.168.1.0/30 [110/781] via 192.168.1.5, 00:01:19, Serial0/1/0
O E2    192.168.1.0/24 [110/1562] via 192.168.1.5, 00:01:19, Serial0/1/0
C       192.168.1.4/30 is directly connected, Serial0/1/0
```

图 6-32　路由器 R3 的路由表

步骤 15：在计算机 PC1 的命令行界面输入 ping 172.16.2.1 命令检验连通性，如图 6-33 所示。

```
C:\>ping 172.16.2.1

正在 Ping 172.16.2.1 具有 32 字节的数据:
来自 172.16.2.1 的回复: 字节=32 时间=9ms TTL=126
来自 172.16.2.1 的回复: 字节=32 时间=9ms TTL=126
来自 172.16.2.1 的回复: 字节=32 时间=9ms TTL=126
来自 172.16.2.1 的回复: 字节=32 时间=9ms TTL=126

172.16.2.1 的 Ping 统计信息:
    数据包: 已发送 = 4, 已接收 = 4, 丢失 = 0 (0% 丢失),
往返行程的估计时间(以ms为单位):
    最短 = 9ms, 最长 = 9ms, 平均 = 9ms
```

图 6-33　从计算机 PC1 ping 计算机 PC2

步骤 16：在计算机 PC1 的命令行界面输入 ping 172.16.3.1 命令检验连通性，如图 6-34 所示。

```
C:\>ping 172.16.3.1

正在 Ping 172.16.3.1 具有 32 字节的数据:
来自 172.16.3.1 的回复: 字节=32 时间=18ms TTL=125
来自 172.16.3.1 的回复: 字节=32 时间=18ms TTL=125
来自 172.16.3.1 的回复: 字节=32 时间=18ms TTL=125
来自 172.16.3.1 的回复: 字节=32 时间=18ms TTL=125

172.16.3.1 的 Ping 统计信息:
    数据包: 已发送 = 4，已接收 = 4，丢失 = 0 (0% 丢失)，
往返行程的估计时间(以ms为单位):
    最短 = 18ms，最长 = 18，平均 = 18ms
```

图 6-34　从计算机 PC1 ping 计算机 PC3

步骤 17：在计算机 PC2 的命令行界面输入 ping 172.16.3.1 命令检验连通性，如图 6-35 所示。

```
C:\>ping 172.16.3.1

正在 Ping 172.16.3.1 具有 32 字节的数据:
来自 172.16.3.1 的回复: 字节=32 时间=9ms TTL=126
来自 172.16.3.1 的回复: 字节=32 时间=9ms TTL=126
来自 172.16.3.1 的回复: 字节=32 时间=9ms TTL=126
来自 172.16.3.1 的回复: 字节=32 时间=9ms TTL=126

172.16.3.1 的 Ping 统计信息:
    数据包: 已发送 = 4，已接收 = 4，丢失 = 0 (0% 丢失)，
往返行程的估计时间(以ms为单位):
    最短 = 9ms，最长 = 9，平均 = 9ms
```

图 6-35　从计算机 PC2 ping 计算机 PC3

通过查看路由表可以发现，把 OSPF 进程 1 的路由和 OSPF 进程 2 的路由相互重分布后，路由器 R1 和路由器 R2 的路由表中都出现了路由来源为 O E2 的路由，这是重分布到 OSPF 的 2 类外部路由。通过连通性检验可以发现，计算机 PC1、PC2 和 PC3 实现了互通。

如果在同一台路由器上配置不同的 OSPF 进程，运行两个 OSPF 进程的网络无法直接互通。需要配置路由重分布，将两个进程的路由相互引入，把路由表学习完整，才可实现网络的互通。

6.5 项目小结

本项目完成了静态路由重分布到 RIP 和 OSPF，完成了 RIP 和 OSPF 间、不同 OSPF 进程间路由重分布的配置。当网络中配置了多种路由协议时，要实现网络互通，可以采用路由重分布的方法；如果同一台路由器上配置了不同的 OSPF 进程，要实现网络互通，也需要配置路由重分布。

6.6 拓展训练

网络拓扑图如图 6-36 所示，某企业总公司网络运行的是 RIPv2 动态路由协议，分公司网络运行的是 OSPF 动态路由协议，总公司与分公司网络间采用静态路由，要求完成如下配置。

（1）完成路由器接口和计算机 IP 地址的配置。

（2）完成总公司 RIPv2、分公司 OSPF、静态路由和路由重分布的配置，实现全网互通。

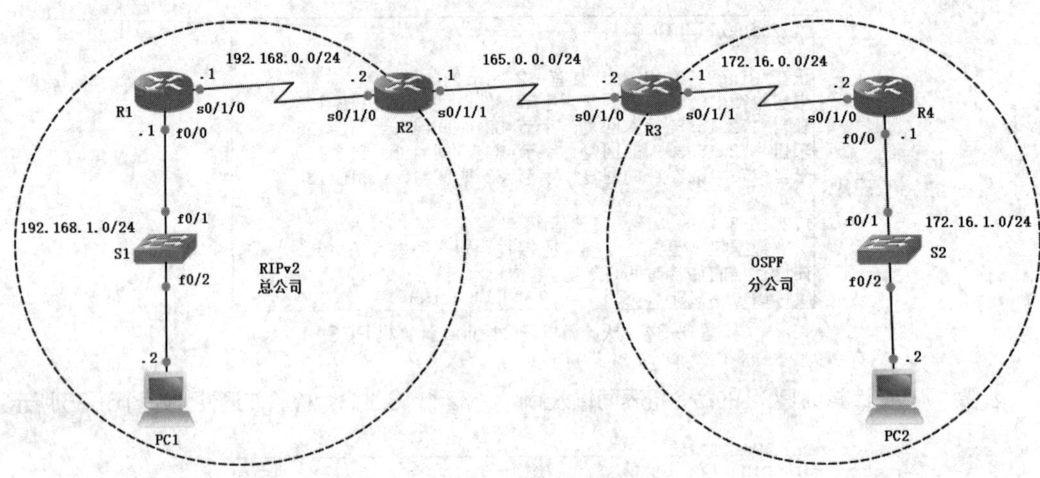

图 6-36　网络拓扑图

模块二

网络交换的配置

交换机能够把同一局域网中的设备互连起来，分隔冲突域，并且能通过虚拟局域网（VLAN）对网络进行逻辑分组，抑制二层的广播风暴。随着计算机网络技术的发展，三层交换机出现了，这种设备把二层交换功能和三层路由功能结合起来。在实际组网和建网过程中，三层交换机的应用更加广泛。本模块介绍 VLAN 的配置、VLAN 中继的配置、VLAN 间路由的配置和三层交换机 VLAN 间路由的配置。

项目7 VLAN的配置

07

7.1 用户需求

某学校网络拓扑图如图 7-1 所示，由办公网络和学生网络组成，为了提高网络性能，要求实现办公网络和学生网络之间的广播相互隔离，怎样实现这个功能？

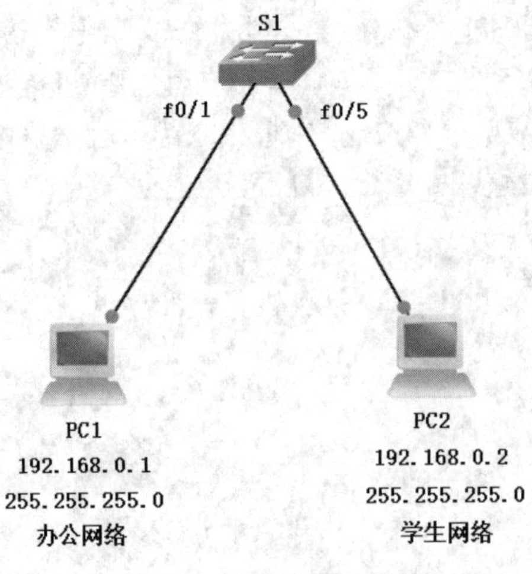

图 7-1　某学校网络拓扑图

7.2 知识梳理

7.2.1 VLAN 的基本概念

VLAN 是一组逻辑上联网的设备。VLAN 将 LAN 中的设备灵活地进行分段和组织，允许管理员根据功能、项目组或应用程序等因素划分网络，而不考虑用户或设备的物理位置，从而跨越多个物理 LAN 网段，创建逻辑广播域。每个 VLAN 是一个广播域，不同 VLAN 内的设备不能直接互通。VLAN 通过将大型广播域细分为较小网段来提高网络性能，并根据特定用户分组实施访问和安全策略。

7.2.2 VLAN 的优点

1. 安全

含有敏感数据的用户组可与网络的其余部分隔离，从而降低泄露机密信息的可能性。

2. 缩小广播域，提高性能

将网络划分为多个 VLAN，可减少广播域中的设备数量以及网络上不必要的流量，提高性能。

3. 便于管理

划分 VLAN 后，有相似网络需求的用户可以共享同一个 VLAN，网络管理和应用管理更加轻松。

7.2.3 VLAN 的分类

1. 按照流量的类别分类

（1）数据 VLAN

数据 VLAN 有时也称为用户 VLAN，用于传送用户生成的流量。数据 VLAN 用于将网络分为用户组或设备组。

（2）默认 VLAN

交换机加载默认配置进行初始启动后，所有端口成为默认 VLAN 的一部分。参与默认 VLAN 的交换机端口属于同一个广播域。这样，连接到交换机任何端口的任何设备都能与连接到其他端口的其他设备通信。思科交换机的默认 VLAN 是 VLAN 1，所有端口都分配给了 VLAN 1。默认情况下，所有第二层控制流量都与 VLAN 1 关联。VLAN 1 具有所有 VLAN 的功能，它不能重命名或删除。

（3）本征 VLAN

本征 VLAN 分配给 IEEE 802.1Q trunk 端口，充当 trunk 链路两端的公共标识符，作用是维护无标记流量的向下兼容性。trunk 端口通常用于交换机之间的链路，支持传输与多个 VLAN 关联的流量。IEEE 802.1Q trunk 端口支持来自多个 VLAN 的流量（有标记流量），也支持来自 VLAN 以外的流量（无标记流量），在本征 VLAN（默认为 VLAN 1）中保存无标记流量。

（4）管理 VLAN

管理 VLAN 是用于访问交换机管理功能的 VLAN。若要创建交换机的管理 VLAN，需要为该交换机 VLAN 的虚拟接口（SVI）分配 IP 地址和子网掩码，使交换机通过 HTTP、Telnet、SSH 或 SNMP 进行管理。

2. 常见的 VLAN 类别

（1）基于端口的 VLAN

基于端口的 VLAN 按照设备端口来定义成员，将指定端口加入指定 VLAN，该端口可以转发指定 VLAN 的数据帧。

（2）基于协议的 VLAN

基于协议的 VLAN 根据端口接收到的帧所属的协议（簇）类型及封装格式来给帧分配不同的 VLAN ID。可以用来划分 VLAN 的协议簇有 IP、IPX 和 AppleTalk 等。

（3）基于 MAC 地址的 VLAN

基于 MAC 地址的 VLAN 根据每个主机网卡的 MAC 地址来划分 VLAN，主机可以灵活移动，不受到物理位置限制。

（4）基于 IP 子网的 VLAN

基于 IP 子网的 VLAN 是以帧中 IP 报文的源 IP 地址及子网掩码作为依据来进行划分的，设备从端口接收到报文后，根据报文中的源 IP 地址，找到与现有 VLAN 的对应关系，然后自动划分到指定 VLAN 中转发。

如果交换机某个端口同时支持以上 4 种 VLAN 划分模式，默认情况下，VLAN 将按照基于 MAC 地址、基于 IP 子网、基于协议、基于端口的先后顺序进行匹配。

7.2.4 交换机的端口模式

1. access 端口

access 端口只能属于一个 VLAN，它发送的帧不带有 VLAN 标签，一般用于连接计算机。

2. trunk 端口

trunk 端口可以允许多个 VLAN 通过，它发出的帧一般是带有 VLAN 标签的，一般用于交换机之间的连接。

7.2.5 配置命令

1. 创建 VLAN 并命名

```
Switch(config)#vlan vlan-id
Switch(config-vlan)#name vlan-name
```

（1）普通范围的 VLAN

普通范围的 VLAN 的 *vlan-id* 范围为 1 到 1005，用于中小型网络。1002 到 1005 保留，供令牌环 VLAN 和 FDDI VLAN 使用。VLAN 的配置存储在名为 vlan.dat 的 VLAN 数据库文件中，vlan.dat 文件位于交换机的闪存中。

（2）扩展范围的 VLAN

扩展范围的 VLAN 的 *vlan-id* 范围为 1006 到 4094，可让服务提供商扩展自己的基础架构，以适应更多的客户。例如，某些跨国企业规模很大，需要使用扩展范围的 VLAN。它支持的 VLAN 功能比普通范围的 VLAN 更少，保存在运行配置文件中。

2. 为 VLAN 分配端口

步骤 1：通过一个特定的端口号进入接口配置模式，代码如下。

```
Switch(config)#interface interface-id
```

步骤 2：将端口设置为接入模式，代码如下。

```
Switch(config-if)#switchport mode access
```

步骤 3：将端口分配给特定的 VLAN，代码如下。

```
Switch(config-if)#switchport access vlan vlan-id
```

3. 删除 VLAN

```
Switch(config)# no vlan vlan-id
```

注意

删除 VLAN 前，需要把 VLAN 中的端口移出去。

4. 配置管理 VLAN

步骤 1：进入 SVI 接口配置模式，代码如下。

```
Switch(config)#interface vlan vlan-id
```

步骤 2：配置管理接口的 IP 地址，代码如下。

```
Switch(config-if)#ip address ip-address mask
```

ip-address：交换机的管理地址。

mask：子网掩码。

步骤 3：启动接口。

```
Switch(config-if)#no shutdown
```

5. 查看 VLAN

```
show vlan [brief | id vlan-id | name vlan-name | summary]
```

brief：每行显示一个 VLAN 的名称、状态和端口。

id *vlan-id*：显示由 VLAN ID 号标识的某个 VLAN 的相关信息，*vlan-id* 的范围是 1 到 4094。

name *vlan-name*：显示由 VLAN 名称标识的某个 VLAN 的相关信息。

summary：显示 VLAN 摘要信息。

6. 查看端口

```
show interfaces [interface-id | vlan vlan-id] | switchport
```

interface-id：包括物理端口（包括类型、模块和端口号）和端口通道，端口通道的范围是 1 到 6。

vlan *vlan-id*：VLAN ID 号标识，范围是 1 到 4094。

switchport：显示交换端口的管理状态和运行状态，包括端口阻塞设置和端口保护设置。

7.3 方案设计

在如图 7-1 所示的网络拓扑图中，要实现办公网络和学生网络之间广播的相互隔离，可以在交换机上划分 VLAN，并把办公网络和学生网络互连的端口分配到不同的 VLAN 中。

7.4 项目实施

7.4.1 交换机 VLAN 的查看

网络拓扑图如图 7-1 所示，计算机 PC1 和 PC2 的 IP 地址已经配置完成，要求查看交换机 S1 的 VLAN 信息，并检验计算机 PC1 和 PC2 的连通性。

步骤 1：在交换机 S1 的特权执行模式下，输入 show vlan 命令查看交换机的 VLAN 信息，如图 7-2 所示。

步骤 2：在计算机 PC1 的命令行界面输入 ping 192.168.0.2 命令检验连通性，如图 7-3 所示。

通过查看交换机 S1 的 VLAN 信息和连通性检验可以发现，默认情况下，交换机的所有端口都在 VLAN 1 内，接入交换机的计算机可以直接互通。

```
S1#sh vlan

VLAN Name                             Status    Ports
---- -------------------------------- --------- -------------------------------
1    default                          active    Fa0/1, Fa0/2, Fa0/3, Fa0/4
                                                Fa0/5, Fa0/6, Fa0/7, Fa0/8
                                                Fa0/9, Fa0/10, Fa0/11, Fa0/12
                                                Fa0/13, Fa0/14, Fa0/15, Fa0/16
                                                Fa0/17, Fa0/18, Fa0/19, Fa0/20
                                                Fa0/21, Fa0/22, Fa0/23, Fa0/24
                                                Gi0/1, Gi0/2
1002 fddi-default                     act/unsup
1003 token-ring-default               act/unsup
1004 fddinet-default                  act/unsup
1005 trnet-default                    act/unsup

VLAN Type  SAID       MTU   Parent RingNo BridgeNo Stp  BrdgMode Trans1 Trans2
---- ----- ---------- ----- ------ ------ -------- ---- -------- ------ ------
1    enet  100001     1500  -      -      -        -    -        0      0
1002 fddi  101002     1500  -      -      -        -    -        0      0
1003 tr    101003     1500  -      -      -        -    -        0      0
1004 fdnet 101004     1500  -      -      -        ieee -        0      0
1005 trnet 101005     1500  -      -      -        ibm  -        0      0
```

图 7-2　交换机 S1 的 VLAN 信息

```
C:\>ping 192.168.0.2

正在 Ping 192.168.0.2 具有 32 字节的数据:
来自 192.168.0.2 的回复: 字节=32 时间<1ms TTL=128
来自 192.168.0.2 的回复: 字节=32 时间<1ms TTL=128
来自 192.168.0.2 的回复: 字节=32 时间<1ms TTL=128
来自 192.168.0.2 的回复: 字节=32 时间<1ms TTL=128

192.168.0.2 的 Ping 统计信息:
    数据包: 已发送 = 4, 已接收 = 4, 丢失 = 0 (0% 丢失),
往返行程的估计时间(以ms为单位):
    最短 = 0ms, 最长 = 0ms, 平均 = 0ms
```

图 7-3　从计算机 PC1 ping 计算机 PC2

7.4.2　交换机 VLAN 的配置

网络拓扑图如图 7-1 所示，要求完成 VLAN 的配置（交换机 S1 的 f0/1-f0/4 端口划分到 VLAN 10，命名为 office；f0/5-f0/8 端口划分到 VLAN 20，命名为 student），实现办公网络和学生网络之间广播的相互隔离。

步骤 1：在交换机 S1 的全局配置模式下输入以下代码，创建 VLAN。

```
S1(config)#vlan 10
S1(config-vlan)#name office
S1(config-vlan)#vlan 20
S1(config-vlan)#name student
```

步骤 2：在交换机 S1 的全局配置模式下输入以下代码，为 VLAN 分配端口。

```
S1(config)#interface f0/1
S1(config-if)#switchport mode access
S1(config-if)#switchport access vlan 10
S1(config-if)#interface range f0/2-4
S1(config-if-range)#switchport mode access
S1(config-if-range)#switchport access vlan 10
S1(config-if-range)#interface range f0/5-8
S1(config-if-range)#switchport mode access
```

```
S1(config-if-range)#switchport access vlan 20
```

当需要把多个端口分配给同一个 VLAN 时，可以在 interface 后面加 range 关键字和端口编号的范围。

步骤 3：在交换机 S1 的特权执行模式下，输入 show vlan 命令查看交换机的 VLAN 信息，如图 7-4 所示。

```
S1#sh vlan

VLAN Name                             Status    Ports
---- -------------------------------- --------- -------------------------------
1    default                          active    Fa0/9, Fa0/10, Fa0/11, Fa0/12
                                                Fa0/13, Fa0/14, Fa0/15, Fa0/16
                                                Fa0/17, Fa0/18, Fa0/19, Fa0/20
                                                Fa0/21, Fa0/22, Fa0/23, Fa0/24
                                                Gi0/1, Gi0/2
10   VLAN0010                         active    Fa0/1, Fa0/2, Fa0/3, Fa0/4
20   VLAN0020                         active    Fa0/5, Fa0/6, Fa0/7, Fa0/8
1002 fddi-default                     act/unsup
1003 token-ring-default               act/unsup
1004 fddinet-default                  act/unsup
1005 trnet-default                    act/unsup

VLAN Type  SAID       MTU   Parent RingNo BridgeNo Stp  BrdgMode Trans1 Trans2
---- ----- ---------- ----- ------ ------ -------- ---- -------- ------ ------
1    enet  100001     1500  -      -      -        -    -        0      0
10   enet  100010     1500  -      -      -        -    -        0      0
20   enet  100020     1500  -      -      -        -    -        0      0
1002 fddi  101002     1500  -      -      -        -    -        0      0
1003 tr    101003     1500  -      -      -        -    -        0      0
1004 fdnet 101004     1500  -      -      -        ieee -        0      0
1005 trnet 101005     1500  -      -      -        ibm  -        0      0
```

图 7-4　交换机 S1 的 VLAN 信息

步骤 4：在计算机 PC1 命令行界面输入 ping 192.168.0.2 命令检验连通性，如图 7-5 所示。

```
C:\>ping 192.168.0.2

正在 Ping 192.168.0.2 具有 32 字节的数据:
来自 192.168.0.1 的回复: 无法访问目标主机。
来自 192.168.0.1 的回复: 无法访问目标主机。
来自 192.168.0.1 的回复: 无法访问目标主机。
来自 192.168.0.1 的回复: 无法访问目标主机。

192.168.0.2 的 Ping 统计信息:
    数据包: 已发送 = 4, 已接收 = 4, 丢失 = 0 (0% 丢失),
```

图 7-5　从计算机 PC1 ping 计算机 PC2

通过查看交换机 S1 的 VLAN 信息和连通性检验可以发现，当对交换机划分了 VLAN 后，即使连接在同一个交换机上的计算机，如果计算机所连接的交换机端口在不同的 VLAN，计算机也不会直接互通。

7.5 项目小结

本项目完成了交换机 VLAN 的配置，在默认配置下，思科交换机所有端口都在 VLAN 1，接入交换机端口的计算机可以直接互通。交换机配置 VLAN 后，接入计算机的端口如果位于不同的 VLAN，计算机不能直接互通。

7.6 拓展训练

网络拓扑图如图 7-6 所示，要求完成如下配置。

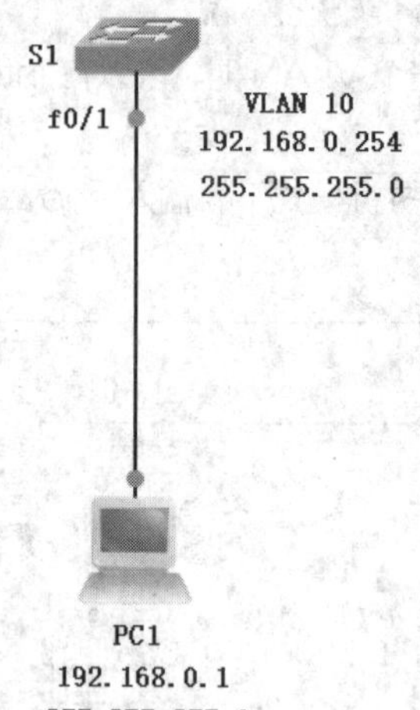

图 7-6　网络拓扑图

（1）在交换机 S1 上创建 VLAN 10。

（2）将交换机的 f0/1 端口分配到 VLAN 10。

（3）为交换机 S1 配置管理地址，管理 VLAN 是 VLAN 10，实现计算机 PC1 能够 ping 通交换机 S1。

项目8 VLAN中继的配置

08

8.1 用户需求

某学校综合楼网络拓扑图如图 8-1 所示，由办公网络和学生网络组成，交换机 S1 位于二楼配线间，交换机 S2 位于四楼配线间。怎样实现交换机 S1 互连的办公网络与交换机 S2 互连的办公网络、交换机 S1 互连的学生网络与交换机 S2 互连的学生网络之间的相互通信？

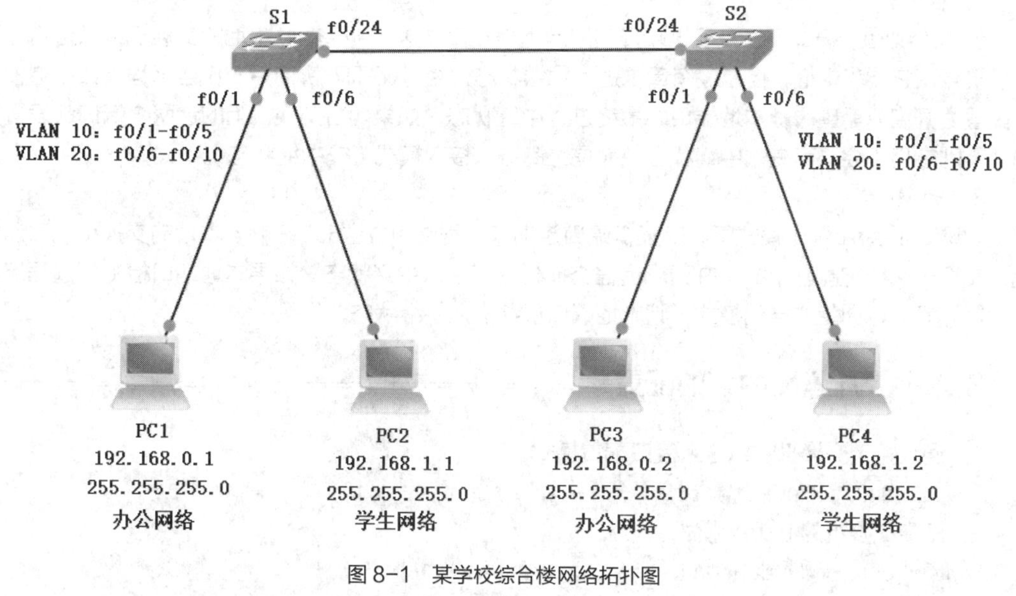

图 8-1 某学校综合楼网络拓扑图

8.2 知识梳理

8.2.1 VLAN 中继

VLAN 中继是两台网络设备之间的点对点链路，负责传输多个 VLAN 的流量。VLAN 中继可以让 VLAN 扩展到整个网络。

8.2.2 帧在中继链路的转发

帧通过中继链路转发前，交换机会将 VLAN ID 标记添加到帧中；通过非中继链路转发之前，会删除其中的标记。添加了标记的帧可以通过中继链路经过任意数量的交换机，在目的地的正确 VLAN 中进行转发。中继端口收到无标记帧时，交换机会将帧转发给本征 VLAN。

8.2.3 VLAN 中继模式

中继模式定义了端口与其对等端口如何使用 DTP（动态中继协议）来协商建立中继链路。DTP 是思科的专有协议。当交换机端口上配置了某些中继模式后，此端口会自动启用 DTP。DTP 可以管理中继协商，但前提是另一台交换机的端口也被配置为某个支持 DTP 的中继模式。DTP 同时支持 ISL 中继和 IEEE 802.1Q 中继。思科交换机上的端口支持的中继模式有开启、自动、期望 3 种。

1. 开启

开启（on）模式下，交换机端口定期向远程端口发送 DTP 帧（通告），本地的交换机端口通告远程端口它正在动态地更改到中继状态。不管远程端口发出何种 DTP 帧作为对通告的响应，本地端口都会更改为中继状态。思科交换机上端口默认的中继模式为开启。

2. 自动

自动（auto）模式下，交换机端口定期向远程端口发送 DTP 帧，本地的交换机端口通告远程交换机端口它能够中继，但是没有请求进入中继状态。经过 DTP 协商后，仅当远程端口中继模式已配置为开启或期望时，本地端口才最终进入中继状态。如果两台交换机上的这两个端口都设置为自动，则它们不会协商进入中继状态，而是协商进入接入模式（非中继状态）。

3. 期望

期望（desirable）模式下，交换机端口定期向远程端口发送 DTP 帧，本地的交换机端口通告远程交换机端口它能够中继，并请求远程交换机端口进入中继状态。如果本地端口检测到远程端口已配置为开启、期望或自动模式，则本地端口最终进入中继状态。

8.2.4 VLAN 中继的配置

1. 通过特定交换机端口进入接口配置模式

```
Switch(config)#interface interface-id
```

2. 配置交换机的 trunk 模式

```
Switch(config-if)#switchport trunk encapsulation [dot1q|isl]
```

如果交换机支持多种 trunk 模式，可以通过该命令配置 trunk 模式。

3. 强制连接交换机端口的链路成为中继链路

```
Switch(config-if)#switchport mode trunk
```

4. 配置本征 VLAN

```
Switch(config-if)#switchport trunk native vlan vlan-id
```

将 VLAN 指定为本征 VLAN，可用于为 IEEE 802.1Q 中继传输无标记流量。

5. 配置中继链路上允许通过的 VLAN

```
Switch(config-if)#switchport trunk allowed vlan {all|[add|remove|except]} vlan-list
```

all：许可 VLAN 列表包含所有支持的 VLAN。

add：将指定 VLAN 列表加入许可 VLAN 列表。

remove：将指定 VLAN 列表从许可 VLAN 列表中删除。

except：将除列出的 VLAN 列表外的所有 VLAN 加入许可 VLAN 列表。

6. 将中继上允许的 VLAN 和本征 VLAN 恢复为默认状态

```
Switch(config-if)#no switchport trunk allowed vlan
Switch(config-if)#no switchport trunk native vlan
```

7. 配置中继自动模式

```
Switch(config)#interface interface-id
Switch(config-if)#switchport mode dynamic auto
```

8. 配置中继期望模式

```
Switch(config)#interface interface-id
Switch(config-if)#switchport mode dynamic desirable
```

9. 查看交换机端口的配置

```
Switch#show interfaces interface-id switchport
```

该命令可以用于检验中继配置。

8.3 方案设计

在如图 8-1 所示的网络拓扑图中，如果两台交换机互连的端口用 Access 模式，这条链路只能传输一个 VLAN 的流量，要实现交换机 S1 和 S2 互连的办公网络以及学生网络之间的相互通信，可以把交换机 S1 和 S2 互连的链路配置成中继链路。

8.4 项目实施

网络拓扑图如图 8-1 所示，计算机的 IP 地址已经配置完成，交换机 S1 和 S2 的 VLAN 按照网络拓扑图中的标注进行配置，要求完成 VLAN 和 VLAN 中继的配置，实现与交换机 S1 和 S2 互连的办公网络之间以及学生网络之间的相互通信。

步骤 1：在交换机 S1 的全局配置模式下输入以下代码，创建 VLAN。

```
S1(config)#vlan 10
S1(config-vlan)#vlan 20
```

步骤 2：在交换机 S2 的全局配置模式下输入以下代码，创建 VLAN。

```
S2(config)#vlan 10
S2(config-vlan)#vlan 20
```

步骤 3：在交换机 S1 的全局配置模式下输入以下代码，为 VLAN 分配端口。

```
S1(config-if)#interface range f0/1-5
S1(config-if-range)#switchport mode access
S1(config-if-range)#switchport access vlan 10
S1(config-if-range)#interface range f0/6-10
S1(config-if-range)#switchport mode access
S1(config-if-range)#switchport access vlan 20
```

步骤 4：在 S2 的全局配置模式下输入以下代码，为 VLAN 分配端口。

```
S2(config-if)#interface range f0/1-5
S2(config-if-range)#switchport mode access
S2(config-if-range)#switchport access vlan 10
S2(config-if-range)#interface range f0/6-10
S2(config-if-range)#switchport mode access
S2(config-if-range)#switchport access vlan 20
```

步骤 5：在交换机 S1 的特权执行模式下，输入 show vlan 命令查看交换机 S1 的 VLAN 配置信息，如图 8-2 所示。

```
S1#sh vlan

VLAN Name                             Status    Ports
---- -------------------------------- --------- -------------------------------
1    default                          active    Fa0/11, Fa0/12, Fa0/13, Fa0/14
                                                Fa0/15, Fa0/16, Fa0/17, Fa0/18
                                                Fa0/19, Fa0/20, Fa0/21, Fa0/22
                                                Fa0/23, Fa0/24, Gi0/1, Gi0/2
10   VLAN0010                         active    Fa0/1, Fa0/2, Fa0/3, Fa0/4
                                                Fa0/5
20   VLAN0020                         active    Fa0/6, Fa0/7, Fa0/8, Fa0/9
                                                Fa0/10
1002 fddi-default                     act/unsup
1003 token-ring-default               act/unsup
1004 fddinet-default                  act/unsup
1005 trnet-default                    act/unsup

VLAN Type  SAID       MTU   Parent RingNo BridgeNo Stp  BrdgMode Trans1 Trans2
---- ----- ---------- ----- ------ ------ -------- ---- -------- ------ ------
1    enet  100001     1500  -      -      -        -    -        0      0
10   enet  100010     1500  -      -      -        -    -        0      0
20   enet  100020     1500  -      -      -        -    -        0      0
1002 fddi  101002     1500  -      -      -        -    -        0      0
1003 tr    101003     1500  -      -      -        -    -        0      0
1004 fdnet 101004     1500  -      -      -        ieee -        0      0
1005 trnet 101005     1500  -      -      -        ibm  -        0      0
```

图 8-2　交换机 S1 的 VLAN 配置信息

步骤 6：在交换机 S2 的特权执行模式下，输入 show vlan 命令查看交换机 S2 的 VLAN 配置信息，如图 8-3 所示。

```
S2#sh vlan

VLAN Name                             Status    Ports
---- -------------------------------- --------- -------------------------------
1    default                          active    Fa0/11, Fa0/12, Fa0/13, Fa0/14
                                                Fa0/15, Fa0/16, Fa0/17, Fa0/18
                                                Fa0/19, Fa0/20, Fa0/21, Fa0/22
                                                Fa0/23, Fa0/24, Gi0/1, Gi0/2
10   VLAN0010                         active    Fa0/1, Fa0/2, Fa0/3, Fa0/4
                                                Fa0/5
20   VLAN0020                         active    Fa0/6, Fa0/7, Fa0/8, Fa0/9
                                                Fa0/10
1002 fddi-default                     act/unsup
1003 token-ring-default               act/unsup
1004 fddinet-default                  act/unsup
1005 trnet-default                    act/unsup

VLAN Type  SAID       MTU   Parent RingNo BridgeNo Stp  BrdgMode Trans1 Trans2
---- ----- ---------- ----- ------ ------ -------- ---- -------- ------ ------
1    enet  100001     1500  -      -      -        -    -        0      0
10   enet  100010     1500  -      -      -        -    -        0      0
20   enet  100020     1500  -      -      -        -    -        0      0
1002 fddi  101002     1500  -      -      -        -    -        0      0
1003 tr    101003     1500  -      -      -        -    -        0      0
1004 fdnet 101004     1500  -      -      -        ieee -        0      0
1005 trnet 101005     1500  -      -      -        ibm  -        0      0
```

图 8-3　交换机 S2 的 VLAN 配置信息

步骤 7：在交换机 S1 的全局配置模式下，将 f0/24 端口配置为 trunk 模式，输入以下代码。

```
S1(config)#interface f0/24
S1(config-if)#sw mode trunk
S1(config-if)#sw trunk allowed vlan 10,20
```

步骤 8：在交换机 S2 的全局配置模式下，将 f0/24 端口配置为 trunk 模式，输入以下代码。

```
S2(config)#interface f0/24
S2(config-if)#sw mode trunk
S2(config-if)#sw trunk allowed vlan 10,20
```

步骤 9：在计算机 PC1 的命令行界面输入 ping 192.168.0.2 命令检验连通性，如图 8-4 所示。

```
C:\>ping 192.168.0.2

正在 Ping 192.168.0.2 具有 32 字节的数据:
来自 192.168.0.2 的回复: 字节=32 时间<1ms TTL=128
来自 192.168.0.2 的回复: 字节=32 时间<1ms TTL=128
来自 192.168.0.2 的回复: 字节=32 时间<1ms TTL=128
来自 192.168.0.2 的回复: 字节=32 时间<1ms TTL=128

192.168.0.2 的 Ping 统计信息:
    数据包: 已发送 = 4，已接收 = 4，丢失 = 0 (0% 丢失)，
往返行程的估计时间(以ms为单位):
    最短 = 0ms，最长 = 0ms，平均 = 0ms
```

图 8-4　从计算机 PC1 ping 计算机 PC3

步骤 10：在计算机 PC1 的命令行界面输入 ping 192.168.1.2 命令检验连通性，如图 8-5 所示。

```
C:\>ping 192.168.1.2

正在 Ping 192.168.1.2 具有 32 字节的数据:
PING: 传输失败。常见故障。
PING: 传输失败。常见故障。
PING: 传输失败。常见故障。
PING: 传输失败。常见故障。

192.168.1.2 的 Ping 统计信息:
    数据包: 已发送 = 4，已接收 = 0，丢失 = 4 (100% 丢失)，
```

图 8-5　从计算机 PC1 ping 计算机 PC4

步骤 11：在计算机 PC2 的命令行界面输入 ping 192.168.1.2 命令检验连通性，如图 8-6 所示。

```
C:\>ping 192.168.1.2

正在 Ping 192.168.1.2 具有 32 字节的数据:
来自 192.168.1.2 的回复: 字节=32 时间=1ms TTL=128
来自 192.168.1.2 的回复: 字节=32 时间<1ms TTL=128
来自 192.168.1.2 的回复: 字节=32 时间=1ms TTL=128
来自 192.168.1.2 的回复: 字节=32 时间<1ms TTL=128

192.168.1.2 的 Ping 统计信息:
    数据包: 已发送 = 4，已接收 = 4，丢失 = 0 (0% 丢失)，
往返行程的估计时间(以ms为单位):
    最短 = 0ms，最长 = 1ms，平均 = 0ms
```

图 8-6　从计算机 PC2 ping 计算机 PC4

步骤 12：在计算机 PC2 的命令行界面输入 ping 192.168.0.2 命令检验连通性，如图 8-7 所示。

```
C:\>ping 192.168.0.2

正在 Ping 192.168.0.2 具有 32 字节的数据:
PING: 传输失败。常见故障。
PING: 传输失败。常见故障。
PING: 传输失败。常见故障。
PING: 传输失败。常见故障。

192.168.0.2 的 Ping 统计信息:
    数据包: 已发送 = 4, 已接收 = 0, 丢失 = 4 (100% 丢失),
```

图 8-7　从计算机 PC2 ping 计算机 PC3

通过查看交换机的 VLAN 信息和连通性检验可以发现，中继链路上可以传输多个 VLAN 的流量，可以实现位于相同 VLAN 内不同交换机互连的计算机之间的相互通信。中继链路不能实现位于不同 VLAN 内同一交换机互连的计算机之间的相互通信。

8.5 项目小结

本项目完成了 VLAN 中继的配置，要实现不同交换机对应相同 VLAN 的相互通信时，可以把交换机互连的链路配置成中继，这样一条链路可以传递多个 VLAN 的流量；也可以配置中继链路上允许通过的 VLAN。

8.6 拓展训练

网络拓扑图如图 8-8 所示，要求完成如下配置。

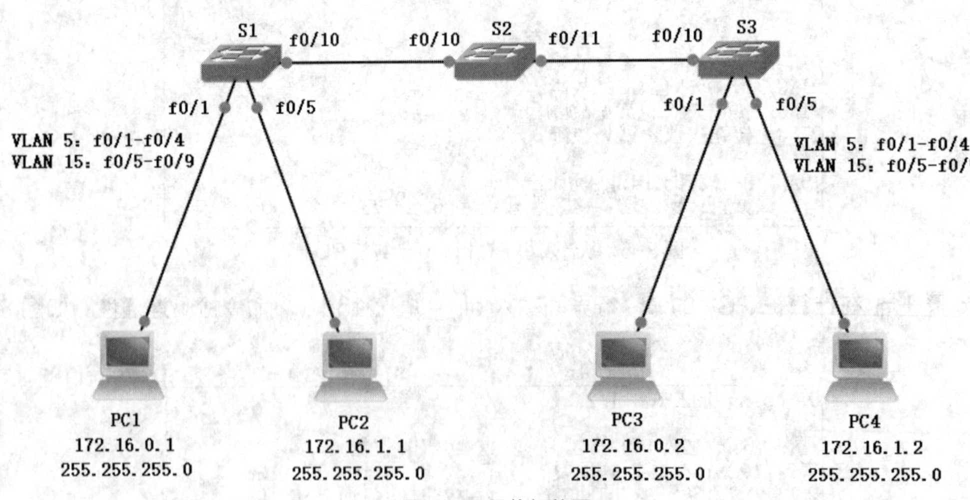

图 8-8　网络拓扑图

（1）根据如图 8-8 所示的标注，在交换机 S1 和 S3 上创建 VLAN，并把端口分配给 VLAN。

（2）完成 VLAN 中继的配置和交换机 S2 必要 VLAN 的配置，实现计算机 PC1 和 PC3 的互通，计算机 PC2 和 PC4 的互通。

项目9 VLAN间路由的配置

09

9.1 用户需求

某学校网络拓扑图如图 9-1 所示，两台计算机位于不同的 VLAN，怎样实现位于不同 VLAN 内交换机端口互连的计算机的相互通信？

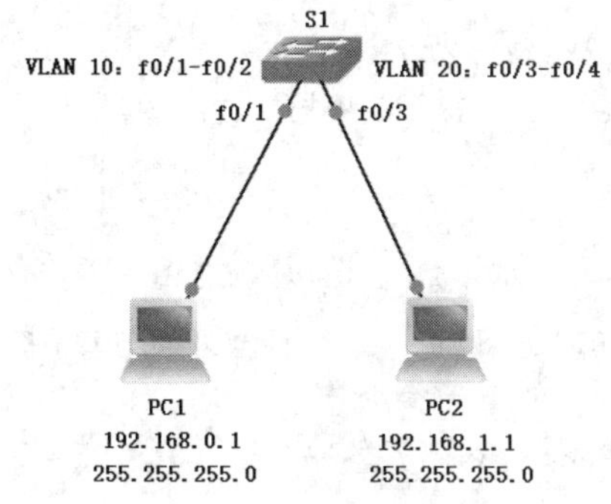

图 9-1　某学校网络拓扑图

9.2 知识梳理

9.2.1 VLAN 间路由

VLAN 用于分段交换网络，分隔广播域，没有路由设备的参与，位于不同 VLAN 内交换机端口互连的计算机无法通信。任何支持三层路由功能的设备（如路由器或多层交换机）都可以将网络流量从一个 VLAN 转发至另一个 VLAN，这一转发过程称为 VLAN 间路由。

9.2.2 传统方式的 VLAN 间路由

传统方式的 VLAN 间路由是将路由器的物理接口连接到交换机的物理端口，分配到不同 VLAN 的交换机端口以接入模式连接到路由器，路由器的每个接口配置有一个 IP 地址，该 IP 地址与所连接的特定 VLAN 子网相关联，各个 VLAN 相连的网络设备可通过连接到同一 VLAN 的物理接口与路由器通信。路由器通过每个物理接口连接到唯一的 VLAN，从而实现流量转发。传统方式的 VLAN

间路由要求路由器和交换机都必须有多个物理接口。

9.2.3 单臂路由

单臂路由是指用路由器单个物理接口配置子接口的方式与网络中的多个 VLAN 互连互通，交换机互连路由器的端口配置成 trunk 模式，通过接收中继链路上来自相邻交换机的 VLAN 标记流量，子接口在 VLAN 之间进行内部路由，便可实现 VLAN 间路由。

子接口是与同一物理接口相关联的多个虚拟接口。子接口在路由器的软件中配置，以便在特定的 VLAN 上运行。根据各自的 VLAN 分配，子接口被配置到不同的子网，以便被标记了 VLAN 的流量从物理接口发回之前进行逻辑路由。

9.2.4 配置命令

1. 开启物理接口

```
Router(config)#interface interface-id
Router(config-if)#no shutdown
```

2. 创建子接口

```
Router(config)#interface interface-id.subinterface-id
```

interface-id.subinterface-id：子接口的编号。通常情况下，子接口的编号与该子接口传输的 VLAN ID 一致。

3. 封装 dot1Q

```
Router(config-subif)#encapsulation dot1Q vlan-id
```

vlan-id：指定子接口传递的 VLAN ID，这个参数必须与该子接口要传递的 VLAN ID 一致。

4. 配置子接口的 IP 地址

```
Router(config-subif)#ip address ip-address mask
```

ip-address：子接口的 IP 地址。

mask：子接口的 IP 地址对应的子网掩码。

采用单臂路由，交换机与路由器配置了子接口的物理接口连接的链路要传递多个 VLAN 的流量，所以与路由器互连的交换机的端口需要配置成 trunk 模式。

9.3 方案设计

在如图 9-1 所示网络拓扑图中，位于 VLAN 的设备在逻辑功能上与位于 LAN 的物理设备功能相同，要实现位于不同 VLAN 的计算机的相互通信，需要使用三层设备，可以采用传统方式的 VLAN 间路由，也可以采用单臂路由。

9.4 项目实施

9.4.1 传统方式 VLAN 间路由的配置

网络拓扑图如图 9-2 所示，计算机的 IP 地址已经配置完成，要求完成传统方式 VLAN 间路由的配置，实现计算机 PC1 和 PC2 的互通。

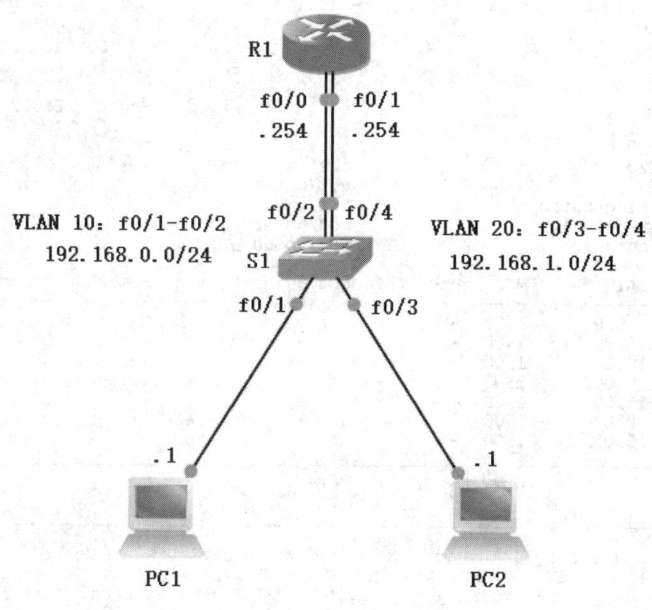

图 9-2　网络拓扑图

步骤 1：在交换机 S1 的全局配置模式下配置 VLAN，输入以下代码。

```
S1(config)#vlan 10
S1(config-vlan)#vlan 20
S1(config-vlan)#interface range f0/1-2
S1(config-if-range)#sw mode acc
S1(config-if-range)#sw acc vlan 10
S1(config-if-range)#interface range f0/3-4
S1(config-if-range)#sw mode acc
S1(config-if-range)#sw acc vlan 20
```

步骤 2：在路由器 R1 的全局配置模式下配置接口，输入以下代码。

```
R1(config)#interface f0/0
R1(config-if)#ip add 192.168.0.254 255.255.255.0
R1(config-if)#no shutdown
R1(config-if)#interface f0/1
R1(config-if)#ip add 192.168.1.254 255.255.255.0
R1(config-if)#no shutdown
```

步骤 3：在交换机 S1 的特权执行模式下，输入 show vlan 命令查看交换机 S1 的 VLAN 配置信息，如图 9-3 所示。

步骤 4：在路由器 R1 的特权执行模式下，输入 show ip route 命令查看路由表，如图 9-4 所示。

步骤 5：在计算机 PC1 的命令行界面输入 ping 192.168.1.1 命令检验连通性，如图 9-5 所示。

```
S1#sh vlan

VLAN Name                             Status    Ports
---- -------------------------------- --------- -------------------------------
1    default                          active    Fa0/5, Fa0/6, Fa0/7, Fa0/8
                                                Fa0/9, Fa0/10, Fa0/11, Fa0/12
                                                Fa0/13, Fa0/14, Fa0/15, Fa0/16
                                                Fa0/17, Fa0/18, Fa0/19, Fa0/20
                                                Fa0/21, Fa0/22, Fa0/23, Fa0/24
                                                Gi0/1, Gi0/2
10   VLAN0010                         active    Fa0/1, Fa0/2
20   VLAN0020                         active    Fa0/3, Fa0/4
1002 fddi-default                     act/unsup
1003 token-ring-default               act/unsup
1004 fddinet-default                  act/unsup
1005 trnet-default                    act/unsup

VLAN Type  SAID       MTU   Parent RingNo BridgeNo Stp  BrdgMode Trans1 Trans2
---- ----- ---------- ----- ------ ------ -------- ---- -------- ------ ------
1    enet  100001     1500  -      -      -        -    -        0      0
10   enet  100010     1500  -      -      -        -    -        0      0
20   enet  100020     1500  -      -      -        -    -        0      0
1002 fddi  101002     1500  -      -      -        -    -        0      0
1003 tr    101003     1500  -      -      -        -    -        0      0
1004 fdnet 101004     1500  -      -      -        ieee -        0      0
1005 trnet 101005     1500  -      -      -        ibm  -        0      0
```

图 9-3　交换机 S1 的 VLAN 配置信息

```
R1#sh ip route
Codes: C - connected, S - static, R - RIP, M - mobile, B - BGP
       D - EIGRP, EX - EIGRP external, O - OSPF, IA - OSPF inter area
       N1 - OSPF NSSA external type 1, N2 - OSPF NSSA external type 2
       E1 - OSPF external type 1, E2 - OSPF external type 2
       i - IS-IS, su - IS-IS summary, L1 - IS-IS level-1, L2 - IS-IS level-2
       ia - IS-IS inter area, * - candidate default, U - per-user static route
       o - ODR, P - periodic downloaded static route

Gateway of last resort is not set

C    192.168.0.0/24 is directly connected, FastEthernet0/0
C    192.168.1.0/24 is directly connected, FastEthernet0/1
```

图 9-4　路由器 R1 的路由表

```
C:\>ping 192.168.1.1

正在 Ping 192.168.1.1 具有 32 字节的数据:
来自 192.168.1.1 的回复: 字节=32 时间<1ms TTL=127
来自 192.168.1.1 的回复: 字节=32 时间<1ms TTL=127
来自 192.168.1.1 的回复: 字节=32 时间<1ms TTL=127
来自 192.168.1.1 的回复: 字节=32 时间<1ms TTL=127

192.168.1.1 的 Ping 统计信息:
    数据包: 已发送 = 4，已接收 = 4，丢失 = 0 (0% 丢失),
往返行程的估计时间(以ms为单位):
    最短 = 0ms，最长 = 0ms，平均 = 0ms
```

图 9-5　从计算机 PC1 ping 计算机 PC2

通过查看网络拓扑图和 vlan 的配置信息可以发现，本项目路由器的 f0/0 接口连接到 VLAN 10，f0/1 接口连接到 VLAN 20。通过查看路由表可以发现，当路由器的接口配置完成后，路由表中出现了直连路由。通过检查网络的连通性，可以发现计算机 PC1 和 PC2 实现了互通。

9.4.2　单臂路由的配置

网络拓扑图如图 9-6 所示，计算机的 IP 地址已经配置完成，要求完成单臂路由的配置，实现计算机 PC1 和 PC2 的互通。

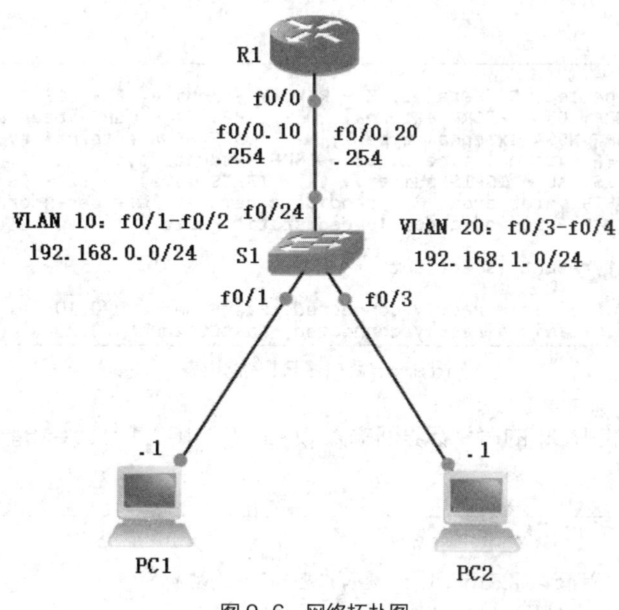

图 9-6 网络拓扑图

步骤 1：在交换机 S1 的全局配置模式下配置 VLAN，输入以下代码。

```
S1(config)#vlan 10
S1(config-vlan)#vlan 20
S1(config-vlan)#interface range f0/1-2
S1(config-if-range)#sw mode acc
S1(config-if-range)#sw acc vlan 10
S1(config-if-range)#interface range f0/3-4
S1(config-if-range)#sw mode acc
S1(config-if-range)#sw acc vlan 20
```

步骤 2：在路由器 R1 的全局配置模式下配置子接口，输入以下代码。

```
R1(config)#interface f0/0
R1(config-if)#no shutdown
R1(config-if)#interface f0/0.10
R1(config-subif)#encapsulation dot1Q 10
R1(config-subif)#ip add 192.168.0.254 255.255.255.0
R1(config-subif)#interface f0/0.20
R1(config-subif)#encapsulation dot1Q 20
R1(config-subif)#ip add 192.168.1.254 255.255.255.0
```

步骤 3：在交换机 S1 的全局配置模式下，将 f0/24 端口配置为 trunk 模式，输入以下代码。

```
S1(config)#interface f0/24
S1(config-if)#sw mode trunk
S1(config-if)#sw trunk allowed vlan 10,20
```

步骤 4：在路由器 R1 的特权执行模式下，输入 show ip route 命令查看路由表，如图 9-7 所示。

```
R1#sh ip route
Codes: C - connected, S - static, R - RIP, M - mobile, B - BGP
       D - EIGRP, EX - EIGRP external, O - OSPF, IA - OSPF inter area
       N1 - OSPF NSSA external type 1, N2 - OSPF NSSA external type 2
       E1 - OSPF external type 1, E2 - OSPF external type 2
       i - IS-IS, su - IS-IS summary, L1 - IS-IS level-1, L2 - IS-IS level-2
       ia - IS-IS inter area, * - candidate default, U - per-user static route
       o - ODR, P - periodic downloaded static route

Gateway of last resort is not set

C    192.168.0.0/24 is directly connected, FastEthernet0/0.10
C    192.168.1.0/24 is directly connected, FastEthernet0/0.20
```

图 9-7　路由器 R1 的路由表

步骤 5：在计算机 PC1 的命令行界面输入 ping 192.168.1.1 命令检验连通性，如图 9-8 所示。

```
C:\>ping 192.168.1.1

正在 Ping 192.168.1.1 具有 32 字节的数据:
来自 192.168.1.1 的回复: 字节=32 时间<1ms TTL=127
来自 192.168.1.1 的回复: 字节=32 时间<1ms TTL=127
来自 192.168.1.1 的回复: 字节=32 时间<1ms TTL=127
来自 192.168.1.1 的回复: 字节=32 时间<1ms TTL=127

192.168.1.1 的 Ping 统计信息:
    数据包: 已发送 = 4，已接收 = 4，丢失 = 0 (0% 丢失)，
往返行程的估计时间(以ms为单位):
    最短 = 0ms，最长 = 0ms，平均 = 0ms
```

图 9-8　从计算机 PC1 ping 计算机 PC2

路由器 R1 的 f0/0 接口连接交换机 S1 的 f0/24 端口，为路由器 R1 的 f0/0 口配置子接口，每个子接口传递一个 VLAN 的流量。路由器 R1 和交换机 S1 互连的链路要传递多个 VLAN 的流量，所以交换机 S1 的 f0/24 端口配置为 trunk 模式。通过查看路由表可以发现，当路由器的子接口配置完成后，路由表中出现了对应于子接口的直连路由。通过检查网络的连通性可以发现，计算机 PC1 和 PC2 实现了互通。

9.5 项目小结

本项目完成了传统方式 VLAN 间路由和单臂路由的配置。传统方式 VLAN 间路由需要路由器和交换机有较多的物理接口，单臂路由避免了这个问题，但是子接口所在的物理接口承载了所有通过该接口传递的 VLAN 的流量，这将成为网络的瓶颈。

9.6 拓展训练

网络拓扑图如图 9-9 所示，要求完成如下配置。

（1）根据网络拓扑图的标注，在交换机 S1 和 S2 上创建 VLAN，并把端口分配给 VLAN。

（2）完成 VLAN 中继的配置，实现计算机 PC1 和 PC3 的相互通信，计算机 PC2 和 PC4 的

相互通信。

（3）完成单臂路由的配置，实现计算机 PC1、PC2、PC3 和 PC4 的相互通信。

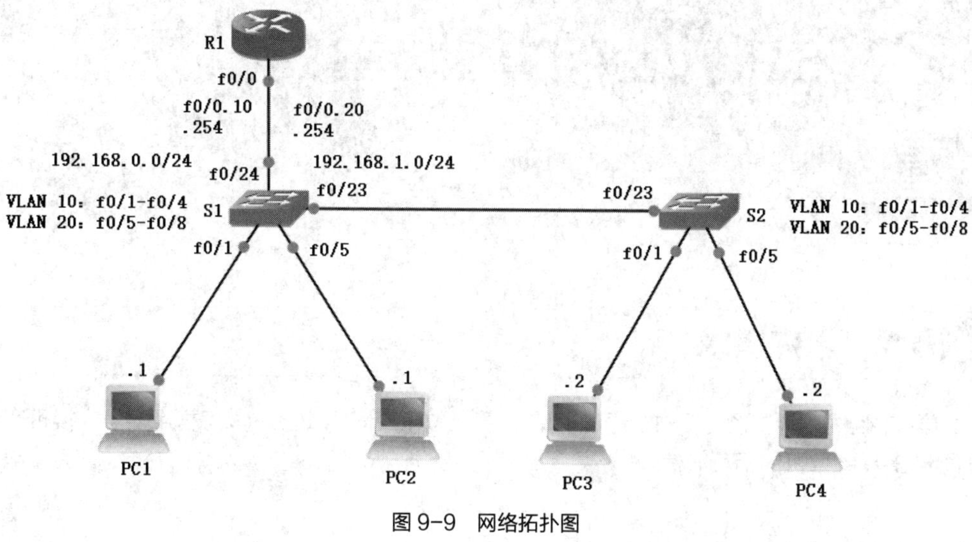

图 9-9　网络拓扑图

项目10 三层交换机VLAN间路由的配置

10

10.1 用户需求

某学校网络拓扑图如图 10-1 所示，两台计算机位于不同的 VLAN。怎样用三层交换机实现位于不同 VLAN 计算机的相互通信？

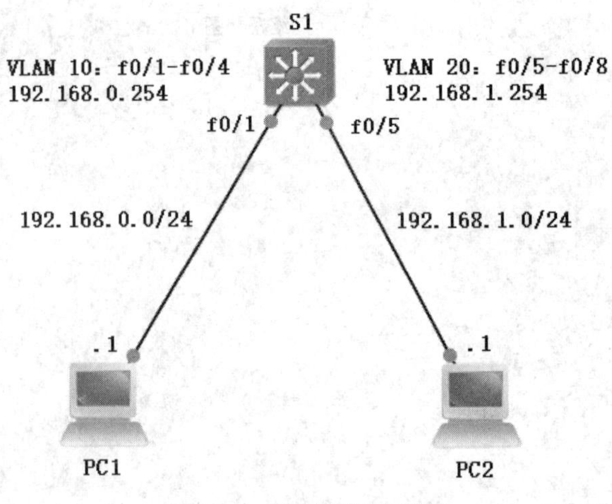

图 10-1　某学校网络拓扑图

10.2 知识梳理

10.2.1 三层交换机

二层交换机只根据 OSI 参考模型第二层（数据链路层）的 MAC 地址执行交换和过滤，建立 MAC 地址表，使用 MAC 地址表做出转发决策，对网络协议和用户应用程序完全透明。

三层交换机不仅使用第二层的 MAC 地址信息来做出转发决策，还可以使用 IP 地址信息。三层交换机不仅知道哪些 MAC 地址与交换机的接口关联，而且还可以知道哪些 IP 地址与交换机的接口关联。三层交换机还可以通过检查以太网数据包中的第三层信息来做出转发决策，可以像路由器一样在不同的 LAN 网段之间路由数据包，但是不能完全取代路由器。三层交换机最重要的目的是加快大型局域网内部的数据交换，能够做到一次路由、多次转发，数据包转发等规律性的过程由硬件高速实现，而像路由信息更新、路由表维护、路由计算、路由确定等功能由软件实现。

10.2.2 二层口与三层口

1. 二层口（交换口）

三层交换机的二层口像普通二层交换机的端口一样，不能配置 IP 地址。默认情况下，思科三层交换机的所有口都是工作在二层的，只能识别二层数据帧。

2. 三层口（路由口）

三层交换机的三层口像路由器的接口一样，不与特定 VLAN 相关，需要配置 IP 地址。思科交换机上的三层接口不支持子接口。

10.2.3 三层交换机的 VLAN 间路由

三层交换机的 VLAN 间路由是通过 SVI 来实现的，SVI（Switch Virtual Interface）是配置在多层交换机中的虚拟接口。作为 VLAN 内主机的网关，可以为交换机上的任何 VLAN 创建 SVI。SVI 是路由口。VLAN 的 SVI 为在与该 VLAN 相关联的所有交换机之间传输数据包提供了第三层处理。

10.2.4 配置命令

1. 配置交换机的端口为三层口

```
Router(config)#interface interface-id
Router(config-if)#no switchport
```

2. 开启三层交换机的路由功能

```
Router(config)#ip routing
```

3. 创建 VLAN 的虚拟接口并配置 IP 地址

```
Switch(config)#interface vlan vlan-id
Switch(config-if)#ip address ip-address mask
```

vlan-id：要创建 SVI 的 VLAN ID。

ip-address：SVI 的 IP 地址。

mask：SVI 口的子网掩码。

10.3 方案设计

在如图 10-1 所示的网络拓扑图中，要实现位于不同 VLAN 的计算机之间的相互通信，可以使用三层交换机。用三层交换机既可完成 VLAN 的划分，也可以进行 VLAN 间路由，相当于将路由器和普通二层交换机合并。

10.4 项目实施

网络拓扑图如图 10-1 所示，计算机的 IP 地址已经配置完成，要求完成三层交换机 VLAN 间路由的配置，实现计算机 PC1 和 PC2 的互通。

步骤 1：在交换机 S1 的全局配置模式下输入以下代码，配置 VLAN。

```
S1(config)#vlan 10
S1(config-vlan)#vlan 20
S1(config-vlan)#interface range f0/1-4
S1(config-if-range)#switchport mode access
S1(config-if-range)#switchport access vlan 10
S1(config-if-range)#interface range f0/5-8
S1(config-if-range)#switchport mode access
S1(config-if-range)#switchport access vlan 20
```

步骤 2：在交换机 S1 的全局配置模式下输入以下代码，配置 SVI。

```
S1(config)#interface vlan 10
S1(config-if)#ip address 192.168.0.254 255.255.255.0
S1(config-if)#no shutdown
S1(config-if)#interface vlan 20
S1(config-if)#ip add 192.168.1.254 255.255.255.0
S1(config-if)#no shutdown
```

步骤 3：在交换机 S1 的全局配置模式下输入以下代码，开启三层交换机的路由功能。

```
S1(config)#ip routing
```

步骤 4：在交换机 S1 的特权执行模式下，输入 show ip route 命令查看三层交换机 S1 的路由表，如图 10-2 所示。

```
S1#sh ip route
Codes: L - local, C - connected, S - static, R - RIP, M - mobile, B - BGP
       D - EIGRP, EX - EIGRP external, O - OSPF, IA - OSPF inter area
       N1 - OSPF NSSA external type 1, N2 - OSPF NSSA external type 2
       E1 - OSPF external type 1, E2 - OSPF external type 2
       i - IS-IS, su - IS-IS summary, L1 - IS-IS level-1, L2 - IS-IS level-2
       ia - IS-IS inter area, * - candidate default, U - per-user static route
       o - ODR, P - periodic downloaded static route, H - NHRP, l - LISP
       + - replicated route, % - next hop override

Gateway of last resort is not set

      192.168.0.0/24 is variably subnetted, 2 subnets, 2 masks
C        192.168.0.0/24 is directly connected, Vlan10
L        192.168.0.254/32 is directly connected, Vlan10
      192.168.1.0/24 is variably subnetted, 2 subnets, 2 masks
C        192.168.1.0/24 is directly connected, Vlan20
L        192.168.1.254/32 is directly connected, Vlan20
```

图 10-2 三层交换机 S1 的路由表

步骤 5：在计算机 PC1 的命令行界面输入 ping 192.168.1.1 命令检验连通性，如图 10-3 所示。

```
C:\>ping 192.168.1.1

正在 Ping 192.168.1.1 具有 32 字节的数据:
来自 192.168.1.1 的回复: 字节=32 时间<1ms TTL=127
来自 192.168.1.1 的回复: 字节=32 时间<1ms TTL=127
来自 192.168.1.1 的回复: 字节=32 时间<1ms TTL=127
来自 192.168.1.1 的回复: 字节=32 时间<1ms TTL=127

192.168.1.1 的 Ping 统计信息:
    数据包: 已发送 = 4，已接收 = 4，丢失 = 0 (0% 丢失)，
往返行程的估计时间(以ms为单位):
    最短 = 0ms，最长 = 0ms，平均 = 0ms
```

图 10-3 从计算机 PC1 ping 计算机 PC2

本项目首先在三层交换机 S1 上配置 VLAN，然后启用三层交换机的路由功能，通过配置交换机的 SVI，实现三层交换机 VLAN 间路由。通过查看路由表可以发现，完成 SVI 的配置后，三层交换机的路由表出现了对应的直连路由。通过检查连通性可以发现，网络实现了互通。

10.5 项目小结

本项目完成了三层交换机 VLAN 间路由的配置，三层交换机有二层交换功能和三层路由功能，端口可以配置为二层交换口也可以配置为三层路由口。为实现三层交换机 VLAN 间路由，在三层交换机上配置 VLAN，同时配置 SVI（SVI 口是路由口），通过 SVI 实现不同 VLAN 间的路由。

10.6 拓展训练

网络拓扑图如图 10-4 所示，要求完成如下配置。

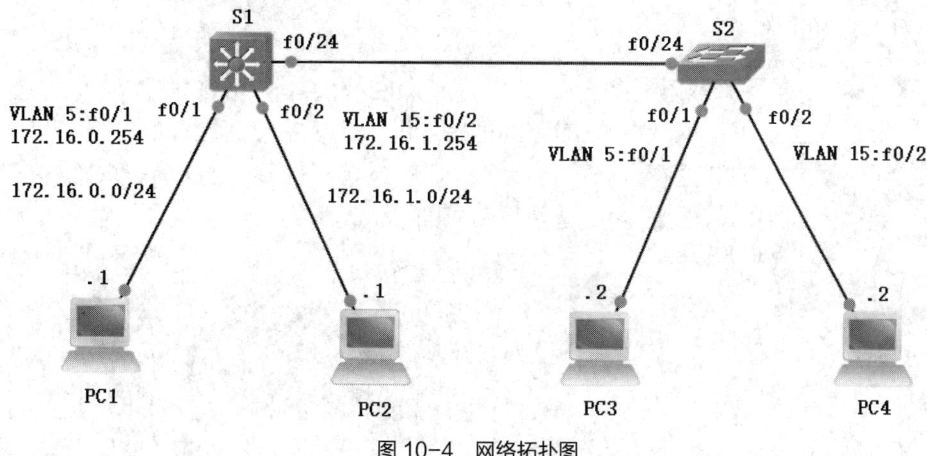

图 10-4　网络拓扑图

（1）根据网络拓扑图的标注，在交换机 S1 和 S2 上创建 VLAN，并把端口分配给 VLAN。

（2）完成 VLAN 中继的配置，实现计算机 PC1 与 PC2 的互通，计算机 PC3 与 PC4 的互通。

（3）完成三层交换机 VLAN 间路由的配置，实现计算机 PC1、PC2、PC3 和 PC4 的相互通信。

模块三

网络访问控制的配置

网络访问控制可以保护网络资源不被非法访问和使用。访问控制列表（Access Control List，ACL）可以限制网络的访问范围，过滤网络中的流量，是控制访问的一种网络技术手段。本模块介绍标准访问控制列表、扩展访问控制列表和基于时间的访问控制列表，完成网络访问范围限制和网络流量限制的配置。

项目11 部署ACL限制网络访问范围

11

11.1 用户需求

某学校网络拓扑图如图 11-1 所示，计算机 PC1 位于办公网络，计算机 PC2 位于食堂网络，计算机 PC3 位于学生网络。怎样实现学生网络中的计算机无法访问办公网络？

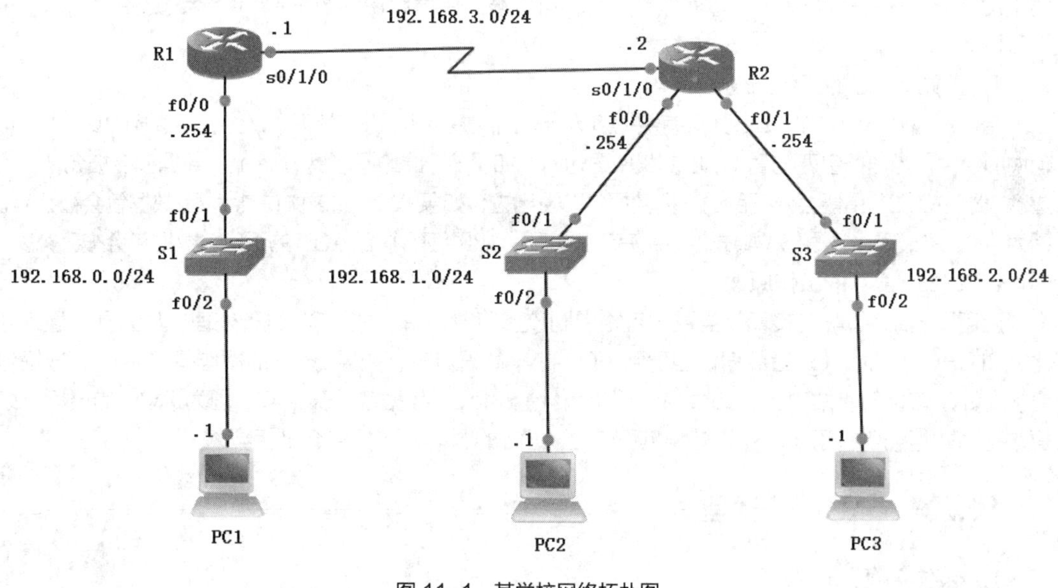

图 11-1　某学校网络拓扑图

11.2 知识梳理

11.2.1　ACL 的概念

ACL（Access Control List，访问控制列表）是一种路由器配置脚本，它根据从报头中发现的条件来控制路由器允许还是拒绝报文通过，在控制进出网络的流量方面非常有用。

11.2.2 ACL 的用途

1. 流量过滤

ACL 可以对报文根据条件语句进行匹配，在保证合法用户的报文通过的同时拒绝非法用户的访问，例如，允许办公网络中的设备访问办公网络、学生网络和食堂网络，不允许学生网络中的设备访问办公网络。

2. 流量分类

路由器在发布与接收路由信息时，ACL 可以用于匹配路由信息的目的地址，从而对路由更新流量进行分类，过滤掉不需要的路由。

3. 允许或拒绝对特定网络服务的访问

ACL 条件语句可以根据特定服务的端口号进行匹配，可以允许或拒绝用户访问特定网络服务。

11.2.3 ACL 的工作原理

经过关联有 ACL 的接口时，每个数据包都会与 ACL 中的语句从第一条开始一条一条进行对比，以便发现符合条件的数据包。ACL 使用允许或拒绝规则来决定是否转发数据包。默认情况下，路由器上没有配置任何 ACL，不会过滤流量，所有可以被路由器路由的数据包都会经过路由器到达下一个网段。

1. 入站 ACL 的工作原理

启用了入站 ACL 的接口，如果有数据包传入，由入站 ACL 进行处理，从上到下逐条对比 ACL 语句中的条件。当数据包匹配到 ACL 的某条语句时，如果 ACL 的操作是 permit，数据包会被允许，通过查找路由表，路由器会依据路由表把数据包转发出去；如果 ACL 的操作是 deny，数据包会被丢弃。因为 ACL 的最后一条语句是隐式拒绝所有语句，所以如果匹配不到 ACL 的语句，数据包会被丢弃。

2. 出站 ACL 的工作原理

启用了出站 ACL 的接口，当数据包路由到该接口时，由出站 ACL 进行处理，从上到下逐条对比 ACL 语句中的条件。当数据包匹配到 ACL 的某条语句时，如果 ACL 的操作是 permit，数据包会被允许从该接口转发出去；如果 ACL 的操作是 deny，数据包会被丢弃。因为 ACL 的最后一条语句是隐式拒绝所有语句，所以如果匹配不到 ACL 的语句，数据包会被丢弃。

11.2.4 ACL 的类型

1. 标准 ACL

标准 ACL 根据源 IP 地址过滤数据包。数据包中包含的目的地址和端口号无关紧要。

2. 扩展 ACL

扩展 ACL 根据多种属性（如协议类型、源 IP 地址、目的 IP 地址、源 TCP 或 UDP 端口号及目的 TCP 或 UDP 端口号）过滤数据包，并可依据协议类型信息进行更为精确的控制。

11.2.5 通配符掩码

通配符掩码是 32 位二进制数字。通配符掩码使用二进制 1 和 0 过滤单个 IP 地址或一组 IP 地址，用于确定应该为地址匹配多少位 IP 源或目的地址，通配符掩码位 0 表示精确匹配地址中对应位的值；通配符掩码位 1 表示忽略地址中对应位的值。

11.2.6 通配符掩码关键字

通配符掩码关键字 host 和 any 可以用来标识最常用的通配符掩码。这些关键字避免了在标识特定主机或网络时要输入通配符掩码的麻烦。

host 关键字可替代 0.0.0.0 掩码，表示必须匹配所有 IP 地址位，即仅匹配一台主机。

any 关键字可替代 IP 地址和 255.255.255.255 掩码，表示忽略整个 IP 地址，即接受任何地址。

11.2.7 ACL 创建原则

1. 每种协议一个 ACL

要控制接口上的流量，必须为接口上启用的每种协议定义相应的 ACL。

2. 每个方向一个 ACL

一个 ACL 只能控制接口上一个方向的流量，要同时控制入站流量和出站流量，必须两个方向分别定义 ACL。

3. 每个接口一个 ACL

一个 ACL 只能控制一个接口上的流量。

11.2.8 标准 ACL 的放置位置

ACL 的放置位置决定了是否能有效减少不必要的流量，在适当的位置放置 ACL，可以过滤掉不必要的流量，使网络更加高效。因为标准 ACL 不会指定目的地址，所以其放置位置应该尽可能靠近目的地。

11.2.9 配置命令

1. 配置标准编号 ACL

```
Router(config)#access-list access-list-number {deny|permit|remark}source [source-wildcard] [log]
```

access-list-number：ACL 的编号。这是一个十进制数，适用于标准 ACL 的编号值在 1 到 99 或 1300 到 1999 之间。

deny：匹配条件时拒绝访问。

permit：匹配条件时允许访问。

remark：在 IP ACL 中添加备注，增强列表的可读性。

source：发送的源数据包的网络地址或主机地址。

source-wildcard：可选参数，对源应用的通配符掩码。

log：可选参数，对匹配条目的数据包生成信息性日志消息。该消息随后将发送到控制台，内容包括 ACL 编号、数据包是被允许还是被拒绝、源地址以及数据包数目。此消息在出现与条件匹配的第一个数据包时生成，随后每五分钟生成一次，其中会包含过去的五分钟内被允许或被拒绝的数据包的数量。

2. 配置标准命名 ACL

```
Router(config)#ip access-list standard name
Router(config-std-nacl)#{deny|permit|remark} source [source-wildcard] [log]
```

name：ACL 的名称，可以包含字母、数字，不能包含空格或标点，而且必须以字母开头。

3. 在接口应用 ACL

```
Router(config)#interface type number
Router (config-if)# ip access-group {access-list-number|name} {in|out}
```

type number：接口的类型和编号。

access-list-number：ACL 的编号。

name：ACL 的名称。

in：当数据流入路由器接口时用这个参数。

out：当数据流出路由器接口时用这个参数。

4. 查看 ACL

```
Router#show access-lists
```

5. 查看接口的配置

```
Router#show ip interface
```

该命令还可以查看接口应用的 ACL。

6. 清除 ACL 的统计信息

```
Router#clear access-list counters [access-list-number|name]
```

access-list-number：ACL 的编号。

name：ACL 的名称。

该命令可以单独使用，也可以与特定的 ACL 的编号或者名称一起使用。

11.2.10 ACL 的编辑

1. 使用文本编辑器

使用文本编辑器（如 Microsoft 记事本）可以创建或编辑 ACL，然后再将 ACL 粘贴到路由器中。对于现有的 ACL，管理员可以使用 show running-config 命令显示其信息，然后将现有 ACL 复制并粘贴到文本编辑器中进行必要的更改，再重新粘贴更新到路由器中。

应该注意的是，在修改 ACL 之前要将有关 ACL 从接口删除。如果已删除的 ACL 仍应用于接口，某些 IOS 版本会拒绝所有流量。

2. 使用序号

使用 show access-lists 命令可以显示当前 ACL 信息，输出的每条 ACL 语句都会显示序号（在输入 ACL 语句时，会自动分配序号），然后输入用于配置命名 ACL 的 ip access-list standard 命令。如果修改的是编号 ACL，则将 ACL 的编号用作 ACL 的名称；如果是命名 ACL，可直接写 ACL 的名称。把需要修改的语句删除，然后添加新语句，序号可以控制语句添加的位置。

注意

使用与现有语句相同的序号并不能覆盖语句，必须先删除当前语句，然后添加新语句。

11.3 方案设计

在如图 11-1 所示的网络拓扑图中，要实现学生网络中的计算机无法访问办公网络，可以采用标准 ACL 拒绝来自学生网络中的数据。标准 ACL 依据数据包的源地址进行控制，配置 ACL 语句时源地址要用学生网络的网络地址和通配符掩码。标准 ACL 的放置位置需要尽量靠近目的地，所以，ACL 要在路由器 R1 上创建，在路由器 R1 的 f0/0 接口上应用。

11.4 项目实施

11.4.1 标准编号 ACL 的配置

网络拓扑图如图 11-1 所示，计算机 PC1 位于办公网络，计算机 PC2 位于食堂网络，计算机 PC3 位于学生网络，路由器的接口和计算机的 IP 地址已经配置完成。要求完成 RIPv2 和标准编号 ACL 的配置，实现学生网络中的计算机无法访问办公网络。

步骤 1：在路由器 R1 的全局配置模式下输入以下代码，配置 RIPv2。

```
R1(config)#router rip
R1(config-router)#version 2
R1(config-router)#network 192.168.0.0
R1(config-router)#network 192.168.3.0
R1(config-router)#no auto-summary
```

步骤 2：在路由器 R2 的全局配置模式下输入以下代码，配置 RIPv2。

```
R2(config)#router rip
R2(config-router)#version 2
R2(config-router)#network 192.168.1.0
R2(config-router)#network 192.168.2.0
R2(config-router)#network 192.168.3.0
R2(config-router)#no auto-summary
```

步骤 3：在路由器 R1 的特权执行模式下，输入 show ip route 命令查看路由表，如图 11-2 所示。

```
R1#sh ip route
Codes: C - connected, S - static, R - RIP, M - mobile, B - BGP
       D - EIGRP, EX - EIGRP external, O - OSPF, IA - OSPF inter area
       N1 - OSPF NSSA external type 1, N2 - OSPF NSSA external type 2
       E1 - OSPF external type 1, E2 - OSPF external type 2
       i - IS-IS, su - IS-IS summary, L1 - IS-IS level-1, L2 - IS-IS level-2
       ia - IS-IS inter area, * - candidate default, U - per-user static route
       o - ODR, P - periodic downloaded static route

Gateway of last resort is not set

C    192.168.0.0/24 is directly connected, FastEthernet0/0
R    192.168.1.0/24 [120/1] via 192.168.3.2, 00:00:12, Serial0/1/0
R    192.168.2.0/24 [120/1] via 192.168.3.2, 00:00:12, Serial0/1/0
C    192.168.3.0/24 is directly connected, Serial0/1/0
```

图 11-2　路由器 R1 的路由表

步骤 4：在路由器 R2 的特权执行模式下，输入 show ip route 命令查看路由表，如图 11-3 所示。

```
R2#sh ip route
Codes: C - connected, S - static, R - RIP, M - mobile, B - BGP
       D - EIGRP, EX - EIGRP external, O - OSPF, IA - OSPF inter area
       N1 - OSPF NSSA external type 1, N2 - OSPF NSSA external type 2
       E1 - OSPF external type 1, E2 - OSPF external type 2
       i - IS-IS, su - IS-IS summary, L1 - IS-IS level-1, L2 - IS-IS level-2
       ia - IS-IS inter area, * - candidate default, U - per-user static route
       o - ODR, P - periodic downloaded static route

Gateway of last resort is not set

R    192.168.0.0/24 [120/1] via 192.168.3.1, 00:00:23, Serial0/1/0
C    192.168.1.0/24 is directly connected, FastEthernet0/0
C    192.168.2.0/24 is directly connected, FastEthernet0/1
C    192.168.3.0/24 is directly connected, Serial0/1/0
```

图 11-3　路由器 R2 的路由表

步骤 5：在计算机 PC3 的命令行界面输入 ping 192.168.0.1 命令检验连通性，如图 11-4 所示。

```
C:\>ping 192.168.0.1

正在 Ping 192.168.0.1 具有 32 字节的数据:
来自 192.168.0.1 的回复: 字节=32 时间=9ms TTL=126
来自 192.168.0.1 的回复: 字节=32 时间=9ms TTL=126
来自 192.168.0.1 的回复: 字节=32 时间=9ms TTL=126
来自 192.168.0.1 的回复: 字节=32 时间=9ms TTL=126

192.168.0.1 的 Ping 统计信息:
    数据包: 已发送 = 4, 已接收 = 4, 丢失 = 0 (0% 丢失),
往返行程的估计时间(以ms为单位):
    最短 = 9ms, 最长 = 9ms, 平均 = 9ms
```

图 11-4　从计算机 PC3 ping 计算机 PC1

步骤 6：在计算机 PC3 的命令行界面输入 ping 192.168.1.1 命令检验连通性，如图 11-5 所示。

```
C:\>ping 192.168.1.1

正在 Ping 192.168.1.1 具有 32 字节的数据:
来自 192.168.1.1 的回复: 字节=32 时间<1ms TTL=127
来自 192.168.1.1 的回复: 字节=32 时间<1ms TTL=127
来自 192.168.1.1 的回复: 字节=32 时间<1ms TTL=127
来自 192.168.1.1 的回复: 字节=32 时间<1ms TTL=127

192.168.1.1 的 Ping 统计信息:
    数据包: 已发送 = 4, 已接收 = 4, 丢失 = 0 (0% 丢失),
往返行程的估计时间(以ms为单位):
    最短 = 0ms, 最长 = 0ms, 平均 = 0ms
```

图 11-5　从计算机 PC3 ping 计算机 PC2

步骤 7：在路由器 R1 的全局配置模式下输入以下代码，配置 ACL。

```
R1(config)#access-list 1 deny 192.168.2.0 0.0.0.255
R1(config)#access-list 1 permit any
```

步骤 8：在路由器 R1 的全局配置模式下输入以下代码，在接口上应用 ACL。

```
R1(config)#interface f0/0
R1(config-if)#ip access-group 1 out
```

步骤 9：在计算机 PC3 的命令行界面输入 ping 192.168.0.1 命令检验连通性，如图 11-6 所示。

```
C:\>ping 192.168.0.1

正在 Ping 192.168.0.1 具有 32 字节的数据:
来自 192.168.3.1 的回复: 无法访问目标网。
来自 192.168.3.1 的回复: 无法访问目标网。
来自 192.168.3.1 的回复: 无法访问目标网。
来自 192.168.3.1 的回复: 无法访问目标网。

192.168.0.1 的 Ping 统计信息:
    数据包: 已发送 = 4, 已接收 = 4, 丢失 = 0 (0% 丢失),
```

图 11-6　从计算机 PC3 ping 计算机 PC1

步骤 10：在计算机 PC3 的命令行界面输入 ping 192.168.1.1 命令检验连通性，如图 11-7 所示。

```
C:\>ping 192.168.1.1

正在 Ping 192.168.1.1 具有 32 字节的数据:
来自 192.168.1.1 的回复: 字节=32 时间<1ms TTL=127
来自 192.168.1.1 的回复: 字节=32 时间<1ms TTL=127
来自 192.168.1.1 的回复: 字节=32 时间<1ms TTL=127
来自 192.168.1.1 的回复: 字节=32 时间<1ms TTL=127

192.168.1.1 的 Ping 统计信息:
    数据包: 已发送 = 4, 已接收 = 4, 丢失 = 0 (0% 丢失),
往返行程的估计时间(以ms为单位):
    最短 = 0ms, 最长 = 0ms, 平均 = 0ms
```

图 11-7 从计算机 PC3 ping 计算机 PC2

通过路由表查看和连通性检验可以发现，在配置 ACL 之前，路由器中的路由表完整，计算机 PC1、PC2 和 PC3 能够互通；配置了 ACL 后，位于学生网络中的计算机 PC3 无法访问办公网络中的计算机 PC1。

11.4.2 标准命名 ACL 的配置

网络拓扑图如图 11-8 所示，计算机 PC1 位于办公网络，计算机 PC2 位于食堂网络，计算机 PC3 和 PC4 位于学生网络，路由器的接口和计算机的 IP 地址已经配置完成，并实现了全网互通。要求完成标准命名 ACL 的配置，实现学生网络中除计算机 PC4 外其他设备无法访问办公网络。

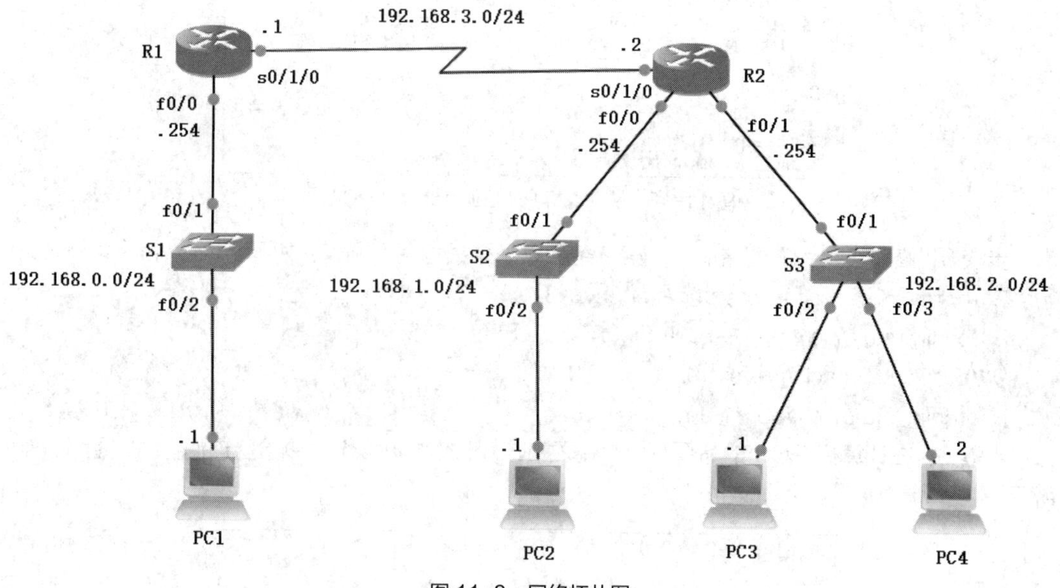

图 11-8 网络拓扑图

步骤 1：在路由器 R1 的全局配置模式下输入以下代码，配置 ACL。

```
R1(config)# ip access-list standard denypc3
R1(config-std-nacl)#permit 192.168.2.2 0.0.0.0
R1(config-std-nacl)#deny 192.168.2.0 0.0.0.255
R1(config-std-nacl)#permit any
```

当 ACL 语句中的条件是某一个地址时，可以用 host 关键字，第 2 条语句也可以写成如下格式。

```
R1(config-std-nacl)#permit host 192.168.2.2
```

步骤 2：在路由器 R1 的全局配置模式下输入以下代码，在接口上应用 ACL。

```
R1(config)#interface f0/0
R1(config-if)#ip access-group denypc3 out
```

步骤 3：在计算机 PC3 的命令行界面输入 ping 192.168.0.1 命令检验连通性，如图 11-9 所示。

```
C:\>ping 192.168.0.1

正在 Ping 192.168.0.1 具有 32 字节的数据:
来自 192.168.3.1 的回复: 无法访问目标网。
来自 192.168.3.1 的回复: 无法访问目标网。
来自 192.168.3.1 的回复: 无法访问目标网。
来自 192.168.3.1 的回复: 无法访问目标网。

192.168.0.1 的 Ping 统计信息:
    数据包: 已发送 = 4，已接收 = 4，丢失 = 0 (0% 丢失),
```

图 11-9　从计算机 PC3 ping 计算机 PC1

步骤 4：在计算机 PC4 的命令行界面输入 ping 192.168.0.1 命令检验连通性，如图 11-10 所示。

```
C:\>ping 192.168.0.1

正在 Ping 192.168.0.1 具有 32 字节的数据:
来自 192.168.0.1 的回复: 字节=32 时间=9ms TTL=126
来自 192.168.0.1 的回复: 字节=32 时间=9ms TTL=126
来自 192.168.0.1 的回复: 字节=32 时间=9ms TTL=126
来自 192.168.0.1 的回复: 字节=32 时间=9ms TTL=126

192.168.0.1 的 Ping 统计信息:
    数据包: 已发送 = 4，已接收 = 4，丢失 = 0 (0% 丢失),
往返行程的估计时间(以ms为单位):
    最短 = 9ms，最长 = 9ms，平均 = 9ms
```

图 11-10　从计算机 PC4 ping 计算机 PC1

步骤 5：修改步骤 1 的配置命令，第 2 条和第 3 条语句互换顺序，如下。

```
R1(config)# ip access-list standard denypc3
R1(config-std-nacl)#deny 192.168.2.0 0.0.0.255
R1(config-std-nacl)#permit 192.168.2.2 0.0.0.0
R1(config-std-nacl)#permit any
```

步骤 6：在计算机 PC3 的命令行界面输入 ping 192.168.0.1 命令检验连通性，如图 11-11 所示。

```
C:\>ping 192.168.0.1

正在 Ping 192.168.0.1 具有 32 字节的数据:
来自 192.168.3.1 的回复: 无法访问目标网。
来自 192.168.3.1 的回复: 无法访问目标网。
来自 192.168.3.1 的回复: 无法访问目标网。
来自 192.168.3.1 的回复: 无法访问目标网。

192.168.0.1 的 Ping 统计信息:
    数据包: 已发送 = 4，已接收 = 4，丢失 = 0 (0% 丢失),
```

图 11-11　从计算机 PC3 ping 计算机 PC1

步骤 7：在计算机 PC4 的命令行界面输入 ping 192.168.0.1 命令检验连通性，如图 11-12 所示。

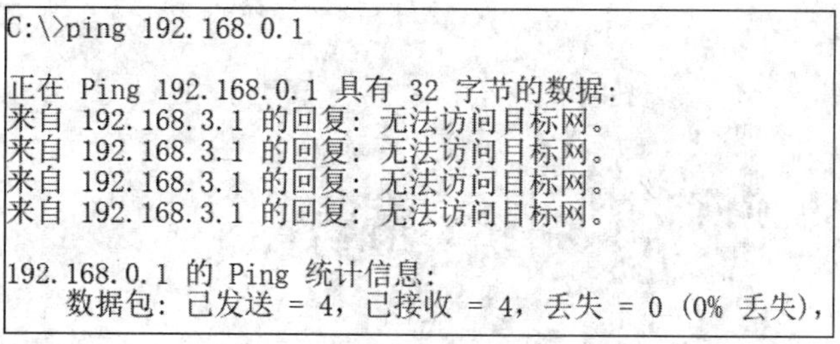

```
C:\>ping 192.168.0.1

正在 Ping 192.168.0.1 具有 32 字节的数据:
来自 192.168.3.1 的回复: 无法访问目标网。
来自 192.168.3.1 的回复: 无法访问目标网。
来自 192.168.3.1 的回复: 无法访问目标网。
来自 192.168.3.1 的回复: 无法访问目标网。

192.168.0.1 的 Ping 统计信息:
    数据包: 已发送 = 4, 已接收 = 4, 丢失 = 0 (0% 丢失),
```

图 11-12 从计算机 PC4 ping 计算机 PC1

通过连通性检验可以发现，在完成了 ACL 配置后，学生网络中只有计算机 PC4 可以访问办公网络中的计算机 PC1，其他计算机无法访问。把步骤 1 中的 ACL 配置命令第 2 条和第 3 条语句顺序互换后，学生网络中的计算机 PC3 和 PC4 都无法访问办公网络中的计算机 PC1，因为 ACL 在执行的时候，从第 1 条语句开始依次对比，匹配到第 1 条语句就会按照第 1 条语句的操作来处理，不会再对比第 2 条语句，这样来自于 192.168.2.0 网络中的所有数据都将被拒绝。所以，ACL 语句的顺序非常重要，在配置 ACL 时，不要随意调换语句的顺序，以免影响访问控制结果。

11.5 项目小结

本项目完成了部署 ACL 限制网络访问范围的配置，标准 ACL 根据数据包的源地址对数据包进行访问控制，有标准编号 ACL 和标准命名 ACL。因为 ACL 最后隐含默认拒绝所有，所以在配置 ACL 时必须至少要有一个 permit 语句，否则应用 ACL 的接口会把所有数据都拒绝掉。在配置 ACL 时要注意 ACL 语句的顺序，相同语句内容、不同语句顺序的 ACL 可能产生不同的访问控制结果。

11.6 拓展训练

网络拓扑图如图 11-13 所示，要求完成如下配置。

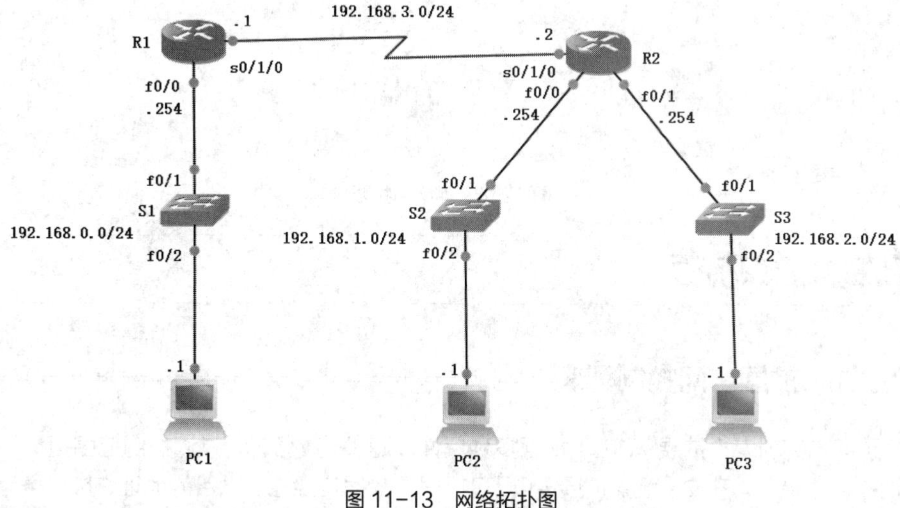

图 11-13 网络拓扑图

（1）完成计算机 IP 地址、路由器接口和路由的配置，实现计算机 PC1、PC2 和 PC3 的互通。
（2）配置标准编号 ACL，实现计算机 PC1 无法访问计算机 PC2。

项目12 部署ACL限制网络流量

12

12.1 用户需求

网络拓扑图如图 12-1 所示，怎样实现 192.168.1.0/24 网络中的设备无法 telnet 路由器 R2?

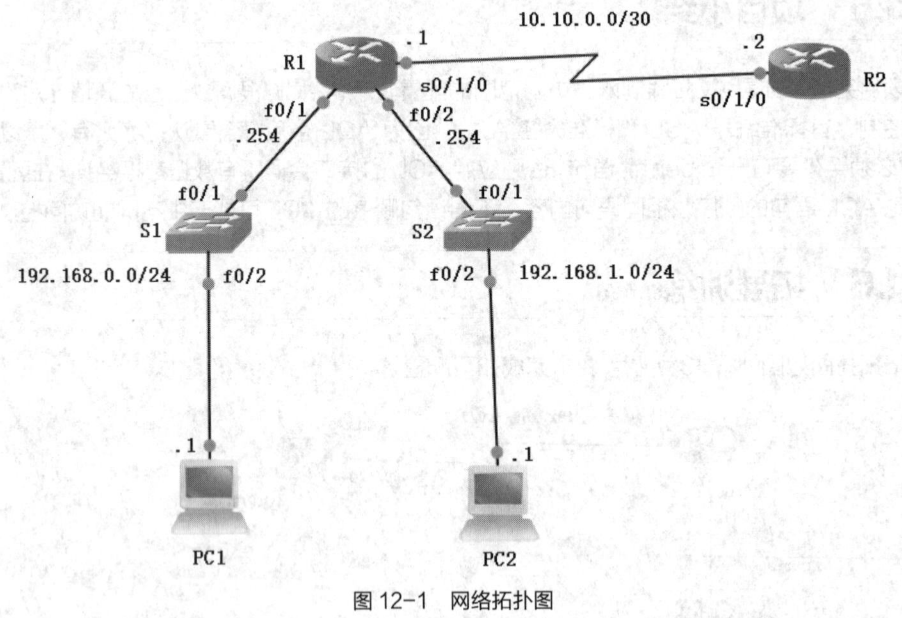

图 12-1　网络拓扑图

12.2 知识梳理

12.2.1 扩展访问控制列表

扩展访问控制列表（扩展 ACL）根据多种属性过滤 IP 数据包，过滤控制范围更广，可以更加精确地控制流量，提升安全性。扩展 ACL 可以根据数据包源地址、目的地址、协议类型、源及目的 TCP 和 UDP 端口号对数据进行访问控制。扩展 ACL 的编号在 100 到 199 以及 2000 到 2699 之间。

12.2.2 端口号

端口号是 TCP 和 UDP 中标识应用程序的唯一报头字段的标识符。支持 TCP 和 UDP 的服务将对正在通信的不同应用程序进行跟踪，每个应用程序的数据段和数据报文用端口号进行标识。在每个数据段或者数据报文的报头内，各有一个源端口号和目的端口号。源端口号是与本地主机上的始发应用程序相关联的通信端口号，目的端口号是与远程主机上的目的应用程序相关联的通信端口号。端口号有如下类型。

1. 公认端口

公认端口（端口号：0 到 1023）用于特定的服务器应用程序。通过为服务器应用程序定义公认端口，客户端应用程序可以向服务器请求特定端口，实现与服务器相关服务的连接。常用的公认端口如表 12-1 所示。

表 12-1 常用的公认端口

TCP/UDP 端口	端口号	服务和应用程序
TCP 端口	21	FTP
TCP 端口	23	Telnet
TCP 端口	25	SMTP
TCP 端口	80	HTTP
TCP 端口	143	IMAP
TCP 端口	194	Internet 中继聊天（IRC）
TCP 端口	443	HTTPs
UDP 端口	69	TFTP
UDP 端口	520	RIP
TCP/UDP 端口	53	DNS
TCP/UDP 端口	161	SNMP
TCP/UDP 端口	531	AOL Instant Messenger，IRC

2. 已注册端口

已注册端口（端口号：1024 到 49151）将分配给用户进程或应用程序。这些进程主要是用户选择安装的一些应用程序，而不是已经分配了公认端口的常用应用程序。这些端口在没有被服务器资源占用时，可由客户端动态选用为源端口。

3. 动态或私有端口

动态或私有端口（端口号：49152 到 65535）也称为临时端口，动态端口往往在开始连接时被动态分配给客户端应用程序。客户端一般很少使用动态或私有端口连接服务，只有一些点对点文件共享程序使用它。

12.2.3 扩展 ACL 的放置位置

扩展 ACL 应尽可能靠近控制流量的源，这样才能在不需要的流量流经网络之前将其过滤掉。

12.2.4 基于时间的 ACL

基于时间的 ACL 允许根据时间执行访问控制。要使用基于时间的 ACL，需要创建一时间范围，指定一周和一天内的时段。可以为时间范围命名，然后对相应功能应用此范围。时间限制会应用到该功能本身。

12.2.5 配置命令

1. 配置扩展编号 ACL

Router(config)#access-list *access-list-number* {deny|permit|remark} *protocol source* [*source-wildcard*] [*operator operand*] [*port port-number or name*] *destination* [*destination-wildcard*] [*operator operand*] [*port port-number or name*] [established]

access-list-number: ACL 的编号,使用 100 至 199 或 2000 至 2699 之间的数字标识扩展 ACL。

deny：匹配条件时拒绝访问。

permit：匹配条件时允许访问。

remark：在 IP ACL 中添加备注，增强列表的可读性。

protocol: 协议的名称或编号，常见的关键字包括 icmp、ip、tcp 或 udp。若要匹配所有 Internet 协议，须使用 ip 关键字。

source：发送数据包（数据包的源）的网络地址或主机地址。

source-wildcard：可选参数，对应源应用的通配符掩码。

destination：数据包发往的目的网络地址或主机地址。

destination-wildcard：对应目的地应用的通配符掩码。

operator：可选参数，对比源或目的端口，可用的操作符包括 lt（小于）、gt（大于）、eq（等于）、neq（不等于）和 range（范围）。

port：可选参数，TCP 或 UDP 端口的十进制编号或名称。

established：可选参数，仅用于 TCP，指示已建立的连接。

2. 配置扩展命名 ACL

Router(config)#ip access-list extended *name*

Router(config-std-nacl)#{deny|permit|remark} *protocol source* [*source-wildcard*] [*operator operand*] [*port port-number or name*] *destination* [*destination-wildcard*] [*operator operand*] [*port port-number or name*] [time-range *time-range-name*] [established]

name：ACL 的名称，名称中可以包含字母和数字字符，不能包含空格或标点，而且必须以字母开头。

time-range-name：数据包过滤的时间段名称。

3. 在接口应用 ACL

Router(config)#interface *type number*

Router (config-if)# ip access-group {*access-list-number*|*name*} {in|out} *type number*：接口的类型和编号。

access-list-number：ACL 的编号。

name：ACL 的名称。

in：当数据流入路由器接口时用这个参数。

out：当数据流出路由器接口时用这个参数。

4. 查看 ACL

```
Router#show access-lists
```

5. 查看接口的配置

```
Router#show ip interface
```

6. 清除 ACL 的统计信息

```
Router#clear access-list counters [access-list-number|name]
```

access-list-number：ACL 的编号。

name：ACL 的名称。

该命令可以单独使用，也可以与特定的 ACL 的编号或者名称一起使用。

12.3 方案设计

在如图 12-1 所示的网络拓扑图中，因为 telnet 用的是 TCP 端口号 23，要实现 192.168.1.0/24 网络中的设备无法 telnet 路由器 R2，可以采用扩展 ACL，根据源地址、目的地址、协议和端口号进行数据包的访问控制。因为扩展 ACL 的放置位置要尽量靠近数据流量的源，所以需要在路由器 R1 上配置扩展 ACL。

12.4 项目实施

12.4.1 扩展编号 ACL 的配置

网络拓扑图如图 12-1 所示，路由器 R1 和 R2 的接口以及计算机 PC1 和 PC2 的 IP 地址已经配置完成。要求完成扩展编号 ACL 的配置，实现 192.168.1.0/24 网络中的设备无法 telnet 路由器 R2。

步骤 1：在路由器 R2 的全局配置模式下输入以下代码，配置静态路由。

```
R2(config)#ip route 192.168.0.0 255.255.255.0 10.10.0.1
R2(config)#ip route 192.168.1.0 255.255.255.0 10.10.0.1
```

步骤 2：在路由器 R2 的全局配置模式下输入以下代码，配置远程登录。

```
R2(config)#line vty 0 4
R2(config-line)#password 123
R2(config-line)#login
R2(config-line)#enable secret 123
```

步骤 3：进入“控制面板”窗口，如图 12-2 所示。

步骤 4：单击“程序”选项，弹出“程序”窗口，如图 12-3 所示。

步骤 5：单击“程序和功能”选项中的“启用或关闭 Windows 功能”链接，弹出“Windows 功能”窗口，如图 12-4 所示。

图 12-2 “控制面板”窗口

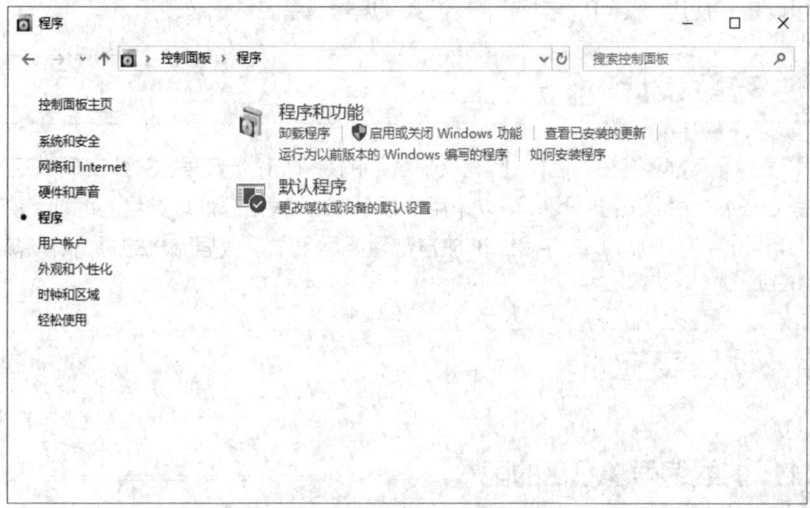

图 12-3 “程序”窗口

图 12-4 “Windows 功能”窗口

步骤 6：在“启用或关闭 Windows 功能”界面的列表框中勾选“Telnet 客户端”复选框，然后单击“确定”按钮，弹出“Windows 已完成请求的更改”提示界面，如图 12-5 所示，启用 Telnet 客户端完成。

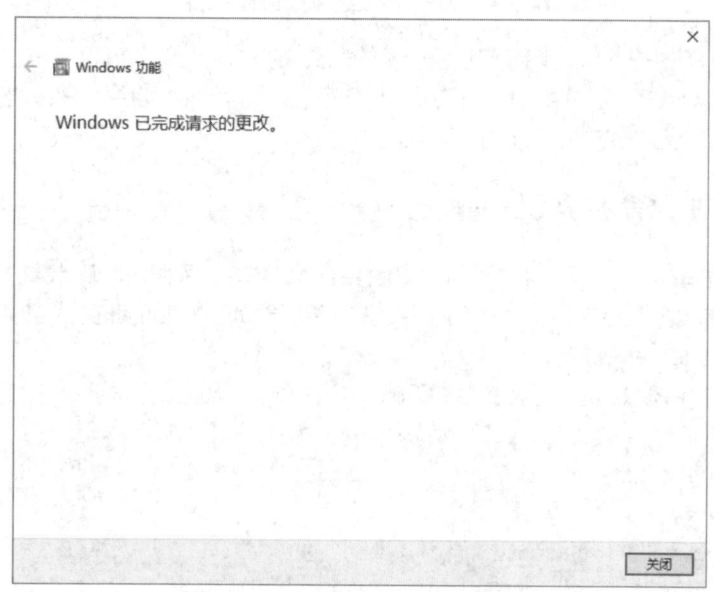

图 12-5　启用 Telnet 客户端完成

步骤 7：在计算机 PC2 的命令行界面输入 telnet 10.10.0.2 命令，运行结果如图 12-6 所示。

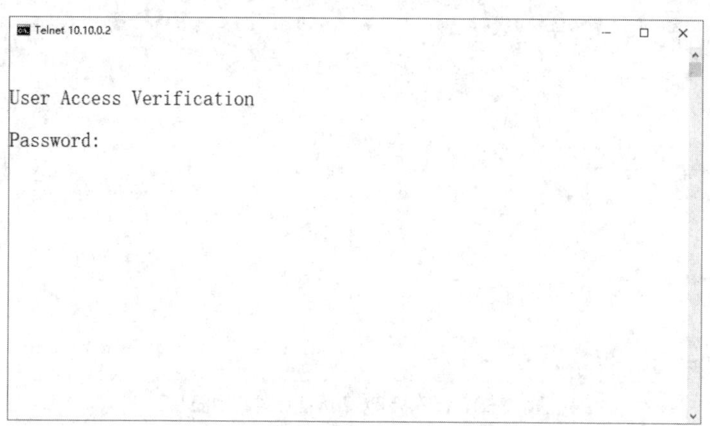

图 12-6　计算机 PC2 远程登录路由器 R2

步骤 8：在路由器 R1 的全局配置模式下输入以下代码，配置 ACL。

```
R1(config)#access-list 100 deny tcp 192.168.1.0 0.0.0.255 host 10.10.0.2 eq 23
R1(config)#access-list 100 permit ip any any
```

步骤 9：在路由器 R1 的全局配置模式下输入以下代码，应用 ACL。

```
R1(config)#interface f0/1
R1(config-if)#ip access-group 100 in
```

步骤 10：在计算机 PC2 的命令行界面输入 telnet 10.10.0.2 命令，运行结果如图 12-7 所示。

```
C:\>telnet 10.10.0.2
正在连接10.10.0.2...无法打开到主机的连接。 在端口 23: 连接失败
```

图 12-7 计算机 PC2 远程登录路由器 R2

本项目首先在路由器 R2 上完成了远程登录的配置，通过从计算机 PC2 远程登录路由器 R2 返回的状态可以发现，在配置 ACL 前，计算机 PC2 可以成功 telnet 路由器 R2，当完成 ACL 的配置后，计算机 PC2 无法成功 telnet 路由器 R2。

12.4.2 扩展命名 ACL 的配置

网络拓扑图如图 12-1 所示，路由器 R1 和路由器 R2 的接口和路由以及计算机 PC1 和 PC2 的 IP 地址已经配置完成，已经实现了全网互通。要求完成扩展命名 ACL 的配置，实现 192.168.1.0/24 网络中的设备无法 telnet 路由器 R2。

步骤 1：在路由器 R2 的全局配置模式下输入以下代码，配置远程登录。

```
R2(config)#line vty 0 4
R2(config-line)#password 123
R2(config-line)#login
R2(config-line)#enable secret 123
```

步骤 2：在计算机 PC2 的命令行界面输入 telnet 10.10.0.2 命令，运行结果如图 12-8 所示。

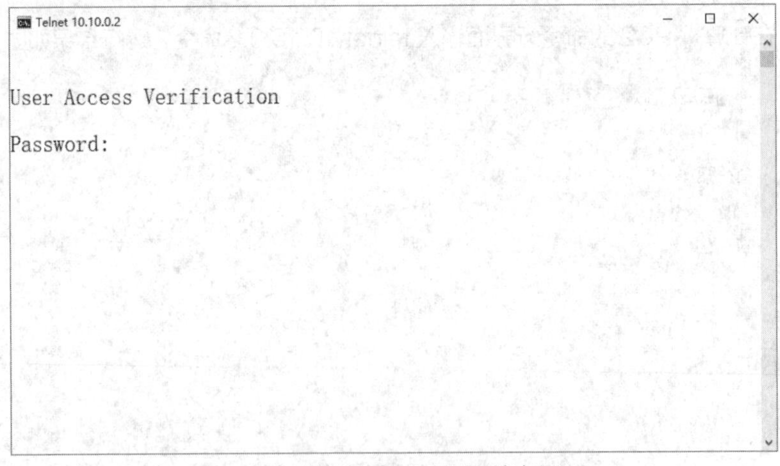

图 12-8 计算机 PC2 远程登录路由器 R2

步骤 3：在路由器 R1 的全局配置模式下输入以下代码，配置 ACL。

```
R1(config)#ip access-list extended denytelnet
R1(config-ext-nacl)#deny tcp 192.168.1.0 0.0.0.255 host 10.10.0.2 eq 23
R1(config-ext-nacl)#permit ip any any
```

步骤 4：在路由器 R1 的全局配置模式下输入以下代码，在接口上应用 ACL。

```
R1(config)# interface f0/1
R1(config-if)#ip access-group 100 in
```

步骤 5：在计算机 PC2 的命令行界面输入 telnet 10.10.0.2 命令，运行结果如图 12-9 所示。

```
C:\>telnet 10.10.0.2
正在连接10.10.0.2...无法打开到主机的连接。 在端口 23: 连接失败
```

图 12-9 计算机 PC2 远程登录路由器 R2

ACL 有编号 ACL 和命名 ACL，本项目完成的是扩展命名 ACL 的配置，扩展命名 ACL 与扩展编号 ACL 配置的命令在格式方面稍有差别，两种形式的 ACL 都可以实现相同的功能。

12.4.3 基于时间 ACL 的配置

网络拓扑图如图 12-10 所示，计算机 PC1 位于学生网络，计算机 PC2 位于办公网络，路由器 R2 和计算机 PC3 位于学校外网，路由器 R1 和路由器 R2 的接口以及计算机 PC1、PC2 和 PC3 的 IP 地址已经配置完成。要求完成基于时间 ACL 的配置，实现学生网络在凌晨 0 点到早晨 6 点之间无法访问办公网络和学校外网。

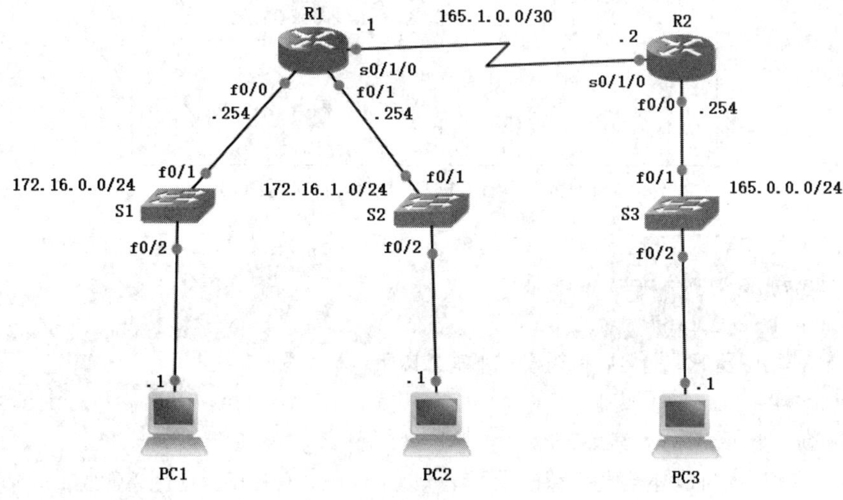

图 12-10 网络拓扑图

步骤 1：在路由器 R1 的全局配置模式下输入以下代码，配置 RIP。

```
R1(config)#router rip
R1(config-router)#version 2
R1(config-router)#network 172.16.0.0
R1(config-router)#network 165.1.0.0
R1(config-router)#no auto-summary
```

步骤 2：在路由器 R2 的全局配置模式下输入以下代码，配置 RIP。

```
R2(config)#router rip
R2(config-router)#version 2
R2(config-router)#network 165.0.0.0
R2(config-router)#network 165.1.0.0
R2(config-router)#no auto-summary
```

步骤 3：在计算机 PC1 的命令行界面输入 ping 172.16.1.1 命令检验连通性，如图 12-11 所示。

```
C:\>ping 172.16.1.1

正在 Ping 172.16.1.1 具有 32 字节的数据:
来自 172.16.1.1 的回复: 字节=32 时间<1ms TTL=127
来自 172.16.1.1 的回复: 字节=32 时间<1ms TTL=127
来自 172.16.1.1 的回复: 字节=32 时间<1ms TTL=127
来自 172.16.1.1 的回复: 字节=32 时间<1ms TTL=127

172.16.1.1 的 Ping 统计信息:
    数据包: 已发送 = 4, 已接收 = 4, 丢失 = 0 (0% 丢失),
往返行程的估计时间(以ms为单位):
    最短 = 0ms, 最长 = 0ms, 平均 = 0ms
```

图 12-11 从计算机 PC1 ping 计算机 PC2

步骤 4：在计算机 PC1 的命令行界面输入 ping 165.0.0.1 命令检验连通性，如图 12-12 所示。

```
C:\>ping 165.0.0.1

正在 Ping 165.0.0.1 具有 32 字节的数据:
来自 165.0.0.1 的回复: 字节=32 时间=10ms TTL=126
来自 165.0.0.1 的回复: 字节=32 时间=10ms TTL=126
来自 165.0.0.1 的回复: 字节=32 时间=10ms TTL=126
来自 165.0.0.1 的回复: 字节=32 时间=10ms TTL=126

165.0.0.1 的 Ping 统计信息:
    数据包: 已发送 = 4, 已接收 = 4, 丢失 = 0 (0% 丢失),
往返行程的估计时间(以ms为单位):
    最短 = 10ms, 最长 = 10ms, 平均 = 10ms
```

图 12-12 从计算机 PC1 ping 计算机 PC3

步骤 5：在路由器 R1 的全局配置模式下输入以下代码，定义 ACL 起作用的时间段。

```
R1(config)#time-range denystudent
R1(config-time-range)#periodic daily 0:0 to 6:0
```

步骤 6：在路由器 R1 的全局配置模式下输入以下代码，配置 ACL。

```
R1(config)#access-list 100 deny ip 172.16.0.0 0.0.0.255 any time-range denystudent
R1(config-time-range)#access-list 100 permit ip any any
```

步骤 7：在路由器 R1 的全局配置模式下输入以下代码，在接口上应用 ACL。

```
R1(config)# interface f0/0
R1(config-if)#ip access-group 100 in
```

步骤 8：在路由器 R1 的特权执行模式下查看系统当前时间，如图 12-13 所示。

```
R1#sh clock
*07:31:34.579 UTC Tue Jan 29 2019
```

图 12-13 查看路由器 R1 的当前时间

步骤 9：在计算机 PC1 的命令行界面输入 ping 172.16.1.1 命令检验连通性，如图 12-14 所示。

```
C:\>ping 172.16.1.1

正在 Ping 172.16.1.1 具有 32 字节的数据:
来自 172.16.1.1 的回复: 字节=32 时间<1ms TTL=127
来自 172.16.1.1 的回复: 字节=32 时间<1ms TTL=127
来自 172.16.1.1 的回复: 字节=32 时间<1ms TTL=127
来自 172.16.1.1 的回复: 字节=32 时间<1ms TTL=127

172.16.1.1 的 Ping 统计信息:
    数据包: 已发送 = 4, 已接收 = 4, 丢失 = 0 (0% 丢失),
往返行程的估计时间(以ms为单位):
    最短 = 0ms, 最长 = 0ms, 平均 = 0ms
```

图 12-14 从计算机 PC1 ping 计算机 PC2

步骤 10：在计算机 PC1 的命令行界面输入 ping 165.0.0.1 命令检验连通性，如图 12-15 所示。

```
C:\>ping 165.0.0.1

正在 Ping 165.0.0.1 具有 32 字节的数据:
来自 165.0.0.1 的回复: 字节=32 时间=10ms TTL=126
来自 165.0.0.1 的回复: 字节=32 时间=10ms TTL=126
来自 165.0.0.1 的回复: 字节=32 时间=10ms TTL=126
来自 165.0.0.1 的回复: 字节=32 时间=10ms TTL=126

165.0.0.1 的 Ping 统计信息:
    数据包: 已发送 = 4，已接收 = 4，丢失 = 0 (0% 丢失)，
往返行程的估计时间(以ms为单位):
    最短 = 10ms，最长 = 10ms，平均 = 10ms
```

图 12-15　从计算机 PC1 ping 计算机 PC3

步骤 11：在路由器 R1 的特权执行模式下输入以下代码，修改系统时间。

```
R1#clock set 3:0:0 29 Jan 2019
```

步骤 12：在计算机 PC1 的命令行界面输入 ping 172.16.1.1 命令检验连通性，如图 12-16 所示。

```
C:\>ping 172.16.1.1

正在 Ping 172.16.1.1 具有 32 字节的数据:
来自 172.16.0.254 的回复: 无法访问目标网。
来自 172.16.0.254 的回复: 无法访问目标网。
来自 172.16.0.254 的回复: 无法访问目标网。
来自 172.16.0.254 的回复: 无法访问目标网。

172.16.1.1 的 Ping 统计信息:
    数据包: 已发送 = 4，已接收 = 4，丢失 = 0 (0% 丢失)，
```

图 12-16　从计算机 PC1 ping 计算机 PC2

步骤 13：在计算机 PC1 的命令行界面输入 ping 165.0.0.1 命令检验连通性，如图 12-17 所示。

```
C:\>ping 165.0.0.1

正在 Ping 165.0.0.1 具有 32 字节的数据:
来自 172.16.0.254 的回复: 无法访问目标网。
来自 172.16.0.254 的回复: 无法访问目标网。
来自 172.16.0.254 的回复: 无法访问目标网。
来自 172.16.0.254 的回复: 无法访问目标网。

165.0.0.1 的 Ping 统计信息:
    数据包: 已发送 = 4，已接收 = 4，丢失 = 0 (0% 丢失)，
```

图 12-17　从计算机 PC1 ping 计算机 PC3

本项目通过配置扩展 ACL 时调用时间范围控制 ACL 起作用的时间，通过连通性检验可以发现，当系统时间不在 ACL 起作用的时间范围内时，学生网络中的计算机可以访问办公网络和学校外网；当系统时间在 ACL 起作用的时间范围内时，学生网络中的计算机无法访问办公网络和学校外网。

12.5 项目小结

本项目完成了扩展 ACL 和基于时间 ACL 的配置，扩展 ACL 可以根据数据包的多种属性过滤

IP 数据报文，可以更加精确地控制流量。在编写 ACL 时至少要有一条 permit 语句，而且要注意 ACL 语句的顺序，相同语句内容，不同顺序的 ACL 语句，访问控制结果可能不同，为了将不需要的流量在其流经网络之前就过滤掉，扩展 ACL 需尽可能靠近控制流量的源。配置基于时间的 ACL，首先要定义 ACL 起作用的时间范围，然后在 ACL 中调用。

12.6 拓展训练

网络拓扑图如图 12-18 所示，要求完成如下配置。

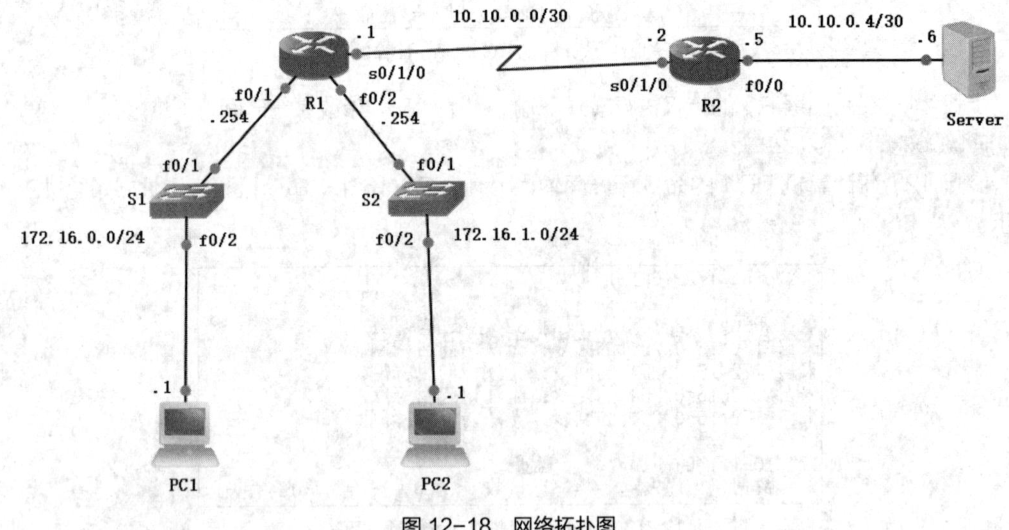

图 12-18　网络拓扑图

（1）完成计算机 IP 地址、路由器接口和路由的配置，实现计算机 PC1、PC2 和路由器 R2 的互通。

（2）完成基于时间 ACL 的配置，实现计算机 PC1 所在的网络在每天上午的 8 点到 12 点和下午的 1 点半到 5 点无法浏览网页。

模块四

网络地址转换的配置

目前在计算机网络中主流的 IP 地址是 IPv4 地址，其现已面临枯竭问题。网络地址转换（Network Address Translation，NAT）技术在各种类型网络中的广泛应用不仅使 IPv4 地址枯竭的问题得到解决，其具有的可以对外隐藏并保护网络内部计算机的优点，还能够有效地避免来自网络外部的攻击。本模块介绍静态 NAT、端口映射、动态 NAT 和基于端口 NAT 的配置。

项目13 静态NAT的配置

13

13.1 用户需求

某学校网络拓扑图如图 13-1 所示，计算机 PC1 位于学校内网，路由器 R2 和计算机 PC2 位于学校外网。怎样使内网配置了私有 IP 地址的设备访问 Internet，同时实现内网的设备能够从外网访问？

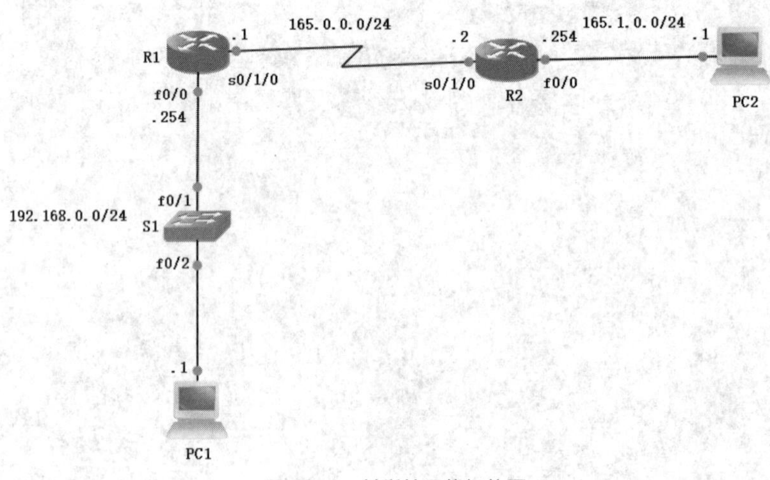

图 13-1　某学校网络拓扑图

13.2 知识梳理

13.2.1 公有地址和私有地址

1. 公有地址

公有地址必须在所属地域的相应 Internet 注册管理机构注册，各种组织可以从 ISP（Internet Service Provider，互联网服务提供商）租用公有地址。公有地址可以直接通过 Internet 路由。

2. 私有地址

私有地址是保留的地址块，任何人均可以使用，两个网络甚至更多的网络可以使用相同的私有地址。为防止地址冲突，私有地址不能直接通过 Internet 路由。私有地址的范围如表 13-1 所示。

表 13-1　私有地址范围

地址分类	私有地址范围
A 类	10.0.0.0～10.255.255.255
B 类	172.16.0.0～172.31.255.255
C 类	192.168.0.0～192.168.255.255

13.2.2　网络地址转换

网络地址转换（Network Address Translation，NAT）是一种 IP 地址转换技术，可以将不能直接在公有网络上路由的私有地址转换成可路由的公有地址，让网络可以使用私有 IP 地址，以节省公有 IP 地址。NAT 按照实现方式可以分为静态 NAT、动态 NAT 和基于端口 NAT（NAT 的过载）3 种。

13.2.3　静态 NAT

静态 NAT 是指将内部网络的私有 IP 地址一对一地转换为公有 IP 地址，某个私有 IP 地址只转换为某个公有 IP 地址。借助于静态 NAT，可以实现外部网络对内部网络中某些特定设备（如服务器）的访问。

13.2.4　NAT 的术语

如图 13-2 所示的网络拓扑图，计算机 PC1 向 Server 发送数据时启用了 NAT 功能，把 192.168.1.1 转换成 165.0.0.3。内部网络是指需要转换的网络地址集，外部网络是指除内部网络以外的所有其他地址。根据地址是在私有网络上还是在公有网络（Internet）上以及流量是传入还是送出，不同的 IP 地址有不同的称谓。

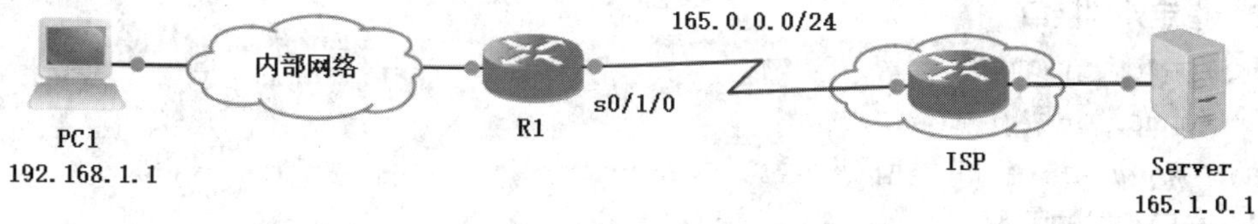

NAT 表		
内部本地地址	内部全局地址	外部全局地址
192.168.1.1	165.0.0.3	165.1.0.1

图 13-2　NAT 网络拓扑图

1. 内部本地地址

内部本地地址通常不是服务提供商分配的 IP 地址，一般是转换前本地主机的私有地址。图 13-2 中，IP 地址 192.168.1.1 被分配给内部网络上的主机 PC1，192.168.1.1 是内部本地地址。

2. 内部全局地址

内部全局地址是当内部主机流量流出路由器时分配给内部主机的有效公有地址，一般是本地主机转换后的地址。图 13-2 中，当来自计算机 PC1 的流量发往服务器 165.1.0.1 时，路由器 R1 进行地址转换，192.168.1.1 被转换为 165.0.0.3，165.0.0.3 是内部全局地址。

3. 外部本地地址

外部本地地址是分配给外部网络主机的本地 IP 地址。图 13-2 中，在外部网络中服务器本地的 IP 地址为 165.1.0.1，165.1.0.1 是外部本地地址。

4. 外部全局地址

外部全局地址是分配给 Internet 上主机的可达 IP 地址。图 13-2 中，服务器的可达 IP 地址为 165.1.0.1。大多数情况下外部本地地址与外部设备的外部全局地址相同。在有些网络中，为了隐藏公网中某些设备的真实 IP 地址，Internet 上主机的可达 IP 地址不是主机在本地网络中的 IP 地址，而是本地 IP 地址经过转换后的地址。通过访问转换后的这个地址可以访问 Internet 上的主机，这个地址是外部全局地址，这种情况下，外部本地地址与设备的外部全局地址不同。

13.2.5 端口转发

端口转发是将网络端口从一个网络节点转发至另一个网络节点的行为，可以将发往公有地址和路由器端口的数据包转发至私有地址和内部网络的端口。端口转发实质上是使用指定 TCP 或 UDP 端口号的静态 NAT 实现。

13.2.6 配置命令

1. 配置静态 NAT 的转换条目

```
Router(config)#ip nat inside source static local-ip global-ip
```

local-ip：内部本地地址。

global-ip：内部全局地址。

2. 指定内部接口

```
Router(config)#interface type number
Router(config-if)#ip nat inside
```

3. 指定外部接口

```
Router(config)#interface type number
Router(config-if)#ip nat outside
```

type number：接口的类型和编号。

4. 端口转发的配置

```
Router(config)#ip nat inside source static {tcp|udp} local-ip local-port global-ip global-port [extendable]
```

tcp 或 udp：指示该源是 TCP 或者 UDP 端口号。

local-ip：分配给内部主机的 IPv4 地址。

local-port：从 1 到 65535 范围内选择数值设置 TCP/UDP 端口号，是服务器侦听网络流量所使用的端口号。

global-ip：内部主机的全局唯一 IPv4 地址，是外部客户端到达内部服务器所用的 IP 地址。

global-port：从 1 到 65535 范围内选择数值设置 TCP/UDP 端口号，是外部客户端到达内部服务器所用的端口号。

extendable：允许用户配置多个模糊的静态 NAT。所谓模糊，是指使用相同本地地址或全局地址的转换，它允许路由器必要时在多个端口扩展转换。

5. 查看转换表

```
Router#show ip nat translations
```

6. 清除转换表

```
Router#clear ip nat translations
```

7. 查看 NAT 的统计信息

```
Router#show ip nat statistics
```

8. 清除转换统计信息

```
Router#clear ip nat statistics
```

13.3 方案设计

在如图 13-1 所示的网络拓扑图中，要实现配置了私有地址的设备访问 Internet，可以采用 NAT 技术把内网配置的私有地址在网络出口转换为公有地址，使内网配置了私有地址的计算机能够访问 Internet。因为静态 NAT 是一对一的转换，经过静态 NAT 后，如果从外网访问内部全局地址，就可以访问内网对应的设备；要实现内网的设备可以从外网访问，可以采用静态 NAT。

13.4 项目实施

13.4.1 静态 NAT 的配置

网络拓扑图如图 13-1 所示，计算机 PC1 位于学校内网，路由器 R1 是内网出口路由器，路由器 R2 和计算机 PC2 位于学校的外网，路由器 R1 和 R2 的接口以及计算机 PC1 和 PC2 的 IP 地址已经配置完成。要求完成静态 NAT 的配置，实现 192.168.0.1 与 165.0.0.3 之间的地址转换。

步骤 1：在路由器 R1 的全局配置模式下输入以下代码，配置默认路由。

```
R1(config)#ip route 0.0.0.0 0.0.0.0 165.0.0.2
```

步骤 2：在路由器 R1 的全局配置模式下输入以下代码，配置默认路由。

```
R1(config)#ip nat inside source static 192.168.0.1 165.0.0.3
```

步骤 3：在路由器 R1 的全局配置模式下输入以下代码，指定外部接口和内部接口。

```
R1(config)#interface f0/0
R1(config-if)#ip nat inside
R1(config-if)#interface s0/1/0
R1(config-if)#ip nat outside
```

步骤 4：在计算机 PC1 的命令行界面输入 ping 165.1.0.1 命令检验连通性，如图 13-3 所示。

```
C:\>ping 165.1.0.1

正在 Ping 165.1.0.1 具有 32 字节的数据:
来自 165.1.0.1 的回复: 字节=32 时间=10ms TTL=126
来自 165.1.0.1 的回复: 字节=32 时间=10ms TTL=126
来自 165.1.0.1 的回复: 字节=32 时间=10ms TTL=126
来自 165.1.0.1 的回复: 字节=32 时间=10ms TTL=126

165.1.0.1 的 Ping 统计信息:
    数据包: 已发送 = 4, 已接收 = 4, 丢失 = 0 (0% 丢失),
往返行程的估计时间(以ms为单位):
    最短 = 10ms, 最长 = 10ms, 平均 = 10ms
```

图 13-3　从计算机 PC1 ping 计算机 PC2

步骤 5：在路由器 R1 的特权执行模式下，输入 show ip nat translations 命令查看转换表，如图 13-4 所示。

```
R1#sh ip nat translations
Pro Inside global        Inside local          Outside local        Outside global
icmp 165.0.0.3:56621    192.168.0.1:56621    165.1.0.1:56621     165.1.0.1:56621
icmp 165.0.0.3:57133    192.168.0.1:57133    165.1.0.1:57133     165.1.0.1:57133
icmp 165.0.0.3:57645    192.168.0.1:57645    165.1.0.1:57645     165.1.0.1:57645
icmp 165.0.0.3:57901    192.168.0.1:57901    165.1.0.1:57901     165.1.0.1:57901
--- 165.0.0.3           192.168.0.1          ---                 ---
```

图 13-4　转换表

通过转换表查看和连通性检查可以发现，内部本地地址 192.168.0.1 与内部全局地址 165.1.0.1 实现了地址的转换，计算机 PC1 和 PC2 实现了互通。

13.4.2　端口转发的配置

网络拓扑图如图 13-5 所示，路由器 R1 位于内部网络，路由器 R2 是内部网络和外部网络的边界路由器，路由器 R3 位于外部网络，路由器 R1、R2 和 R3 的接口以及路由器 R1 的远程登录服务已经配置完成。要求完成端口转发的配置，将 192.168.0.1 的 23 端口映射为 165.0.0.1 的 2301 端口。

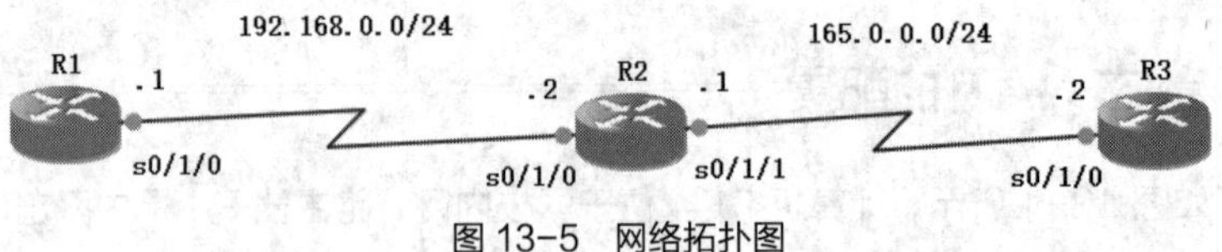

图 13-5　网络拓扑图

步骤 1：在路由器 R1 的全局配置模式下输入以下代码，配置静态路由。

```
R1(config)#ip route 165.0.0.0 255.255.255.0 192.168.0.2
```

步骤 2：在路由器 R3 的全局配置模式下输入以下代码，配置静态路由。

```
R3(config)#ip route 192.168.0.0 255.255.255.0 165.0.0.1
```

步骤 3：在路由器 R2 的全局配置模式下输入以下代码，配置转换条目。

```
R2(config)#ip nat inside source static tcp 192.168.0.1 23 165.0.0.1 2301
```

步骤 4：在路由器 R2 的全局配置模式下输入以下代码，指定外部接口和内部接口。

```
R2(config)#interface s0/1/0
R2(config-if)#ip nat inside
R2(config-if)#interface s0/1/1
R2(config-if)#ip nat outside
```

步骤 5：在路由器 R3 的特权执行模式下，输入 telnet 165.0.0.1 2301 命令检验配置，结果如图 13-6 所示。

```
R3#telnet 165.0.0.1 2301
Trying 165.0.0.1, 2301 ... Open


User Access Verification

Password:
```

图 13-6　检验配置

步骤 6：在路由器 R2 的特权执行模式下，输入 show ip nat translations 命令查看转换表，如图 13-7 所示。

```
R2#sh ip nat translations
Pro Inside global      Inside local       Outside local      Outside global
tcp 165.0.0.1:2301     192.168.0.1:23     165.0.0.2:52141    165.0.0.2:52141
tcp 165.0.0.1:2301     192.168.0.1:23     ---                ---
```

图 13-7　转换表

通过查看转换表和从路由器 R3 远程登录路由器 R1 的状态可以发现，将 192.168.0.1 的 23 端口映射为 165.0.0.1 的 2301 端口后，从路由器 R3 远程登录路由器 165.1.0.1 的 2301 端口，可以实现对路由器 R1 的远程登录。

13.5 项目小结

本项目完成了静态 NAT 和端口转发的配置，静态 NAT 实现的是内部本地地址和内部全局地址一对一的转换，如果需要从外网访问内网配置了私有地址的设备，可以配置静态 NAT。端口转发实质上是使用指定 TCP 或 UDP 端口号的静态 NAT。

13.6 拓展训练

网络拓扑图如图 13-8 所示，服务器 Server 位于内网，路由器 R1 是内网的出口路由器，路由器 R2 和计算机 PC2 位于外网，要求完成如下配置。

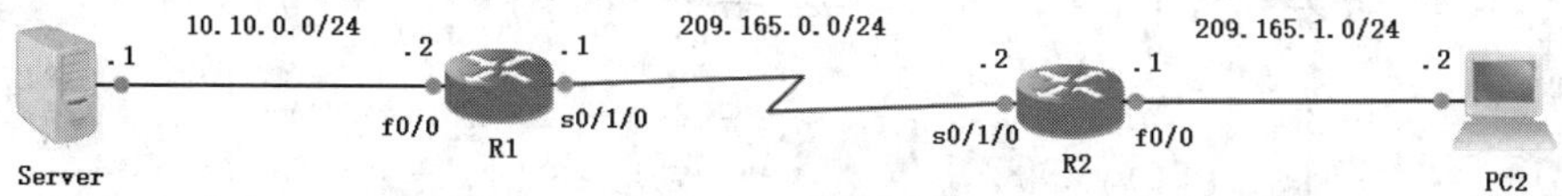

图 13-8　网络拓扑图

（1）完成服务器 IP 地址、路由器接口和必要的路由的配置。

（2）完成静态 NAT 的配置，要求从外网访问 209.165.0.3 地址能够访问到 Server 服务器。

项目14 动态NAT的配置

14

14.1 用户需求

某学校网络拓扑图如图 14-1 所示，计算机 PC1 位于学校内网，路由器 R2 和计算机 PC2 位于学校外网，内网有 200 台计算机需要访问 Internet，目前申请到 150 个公有地址。怎样使内网配置了私有地址的设备访问 Internet?

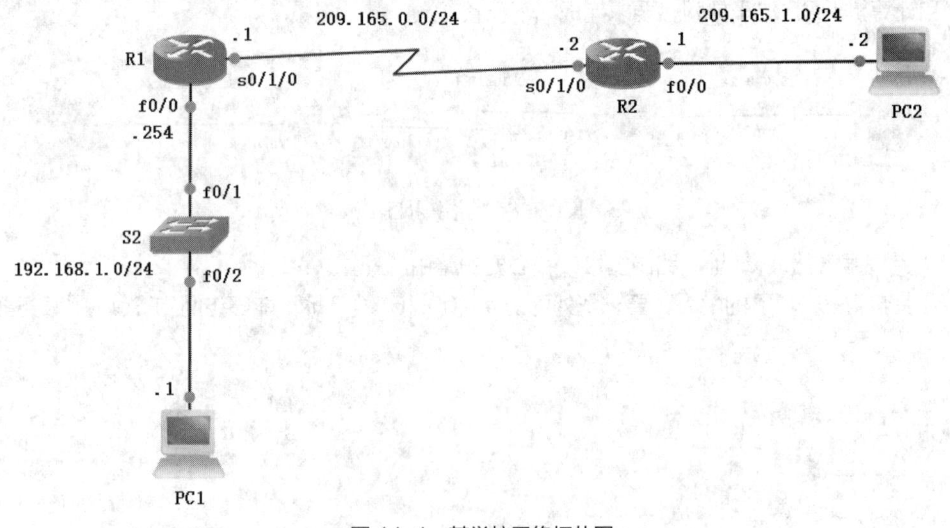

图 14-1 某学校网络拓扑图

14.2 知识梳理

14.2.1 动态 NAT

动态 NAT 是指将内部网络的一组私有地址转换为一组公有地址，转换时，私有地址可随机转换为任何指定的合法 IP 地址。只要指定内部可以进行转换的地址范围以及合法的外部地址池，就可以进行动态转换。当 ISP 提供的公有地址略少于网络内部的计算机数量时，可以采用动态 NAT 技术实施地址转换。

14.2.2 配置命令

1. 定义公有地址池

```
Router(config)#ip nat pool name start-ip end-ip {netmask netmask |prefix-length prefix-length}
```

name：公有地址池的名称。

start-ip：公有地址池的起始地址。

end-ip：公有地址池的结束地址。

netmask：子网掩码。

prefix-length：前缀长度。

2. 定义一个标准 ACL 以允许待转换的地址通过

```
Router(config)#access-list access-list-number permit source [source-wildcard]
```

3. 配置动态 NAT 的转换条目

```
Router(config)#ip nat inside source list access-list-number pool name
```

access-list-number：ACL 的编号，这个参数必须与定义的 ACL 编号一致。

name：公有地址池的名称，这个参数必须与定义的公有地址池的名称一致。

4. 指定内部接口

```
Router(config)#interface type number
Router(config-if)#ip nat inside
```

5. 指定外部接口

```
Router(config)#interface type number
Router(config-if)#ip nat outside
```

type number：接口的类型和编号。

14.3 方案设计

在如图 14-1 所示的网络拓扑图中，内网中需要访问 Internet 的设备数量比公有地址的数量多，但不是多很多，这种情况下采用动态 NAT 在网络出口完成私有地址和公有地址的转换，可以实现内网配置了私有地址的设备访问 Internet。

14.4 项目实施

网络拓扑图如图 14-1 所示，计算机 PC1 位于学校内网，路由器 R1 是内网出口路由器，路由器 R2 和计算机 PC2 位于学校的外网，目前申请到的公有地址范围是 209.165.0.10 到 209.165.0.159，计算机和路由器的 IP 地址已经配置完成。要求完成动态 NAT 的配置，实现内网的设备可以访问 Internet。

步骤 1：在路由器 R1 的全局配置模式下输入以下代码，配置默认路由。

```
R1(config)#ip route 0.0.0.0 0.0.0.0 209.165.0.2
```

步骤 2：在路由器 R1 的全局配置模式下输入以下代码，创建公有地址池。

```
R1(config)#ip nat pool pool1 209.165.0.10 209.165.0.159 netmask 255.255.255.0
```

步骤 3：在路由器 R1 的全局配置模式下输入以下代码，配置 ACL。

```
R1(config)#access-list 1 permit 192.168.1.0 0.0.0.255
```

步骤 4：在路由器 R1 的全局配置模式下输入以下代码，配置动态 NAT 转换条目。

```
R1(config)#ip nat inside source list 1 pool pool1
```

步骤 5：在路由器 R1 的全局配置模式下输入以下代码，指定外部接口和内部接口。

```
R1(config)#interface f0/0
R1(config-if)#ip nat inside
R1(config-if)#interface s0/1/0
R1(config-if)#ip nat outside
```

步骤 6：在计算机 PC1 命令行界面输入 ping 209.165.1.2 命令检验连通性，如图 14-2 所示。

```
C:\>ping 209.165.1.2

正在 Ping 209.165.1.2 具有 32 字节的数据:
来自 209.165.1.2 的回复: 字节=32 时间=10ms TTL=126
来自 209.165.1.2 的回复: 字节=32 时间=10ms TTL=126
来自 209.165.1.2 的回复: 字节=32 时间=10ms TTL=126
来自 209.165.1.2 的回复: 字节=32 时间=10ms TTL=126

209.165.1.2 的 Ping 统计信息:
    数据包: 已发送 = 4, 已接收 = 4, 丢失 = 0 (0% 丢失),
往返行程的估计时间(以ms为单位):
    最短 = 10ms, 最长 = 10ms, 平均 = 10ms
```

图 14-2　从计算机 PC1 ping 计算机 PC2

步骤 7：在路由器 R1 的特权执行模式下，输入 show ip nat translations 命令查看转换表，如图 14-3 所示。

```
R1#sh ip nat translations
Pro Inside global         Inside local          Outside local         Outside global
icmp 209.165.0.10:62946 192.168.1.1:62946 209.165.1.2:62946   209.165.1.2:62946
icmp 209.165.0.10:63458 192.168.1.1:63458 209.165.1.2:63458   209.165.1.2:63458
icmp 209.165.0.10:63970 192.168.1.1:63970 209.165.1.2:63970   209.165.1.2:63970
icmp 209.165.0.10:64226 192.168.1.1:64226 209.165.1.2:64226   209.165.1.2:64226
--- 209.165.0.10         192.168.1.1           ---                   ---
```

图 14-3　转换表

通过转换表查看和连通性检验可以发现，内部本地地址 192.168.1.1（192.168.1.0/24 网络中的地址）与内部全局地址 209.165.0.10（在 209.165.0.10 到 209.165.0.159 范围内）实现了地址的转换，计算机 PC1 和 PC2 实现了互通。

14.5 项目小结

本项目完成了动态 NAT 的配置，动态 NAT 实现的是内部本地地址和内部全局地址的多对多的转换，当内网配置了私有地址的计算机比较多，而申请到的公有地址比需要的地址少，但缺少的数量不是很多时，可以用动态 NAT 进行地址的转换，实现 Internet 访问。

14.6 拓展训练

网络拓扑图如图 14-4 所示，计算机 PC1、PC2 和路由器 R1 位于内网，路由器 R2 是内网的出口路由器，路由器 R3 和计算机 PC3 位于外网，要求完成如下配置。

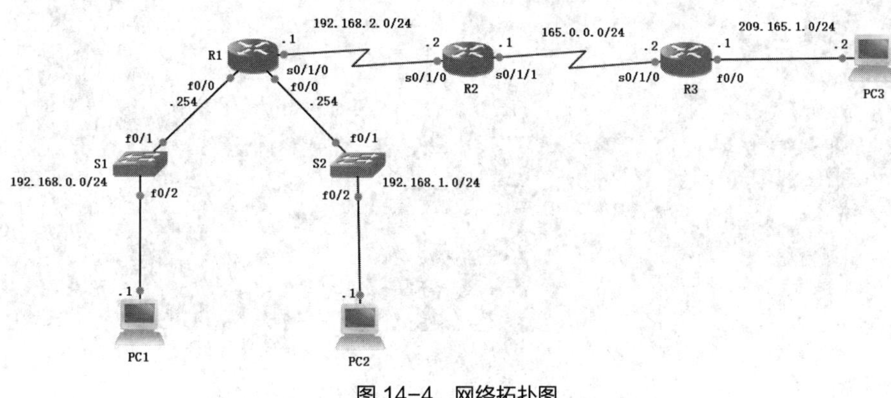

图 14-4 网络拓扑图

（1）完成服务器 IP 地址、路由器接口和必要的路由的配置。

（2）完成动态 NAT 的配置，实现 192.168.0.0/24 和 192.168.1.0/24 网络中的地址与 165.0.0.10 到 165.0.0.254 之间的地址进行转换。

项目15 基于端口NAT的配置

15

15.1 用户需求

某学校网络拓扑图如图 15-1 所示，计算机 PC1、PC2 和路由器 R1 位于内网，路由器 R2 是内网的出口路由器，路由器 R3 和计算机 PC3 位于外网，目前申请到 1 个公有 IP 地址。怎样使内网配置了私有地址的设备访问 Internet?

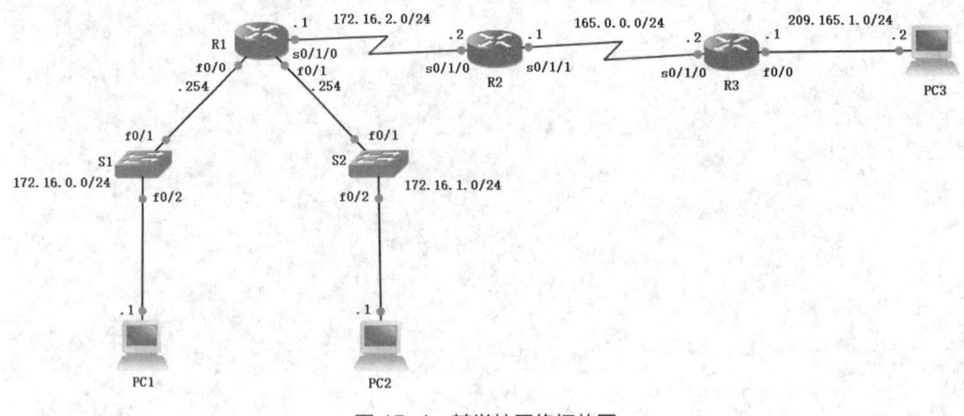

图 15-1　某学校网络拓扑图

15.2 知识梳理

15.2.1 基于端口 NAT

基于端口 NAT 又称为 NAT 的过载，是利用不同端口号将多个内部 IP 地址转换为一个外部 IP 地址，从而可以最大限度地节约 IP 地址资源，同时可隐藏网络内部的所有主机，有效避免来自 Internet 的攻击。目前网络中地址转换技术应用最多的就是基于端口 NAT。

15.2.2 配置命令

1. 定义一个标准 ACL 以允许待转换的地址通过

```
Router(config)#access-list access-list-number permit source [source-wildcard]
```

2. 配置转换条目

```
Router(config)#ip nat inside source list access-list-number interface type number overload
```

access-list-number：ACL 的编号，这个参数必须与定义的 ACL 编号一致。

type number：接口的类型和编号，连接到外网的接口。当仅仅有一个公有地址时，配置基于端口 NAT，通常将该公有地址分配给连接到 ISP 的外部接口。所有内部地址离开该外部接口时均被转换为该地址。

3. 指定内部接口

```
Router(config)#interface type number
Router(config-if)#ip nat inside
```

4. 指定外部接口

```
Router(config)#interface type number
Router(config-if)#ip nat outside
```

15.3 方案设计

在如图 15-1 所示的网络拓扑图中，目前只申请到 1 个公有地址，把这个公有地址配置到连接外网的接口，采用基于端口 NAT 将内网配置的私有地址在网络出口与公有地址进行转换，可以实现内网配置了私有地址的设备访问 Internet，这样可以最大程度地节约公有地址。

15.4 项目实施

15.4.1 出口路由器只有一个内部接口情况下基于端口 NAT 的配置

网络拓扑图如图 15-1 所示，计算机 PC1、PC2 和路由器 R1 位于内网，路由器 R2 是内网的出口路由器，路由器 R3 和计算机 PC3 位于外网；目前申请到的公有 IP 地址是 165.0.0.1，路由器 R1、R2、R3 的接口以及计算机 PC1、PC2 和 PC3 的 IP 地址已经配置完成。要求完成基于端口 NAT 的配置，实现内网的设备可以访问 Internet。

步骤 1：在路由器 R1 的全局配置模式下输入以下代码，配置默认路由。

```
R1(config)#ip route 0.0.0.0 0.0.0.0 172.16.2.2
```

步骤 2：在路由器 R2 的全局配置模式下输入以下代码，配置路由。

```
R2(config)#ip route 0.0.0.0 0.0.0.0 165.0.0.2
R2(config)#ip route 172.16.0.0 255.255.254.0 172.16.2.1
```

步骤 3：在路由器 R2 的全局配置模式下输入以下代码，配置 ACL。

```
R2(config)#access-list 1 permit 172.16.0.0 0.0.1.255
```

步骤 4：在路由器 R2 的全局配置模式下输入以下代码，配置 NAT 转换条目。

```
R2(config)#ip nat inside source list 1 interface s0/1/1 overload
```

步骤 5：在路由器 R2 的全局配置模式下输入以下代码，指定外部接口和内部接口。

```
R2(config)#interface s0/1/0
R2(config-if)#ip nat inside
R2(config-if)#interface s0/1/1
```

```
R2(config-if)#ip nat outside
```

步骤 6：在计算机 PC1 命令行界面输入 ping 209.165.1.2 命令检验连通性，如图 15-2 所示。

```
C:\>ping 209.165.1.2

正在 Ping 209.165.1.2 具有 32 字节的数据:
来自 209.165.1.2 的回复: 字节=32 时间=19ms TTL=125
来自 209.165.1.2 的回复: 字节=32 时间=19ms TTL=125
来自 209.165.1.2 的回复: 字节=32 时间=19ms TTL=125
来自 209.165.1.2 的回复: 字节=32 时间=19ms TTL=125

209.165.1.2 的 Ping 统计信息:
    数据包: 已发送 = 4, 已接收 = 4, 丢失 = 0 (0% 丢失),
往返行程的估计时间(以ms为单位):
    最短 = 19ms, 最长 = 19ms, 平均 = 19ms
```

图 15-2　从计算机 PC1 ping 计算机 PC3

步骤 7：在计算机 PC2 命令行界面输入 ping 209.165.1.2 命令检验连通性，如图 15-3 所示。

```
C:\>ping 209.165.1.2

正在 Ping 209.165.1.2 具有 32 字节的数据:
来自 209.165.1.2 的回复: 字节=32 时间=18ms TTL=125
来自 209.165.1.2 的回复: 字节=32 时间=18ms TTL=125
来自 209.165.1.2 的回复: 字节=32 时间=18ms TTL=125
来自 209.165.1.2 的回复: 字节=32 时间=18ms TTL=125

209.165.1.2 的 Ping 统计信息:
    数据包: 已发送 = 4, 已接收 = 4, 丢失 = 0 (0% 丢失),
往返行程的估计时间(以ms为单位):
    最短 = 18ms, 最长 = 18ms, 平均 = 18ms
```

图 15-3　从计算机 PC2 ping 计算机 PC3

步骤 8：在路由器 R2 的特权执行模式下，输入 show ip nat translations 命令查看转换表，如图 15-4 所示。

```
R2#sh ip nat translations
Pro Inside global      Inside local       Outside local      Outside global
icmp 165.0.0.1:48700   172.16.0.1:48700   209.165.1.2:48700  209.165.1.2:48700
icmp 165.0.0.1:48956   172.16.0.1:48956   209.165.1.2:48956  209.165.1.2:48956
icmp 165.0.0.1:49212   172.16.0.1:49212   209.165.1.2:49212  209.165.1.2:49212
icmp 165.0.0.1:49468   172.16.0.1:49468   209.165.1.2:49468  209.165.1.2:49468
icmp 165.0.0.1:45628   172.16.1.1:45628   209.165.1.2:45628  209.165.1.2:45628
icmp 165.0.0.1:45884   172.16.1.1:45884   209.165.1.2:45884  209.165.1.2:45884
icmp 165.0.0.1:46140   172.16.1.1:46140   209.165.1.2:46140  209.165.1.2:46140
icmp 165.0.0.1:46396   172.16.1.1:46396   209.165.1.2:46396  209.165.1.2:46396
```

图 15-4　转换表

通过转换表查看和连通性检查可以发现，内部本地地址 172.16.0.1（172.16.0.0/24 网络中的地址）和 172.16.1.1（172.16.1.0/24 网络中的地址）与内部全局地址 209.165.1.2 实现了地址的转换，计算机 PC1 和 PC2 实现了互通。

15.4.2　出口路由器有多个内部接口情况下基于端口 NAT 的配置

网络拓扑图如图 15-5 所示，计算机 PC1 和 PC2 位于内网，路由器 R1 是内网的出口路由器，路由器 R2 和计算机 PC3 位于外网，目前申请到的公有 IP 地址是 165.0.0.1，路由器 R1 和路由器 R2 的接口以及计算机 PC1、PC2 和 PC3 的 IP 地址已经配置完成。要求完成基于端口 NAT 的配置，实现内网的设备可以访问 Internet。

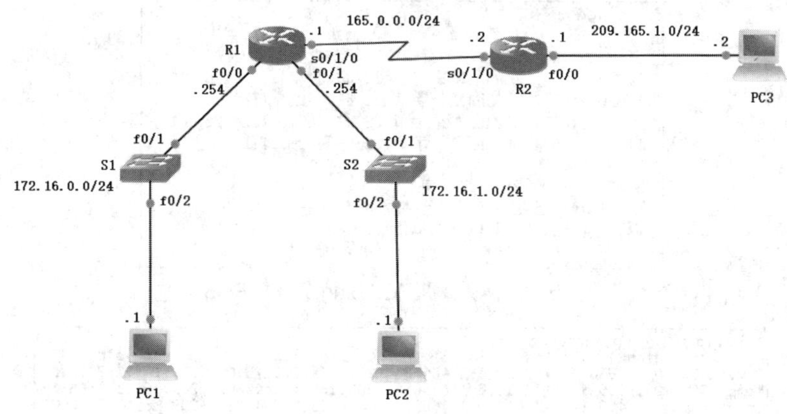

图 15-5　网络拓扑图

步骤 1：在路由器 R1 的全局配置模式下输入以下代码，配置路由。

```
R1(config)#ip route 0.0.0.0 0.0.0.0 165.0.0.2
```

步骤 2：在路由器 R1 的全局配置模式下输入以下代码，配置 ACL。

```
R1(config)#access-list 1 permit 172.16.0.0 0.0.1.255
```

步骤 3：在路由器 R1 的全局配置模式下输入以下代码，配置基于端口的转换条目。

```
R1(config)#ip nat inside source list 1 interface s0/1/0 overload
```

步骤 4：在路由器 R1 的全局配置模式下输入以下代码，指定外部接口和内部接口。

```
R1(config)#interface f0/0
R1(config-if)#ip nat inside
R1(config-if)#interface f0/1
R1(config-if)#ip nat inside
R1(config-if)#interface s0/1/0
R1(config-if)#ip nat outside
```

步骤 5：在计算机 PC1 命令行界面输入 ping 209.165.1.2 命令检验连通性，如图 15-6 所示。

```
C:\>ping 209.165.1.2

正在 Ping 209.165.1.2 具有 32 字节的数据:
来自 209.165.1.2 的回复: 字节=32 时间=10ms TTL=126
来自 209.165.1.2 的回复: 字节=32 时间=10ms TTL=126
来自 209.165.1.2 的回复: 字节=32 时间=10ms TTL=126
来自 209.165.1.2 的回复: 字节=32 时间=10ms TTL=126

209.165.1.2 的 Ping 统计信息:
    数据包: 已发送 = 4，已接收 = 4，丢失 = 0 (0% 丢失)，
往返行程的估计时间(以ms为单位):
    最短 = 10ms，最长 = 10ms，平均 = 10ms
```

图 15-6　从计算机 PC1 ping 计算机 PC3

步骤 6：在计算机 PC2 命令行界面输入 ping 209.165.1.2 命令检验连通性，如图 15-7 所示。

步骤 7：在路由器 R1 的特权执行模式下，输入 show ip nat translations 命令查看转换表，如图 15-8 所示。

如果路由器有多个接口互连了内网，并且这些内网的 IP 地址都需要经过 NAT 转换，在配置 NAT 时，首先要用标准 ACL 把需要转换的多个内网地址抓取出来，然后在每个连接内网的接口都输入 ip nat inside 命令。

```
C:\>ping 209.165.1.2

正在 Ping 209.165.1.2 具有 32 字节的数据:
来自 209.165.1.2 的回复: 字节=32 时间=9ms TTL=126
来自 209.165.1.2 的回复: 字节=32 时间=9ms TTL=126
来自 209.165.1.2 的回复: 字节=32 时间=9ms TTL=126
来自 209.165.1.2 的回复: 字节=32 时间=9ms TTL=126

209.165.1.2 的 Ping 统计信息:
    数据包: 已发送 = 4, 已接收 = 4, 丢失 = 0 (0% 丢失),
往返行程的估计时间(以ms为单位):
    最短 = 9ms, 最长 = 9ms, 平均 = 9ms
```

图 15-7　从计算机 PC2 ping 计算机 PC3

```
R1#sh ip nat translations
Pro Inside global        Inside local        Outside local        Outside global
icmp 165.0.0.1:46409     172.16.0.1:46409    209.165.1.2:46409    209.165.1.2:46409
icmp 165.0.0.1:46665     172.16.0.1:46665    209.165.1.2:46665    209.165.1.2:46665
icmp 165.0.0.1:46921     172.16.0.1:46921    209.165.1.2:46921    209.165.1.2:46921
icmp 165.0.0.1:47177     172.16.0.1:47177    209.165.1.2:47177    209.165.1.2:47177
icmp 165.0.0.1:51529     172.16.1.1:51529    209.165.1.2:51529    209.165.1.2:51529
icmp 165.0.0.1:51785     172.16.1.1:51785    209.165.1.2:51785    209.165.1.2:51785
icmp 165.0.0.1:52041     172.16.1.1:52041    209.165.1.2:52041    209.165.1.2:52041
icmp 165.0.0.1:52297     172.16.1.1:52297    209.165.1.2:52297    209.165.1.2:52297
```

图 15-8　转换表

15.5 项目小结

本项目完成了基于端口 NAT 的配置，利用不同端口号将多个内部 IP 地址转换为一个外部 IP 地址。当内网配置了私有地址的计算机比较多，而公有地址只有一个时，可以采用基于端口的 NAT 把内网的私有地址都转换成这个公有地址，可以最大程度地节约公有地址。出口路由器如果有多个连接内网的接口，在配置 NAT 时，在每个内部接口都要输入 ip nat inside 命令。

15.6 拓展训练

网络拓扑图如图 15-9 所示，计算机 PC1、PC2 和服务器 Server 位于内网，路由器 R1 是内网的出口路由器，路由器 R2 和计算机 PC3 位于外网，要求完成如下配置。

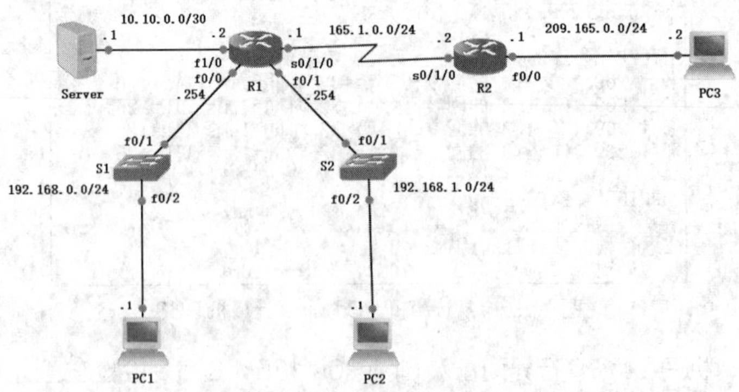

图 15-9　网络拓扑图

（1）完成服务器 IP 地址、路由器接口和必要的路由的配置。

（2）完成基于端口 NAT 的配置，实现 192.168.0.0/24 和 192.168.1.0/24 网络中的地址与路由器 R1 的 s0/1/0 接口地址的转换。

（3）完成静态 NAT 的配置，实现从外网通过 165.1.0.3 地址访问服务器 Server。

模块五

网络优化与安全配置

高速、不间断、可靠运行是衡量网络传输质量的重要指标。很多企业网络都要求网络不中断，在保证网络可靠运行的前提下，还要求保证网络传输速率。网络的优化与安全配置对提高网络传输质量，保证网络可靠运行非常重要。本模块介绍生成树、链路聚合和交换机端口安全的配置。

项目16 生成树的配置

16

16.1 用户需求

某网络拓扑图如图 16-1 所示，由 3 台交换机和 3 台计算机组成。请分析这种网络拓扑结构的优点和缺点，要保证网络正常运行需要做哪些配置?

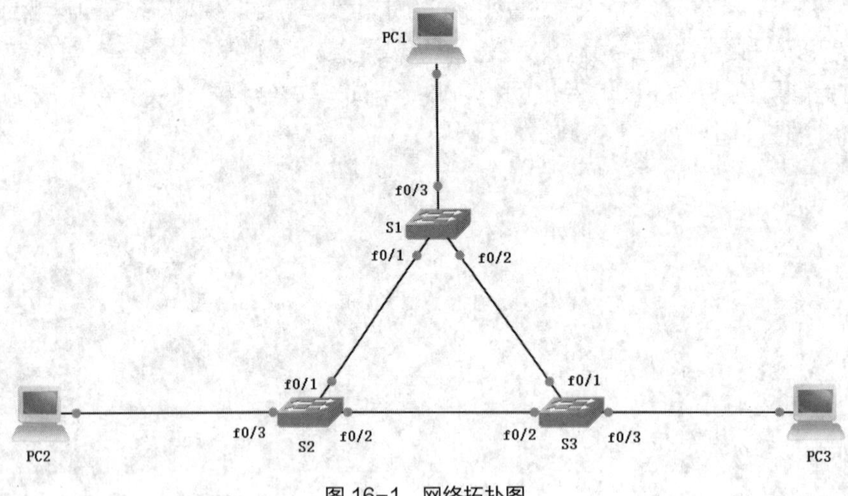

图 16-1　网络拓扑图

16.2 知识梳理

16.2.1 网络冗余

如图 16-1 所示，如果网络只有交换机 S1 和 S2 而没有交换机 S3，计算机 PC1 和 PC2 之间只能通过 PC1-S1-S2-PC2 这条链路通信，只要这条链路上有一台设备或者线缆出现故障，计算机 PC1 和 PC2 的通信就无法完成；添加了交换机 S3 和相应的线缆后，计算机 PC1 与 PC2 可以通过 PC1-S1-S2-PC2 这条链路通信，也可以通过 PC1-S1-S3-S2-PC2 这条链路通信，即使一条链路上的设备或者线缆出现故障，只要另外一条链路正常运行，就可以保持计算机 PC1 与 PC2 互通。对于计算机 PC1 和 PC2 的通信，交换机 S3 以及交换机 S3 与交换机 S1 和 S2 互连的链路就是网络中的冗余设备和冗余链路，可以提高通信的可靠性。

16.2.2 网络中二层环路

网络中的冗余可以提供备份路径，确保网络的可用性，但也可以带来二层环路。如果有广播帧从除源端口之外的所有交换机端口转发出去，由于可转发该帧的路径不止一条，因此可能会导致网络广播帧的无尽循环。与通过路由器传递的 IP 数据报文不同，以太网中的帧不含生存时间（TTL）字段，如果交换网络中的帧没有正确终止，它们就会在交换机之间无休止地传输，直到链路断开或环路解除为止。

在如图 16-1 所示网络拓扑图中，交换机 S1、S2 和 S3 在物理链路上存在环路，这样如果一个广播帧在某台交换机转发，就会出现帧在三台交换机 S1、S2 和 S3 间循环转发的情况，这就产生了二层环路。环路中所有交换机之间不断相互发送相同的帧，这使得交换机的 CPU 不得不处理大量的数据，会导致参与环路的所有交换机的 CPU 负载过高，使交换机无法高效处理收到的正常流量。由于 MAC 地址表不断被广播帧的内容更新，因此交换机不知道究竟使用哪个端口才能将单播帧转发到最终目的地，这造成单播帧也在网络中不断循环。在网络中循环的帧越来越多，便形成了广播风暴，导致被卷入环路的主机无法被网络中的其他主机访问。

16.2.3 生成树协议

生成树协议（Spanning Tree Protocol，STP）能够阻塞可能导致环路的冗余路径，以确保网络中所有目的地之间只有一条逻辑路径。当端口处于阻塞状态时,流量将无法进入或流出，但 STP 用来防止环路的 BPDU（网桥协议数据单元）帧仍可继续通行。为了提供冗余功能，这些物理路径实际上依然存在，只是被禁用。一旦需要启用此类路径来抵消网络线缆或交换机故障的影响，STP 就会重新计算路径，将必要的端口解除阻塞，使冗余路径进入活动状态。

16.2.4 生成树协议的类型

1. STP

STP 是原始 IEEE 802.1d 版本（802.1d-1998 及更早版本），在具有冗余链路的网络中提供无环拓扑。对于这个版本的生成树，不论 VLAN 的数量如何，整个桥接网络都只有一个生成树实例，因此消耗的 CPU 和内存资源比其他版本要低一些。

2. PVST+

PVST+是思科对 STP 所做的一项改进，它为网络中配置的每个 VLAN 提供单独的 IEEE 802.1d 生成树实例，这个独立的实例支持很多增强特性，如 PortFast、UplinkFast、BackboneFast、BPDU 防护、BPDU 过滤、根防护和环路防护等。

3. 快速生成树协议

快速生成树协议（RSTP）从 STP 演变而来，是 STP 的进化版本，可以使 STP 收敛更快，收敛速度快于 STP。

4. 多生成树协议

多生成树协议（MSTP）是一个 IEEE 标准，是将多个 VLAN 映射到同一个生成树实例。思科实施的 MSTP 提供多达 16 个实例，并将许多具有相同物理和逻辑拓扑的 VLAN 合并到一个常用实例中，而且每个实例都支持 PortFast、BPDU 防护、BPDU 过滤、根防护和环路防护。

16.2.5 STP 的算法

STP 使用生成树算法使网络中的某些交换机端口处于阻塞状态，防止环路形成。生成树算法会将一台交换机指定为根桥，然后将其用作所有路径计算的参考点。确定根桥后，生成树算法会计算到根桥的最短路径。当生成树算法为广播域中的所有目的地确定到达根桥的最佳路径时，网络中的所有流量都会停止转发。生成树算法在确定要开放的路径时，会同时考虑路径开销和端口开销。路径开销是根据端口开销值计算出来的，而端口开销值与给定路径上的每个交换机端口的端口速度相关联。端口开销值的总和决定了到达根桥的路径总开销，如果可供选择的路径不止一条，生成树算法会选择路径总开销最低的路径。生成树算法确定了哪些路径要保留为可用之后，会将交换机端口配置为不同的端口角色。端口角色描述了网络中端口与根桥的关系以及端口是否能转发流量。

16.2.6 端口角色

1. 根端口

根端口是最靠近根桥的交换机端口，存在于非根网桥上，是到根桥具有最佳路径的端口。根端口向根桥转发流量，可以使用所接收帧的源 MAC 地址填充 MAC 地址表。一个网桥只能有一个根端口。

2. 指定端口

网络中获准转发流量的、除根端口之外的所有端口都为指定端口，存在于根桥和非根桥上。根桥上的所有交换机端口都是指定端口；而对于非根桥，指定端口是指根据需要接收帧或向根桥转发帧的交换机端口。一个网段只能有一个指定端口。

3. 非指定端口

非指定端口是为防止产生环路而被阻塞的交换机端口。此类端口不会转发数据帧，也不使用源地址填充 MAC 地址表。在某些 STP 的变体中，非指定端口称为替换端口。

4. 禁用端口

禁用端口是指被关闭掉的交换机端口。

16.2.7 网桥 ID

网桥 ID（BID）包含 3 个不同的字段，即网桥优先级、扩展系统 ID、MAC 地址。

1. 网桥优先级

网桥优先级是一个可自定义的值，优先级值最低的交换机具有最小的 BID，这样的交换机会成为根桥（数值越小，优先级越高）。优先级值的范围是 1 至 65536，1 是最高优先级。思科交换机的默认优先级值是 32768。

2. 扩展系统 ID

扩展系统 ID 字段包含的是 BPDU 关联的 VLAN 的 ID，与网桥优先级值一并可标识 BPDU 帧的优先级及其所属的 VLAN。在特定配置下，BPDU 帧可能不含扩展系统 ID。早期的 STP 用在不使用 VLAN 的网络中，所有交换机构成一颗简单的生成树，这时不包含扩展系统 ID。当 VLAN 逐渐成为常用的网络架构分段方式时，人们对 STP 进行了改进，加入了对 VLAN 的支持。使用扩展系统 ID 时，网桥优先级值的可用位数会随之改变，网桥优先级值的增量从 1 更改为 4096，所以网桥优先级值只能是 4096 的倍数。

3. MAC 地址

当两台交换机配置有相同的网桥优先级和相同的扩展系统 ID 时，MAC 地址所含的十六进制值最小的交换机具有较小的 BID。当交换机都具有相同的默认优先级值时，MAC 地址就成为确定交换机能否成为根桥的决定性因素。

16.2.8 STP 的收敛

1. 选举根桥

网络中对应的每个 VLAN 只能有一个网桥担当根桥，BID 值最小的网桥当选为根桥。根桥上所有端口都将成为指定端口。

2. 选举根端口

STP 会在每个非根网桥上选举 1 个根端口，根端口所连接的路径是非根网桥到根桥之间开销最低的路径。当同一交换机上有两个以上的端口到根桥的路径开销相同时（有多条等价路径），非根网桥就会选择端口 ID 数值最小的端口作为根端口。端口 ID 由端口优先级和端口号组成，如果端口优先级相同，使用默认端口号来做出抉择，默认端口号最小的端口将成为根端口。

3. 选举指定端口和非指定端口

STP 会在网桥的每个网段选举 1 个指定端口，它是到达根桥路径开销最低的端口。当两个非根端口的交换机端口连接到同一个 LAN 网段时，非根网桥到根桥的路径开销值相同，会发生端口角色竞争，这两台交换机会交换 BPDU 帧，由发送方的 BID 决定谁成为指定端口。当交换机接收到对方发来的 BID 时，会与自己本身的 BID 值进行比较，如果接收的 BID 值比自己本身的 BID 值低，则对方的端口（发送方的端口）成为指定端口，反之交换机自己的端口成为指定端口；如果 BID 值也相同，则由端口 ID 决定谁成为指定端口。除了根端口和指定端口外的其他端口将成为非指定端口，该端口最终会进入阻塞状态以防止生成环路。

当转发端口关闭（如被阻塞）或某端口在交换机已具有指定端口的情况下转换为转发状态时，交换机会认为自己检测到了拓扑更改，并通知生成树的根桥，然后根桥将该信息广播到整个网络。

16.2.9 路径成本

路径成本的计算和链路的带宽相关联，根路径成本就是到根网桥的所有链路的路径成本的累计，不同的链路带宽对应的修订前后的 IEEE 802.1d 路径成本如表 16-1 所示。

表 16-1 交换机的路径成本

链路带宽	成本（修订前）	成本（修订后）
10Gbit/s	1	2
1000Mbit/s	1	4
100Mbit/s	10	19
10Mbit/s	100	100

16.2.10 端口状态

STP 用于为整个广播域确定逻辑无环路径。互连的交换机通过交换 BPDU 帧来获知信息，生成树是根据这些信息而确定的。每个交换机的端口都会经过如下 5 种可能的端口状态。

1．阻塞

处于阻塞（Blocking）状态的端口不参与数据的转发，不能把 MAC 地址加入地址表；它接收 BPDU 帧，并交给 CPU 进行处理，但不能发送 BPDU 帧。

2．侦听

处于侦听（Listening）状态的交换机端口不能接收或者传输数据，也不能把 MAC 地址加入地址表；它可以接收 BPDU 帧，也可以发送自己的 BPDU 帧。

3．学习

处于学习（Learning）状态的交换机端口可以发送和接收 BPDU 帧，准备参与帧的转发。它虽然不能转发数据，但可以学习 MAC 地址，并开始填充 MAC 地址表。

4．转发

转发（Forwarding）端口是活动拓扑的一部分，端口能够发送和接收数据、学习 MAC 地址、发送和接收 BPDU 帧。

5．禁用

处于禁用（Disabled）状态的端口不参与生成树，不会转发帧。当交换机端口管理性关闭时，端口进入禁用状态。

16.2.11 RSTP

RSTP 是 STP 的改进版，RSTP 能够在第二层网络拓扑变化时加速重新计算生成树的过程。RSTP 重新定义了端口的类型及端口状态。它定义了另外两种端口角色——替代端口和备份端口；定义了三种端口状态——丢弃状态、学习状态和转发状态。如果端口被配置为替代端口或备份端口，则该端口可以立即转换到转发状态，而无须等待网络收敛。

1．端口角色

（1）替代端口

替代端口是用来提供去往根桥的替代路径的端口，在稳定工作状态的拓扑中处于丢弃状态。替代端口出现在非指定交换机上，并且会在当前的指定端口出现故障时过渡为指定端口。

（2）备份端口

备份端口是指定交换机上的一个额外的端口，它的作用是为交换机充当指定端口的那个网段提供一条备份链路，它的端口 ID 高于指定交换机指定端口的端口 ID。在稳定工作状态的拓扑中，备份端口处于丢弃状态。

2．端口状态

（1）丢弃状态

稳定的活动拓扑以及拓扑同步和更改期间都会出现丢弃状态，该状态下禁止转发数据帧，因而可以断开第二层环路。

（2）学习状态

学习状态的端口会接收数据帧来填充 MAC 地址表，以限制未知单播帧泛洪。稳定的活动拓扑以及拓扑同步和更改期间都会出现此状态。

（3）转发状态

转发状态的交换机端口决定了拓扑，仅在稳定的活动拓扑中出现。

16.2.12 边缘端口

边缘端口是指永远不会用于连接到其他交换机的端口，它直接连接到终端。端口启用时，边缘端口会跳过耗时的侦听和学习等状态，立即转换到转发状态。如果将边缘端口连接到其他交换机，可能会发生环路，并可能会延迟生成树的收敛。

16.2.13 BPDU 防护

配置了 PortFast 的边缘端口不应该接收 BPDU 帧，如果端口收到了 BPDU 帧，就意味着另一个网桥或交换机已连接到该端口，从而可能导致生成树环路。思科交换机支持 BPDU 防护的功能，当端口启用了 BPDU 防护时，会在收到 BPDU 帧时将端口设置为 error-disabled 状态，有效关闭端口。端口一旦进入 error-disabled 状态，必须手动恢复。

16.2.14 配置命令

1. 配置交换机的优先级

```
Switch(config)#spanning-tree vlan vlan-id priority value
```

value：优先级值介于 0 和 65536 之间，增量为 4096。

2. 配置交换机为根桥

```
Switch(config)#spanning-tree vlan-id root primary
```

将交换机的优先级配置为预定义的值 24576，或者比网络中检测到的最低网桥优先级低 4096 的值。

3. 配置交换机为备份根桥

```
Switch(config)#spanning-tree vlan-id root secondary
```

将交换机的优先级设置为预定义的值 28672。这可确保在主根桥失败的情况下，该交换机能在新一轮的根桥选举中成为根桥。

4. 配置端口的优先级

```
Switch(config-if)#spanning-tree port-priority value
```

value：端口优先级值的范围为 0～240（增量为 16）。默认的端口优先级值是 128。与网桥优先级一样，端口优先级数值越低，优先级越高。

5. 配置端口的路径成本

```
Switch(config-if)#spanning-tree cost cost
```

6. 查看生成树的配置

```
Switch#show spanning-tree
Switch#show spanning-tree interface interface-id
```

7. 配置边缘端口

```
Switch(config)#interface interface-id
Switch(config-if)#switchport mode access
Switch(config-if)#spanning-tree portfast
```

8. 配置 BPDU 防护

```
Switch(config)#interface interface-id
Switch (config-if)#spanning-tree bpduguard enable
```

要在边缘端口上启用 BPDU 防护，可以用如下命令：

```
Switch(config)# spanning-tree portfast bpduguard default
```

16.3 方案设计

在图 16-1 所示的网络拓扑图中，交换机 S1、S2 和 S3 的物理链路连接成了环，存在二层环路，容易引起广播风暴。二层环路引起的广播风暴不会自动消除，最终将造成网络瘫痪。解决这个问题的方法是在交换机上启用 STP，在保证网络可靠性的同时，通过计算阻塞特定的端口，从而消除网络的二层环路。

16.4 项目实施

16.4.1 根桥和端口角色的查看

网络拓扑图如图 16-1 所示，交换机 S1 的 MAC 地址是 18ef.6394.3680，交换机 S2 的 MAC 地址是 18ef.638b.0500，交换机 S3 的 MAC 地址是 18ef.6366.7b80，网桥优先级是默认值。要求分析并查看网络中的根桥、根端口、指定端口和非指定端口。

1. 查看根桥和端口角色

步骤 1：在交换机 S1 的特权执行模式下，输入 show spanning-tree 命令查看生成树状态，如图 16-2 所示。

```
S1#sh spanning-tree

VLAN0001
  Spanning tree enabled protocol ieee
  Root ID    Priority    32769
             Address     18ef.6366.7b80
             Cost        19
             Port        2 (FastEthernet0/2)
             Hello Time   2 sec  Max Age 20 sec  Forward Delay 15 sec

  Bridge ID  Priority    32769  (priority 32768 sys-id-ext 1)
             Address     18ef.6394.3680
             Hello Time   2 sec  Max Age 20 sec  Forward Delay 15 sec
             Aging Time 15

Interface           Role Sts Cost      Prio.Nbr Type
------------------- ---- --- --------- -------- --------------------------------
Fa0/1               Altn BLK 19        128.1    P2p
Fa0/2               Root FWD 19        128.2    P2p
Fa0/3               Desg FWD 19        128.3    P2p
```

图 16-2 交换机 S1 生成树的配置

步骤 2：在交换机 S2 的特权执行模式下，输入 show spanning-tree 命令查看生成树状态，如图 16-3 所示。

```
S2#sh spanning-tree

VLAN0001
  Spanning tree enabled protocol ieee
  Root ID    Priority    32769
             Address     18ef.6366.7b80
             Cost        19
             Port        2 (FastEthernet0/2)
             Hello Time   2 sec  Max Age 20 sec  Forward Delay 15 sec

  Bridge ID  Priority    32769  (priority 32768 sys-id-ext 1)
             Address     18ef.638b.0500
             Hello Time   2 sec  Max Age 20 sec  Forward Delay 15 sec
             Aging Time 300

Interface           Role Sts Cost      Prio.Nbr Type
------------------- ---- --- --------- -------- --------------------------------
Fa0/1               Desg FWD 19        128.1    P2p
Fa0/2               Root FWD 19        128.2    P2p
Fa0/3               Desg FWD 19        128.3    P2p
```

图 16-3 交换机 S2 生成树的配置

步骤 3：在交换机 S3 的特权执行模式下，输入 show spanning-tree 命令查看生成树状态，如图 16-4 所示。

```
S3#sh spanning-tree

VLAN0001
  Spanning tree enabled protocol ieee
  Root ID    Priority    32769
             Address     18ef.6366.7b80
             This bridge is the root
             Hello Time   2 sec  Max Age 20 sec  Forward Delay 15 sec

  Bridge ID  Priority    32769  (priority 32768 sys-id-ext 1)
             Address     18ef.6366.7b80
             Hello Time   2 sec  Max Age 20 sec  Forward Delay 15 sec
             Aging Time 300

Interface           Role Sts Cost      Prio.Nbr Type
------------------- ---- --- --------- -------- --------------------------------
Fa0/1               Desg FWD 19        128.1    P2p
Fa0/2               Desg FWD 19        128.2    P2p
Fa0/3               Desg FWD 19        128.3    P2p
```

图 16-4　交换机 S3 生成树的配置

2. 结果分析

（1）根桥的选举

根桥的选举依据 BID 决定，普通 STP 的 BID 由网桥优先级和 MAC 地址两个字段组成，3 台交换机的网桥优先级是默认值 32768，通过查看交换机 S1、S2 和 S3 的生成树配置可以发现，网桥优先级是 32769（交换机默认启用的生成树是 PVST+，BID 由网桥优先级、扩展系统 ID 和 MAC 地址 3 部分组成，交换机使用默认 VLAN，只有 VLAN1，扩展系统 ID 是 1，所以看到的网桥优先级是 32768+1=32769），交换机 S1、S2 和 S3 的网桥优先级都相同，所以需要重点比较 MAC 地址字段。交换机 S1 的 MAC 地址是 18ef.6394.3680，交换机 S2 的 MAC 地址是 18ef.638b.0500，交换机 S3 的 MAC 地址是 18ef.6366.7b80，三台交换机 MAC 地址数值最小的是交换机 S3，交换机 S3 当选为根桥。

（2）根端口的选举

在每个非根网桥上有唯一的 1 个根端口。交换机 S3 为根桥，交换机 S1 和交换机 S2 为非根网桥，且其上都有一个根端口，根端口的选举依据是非根网桥到根桥之间的路径开销最小的为根端口。3 台交换机连接的都是 100Mbit/s 的以太网口，交换机 S1 的 f0/1 端口到交换机 S3 的路径开销是 38，而交换机 S1 的 f0/2 端口到交换机 S3 的路径开销为 19，所以交换机 S1 的 f0/2 端口是根端口；交换机 S2 的 f0/1 端口到交换机 S3 的路径开销是 38，而交换机 S2 的 f0/2 端口到交换机 S3 的路径开销是 19，所以交换机 S2 的 f0/2 端口是根端口。

（3）指定端口和非指定端口的选举

每个网段有唯一的 1 个指定端口，指定端口是到达根桥路径开销最小的端口。根桥上的所有激活的端口都是指定端口，所以交换机 S3 的 f0/1 端口和 f0/2 端口都是指定端口。交换机 S1 和交换机 S2 之间的网段上会有一个指定端口，交换机 S1 的 f0/1 端口路径开销值是 19，交换机 S2 的 f0/1 端口到根桥交换机 S3 的路径开销值也是 19，两个端口到根桥的路径开销值相同，这种情况下需要比较 BID 值。BID 值中，3 台交换机的网桥优先级相同，重点需要比较 MAC 地址这个字段。交换机 S1 收到交换机 S2 发来的 BID 值，与自己的 BID 值进行比较，发现收到的交换机 S2 发来的 BID 值中的 MAC 地址是 18ef.638b.0500，比自己的小，这样交换机 S2 的 f0/1 端口当选为指定端口。交换机 S1 的 f0/1 端口即为非指定端口，将处于阻塞状态。

16.4.2　STP 的配置

网络拓扑图如图 16-1 所示，要求完成 STP 的配置，使交换机 S1 为根桥，交换机 S2 的 f0/2

端口为指定端口。

步骤 1：在交换机 S1 的全局配置模式下配置交换机为根桥，输入以下代码。

```
S1(config)#spanning-tree vlan 1 root primary
```

步骤 2：在交换机 S2 的全局配置模式下配置交换机为备用根桥，输入以下代码。

```
S2(config)#spanning-tree vlan 1 root secondary
```

步骤 3：在交换机 S1 的特权执行模式下，输入 show spanning-tree 命令查看生成树状态，如图 16-5 所示。

```
S1#sh spanning-tree

VLAN0001
  Spanning tree enabled protocol ieee
  Root ID    Priority    24577
             Address     18ef.6394.3680
             This bridge is the root
             Hello Time   2 sec  Max Age 20 sec  Forward Delay 15 sec

  Bridge ID  Priority    24577  (priority 24576 sys-id-ext 1)
             Address     18ef.6394.3680
             Hello Time   2 sec  Max Age 20 sec  Forward Delay 15 sec
             Aging Time 300

Interface           Role Sts Cost      Prio.Nbr Type
------------------- ---- --- --------- -------- --------------------------------
Fa0/1               Desg FWD 19        128.1    P2p
Fa0/2               Desg FWD 19        128.2    P2p
Fa0/3               Desg FWD 19        128.3    P2p
```

图 16-5 交换机 S1 生成树的状态

步骤 4：在交换机 S2 的特权执行模式下，输入 show spanning-tree 命令查看生成树状态，如图 16-6 所示。

```
S2#sh spanning-tree

VLAN0001
  Spanning tree enabled protocol ieee
  Root ID    Priority    24577
             Address     18ef.6394.3680
             Cost        19
             Port        1 (FastEthernet0/1)
             Hello Time   2 sec  Max Age 20 sec  Forward Delay 15 sec

  Bridge ID  Priority    28673  (priority 28672 sys-id-ext 1)
             Address     18ef.638b.0500
             Hello Time   2 sec  Max Age 20 sec  Forward Delay 15 sec
             Aging Time 300

Interface           Role Sts Cost      Prio.Nbr Type
------------------- ---- --- --------- -------- --------------------------------
Fa0/1               Root FWD 19        128.1    P2p
Fa0/2               Desg FWD 19        128.2    P2p
Fa0/3               Desg FWD 19        128.3    P2p
```

图 16-6 交换机 S2 生成树的状态

步骤 5：在交换机 S3 的特权执行模式下，输入 show spanning-tree 命令查看生成树配置，如图 16-7 所示。

```
S3#sh spanning-tree

VLAN0001
  Spanning tree enabled protocol ieee
  Root ID    Priority    24577
             Address     18ef.6394.3680
             Cost        19
             Port        1 (FastEthernet0/1)
             Hello Time   2 sec  Max Age 20 sec  Forward Delay 15 sec

  Bridge ID  Priority    32769  (priority 32768 sys-id-ext 1)
             Address     18ef.6366.7b80
             Hello Time   2 sec  Max Age 20 sec  Forward Delay 15 sec
             Aging Time 300

Interface           Role Sts Cost      Prio.Nbr Type
------------------- ---- --- --------- -------- --------------------------------
Fa0/1               Root FWD 19        128.1    P2p
Fa0/2               Altn BLK 19        128.2    P2p
Fa0/3               Desg FWD 19        128.3    P2p
```

图 16-7 交换机 S3 生成树的状态

本项目通过 spanning-tree vlan 1 root primary 命令将交换机 S1 的网桥优先级修改为 24577，使交换机 S1 成为根桥。通过分析可以发现，交换机 S2 的 f0/2 端口和交换机 S3 的 f0/2 端口到根桥的路径开销值相同。在这种情况下，可比较 BID 值，如果 BID 值中交换机的网桥优先级相同，则重点比较 MAC 地址这个字段。交换机 S2 收到交换机 S3 发来的 BID 值，与自己的 BID 值进行比较，发现收到的交换机 S3 发来的 BID 值中的 MAC 地址是 18ef.6366.7b80，比自己的小，这样交换机 S3 的 f0/2 端口当选为指定端口，交换机 S2 的 f0/2 端口为非指定端口。本项目中要求交换机 S2 的 f0/2 端口为指定端口，通过 spanning-tree vlan 1 root secondary 命令将交换机 S2 的网桥优先级修改为 28673，这样 S2 交换机的 BID 值就小于 S3 交换机的 BID 值。通过查看生成树的配置，可以发现交换机 S1 为根桥，交换机 S2 的 f0/2 端口为指定端口。

16.4.3 边缘端口和 BPDU 防护的配置

网络拓扑图如图 16-1 所示，要求将交换机连接计算机的端口配置为边缘端口，并进行 BPDU 的防护配置。

步骤 1：在交换机 S1 的全局配置模式下配置 f0/3 端口为边缘口，输入以下代码。

```
S1(config)#interface f0/3
S1(config-if)#switchport mode access
S1(config-if)#spanning-tree portfast
```

步骤 2：在交换机 S2 的全局配置模式下配置 f0/3 端口为边缘口，输入以下代码。

```
S2(config)#interface f0/3
S2(config-if)#switchport mode access
S2(config-if)#spanning-tree portfast
```

步骤 3：在交换机 S3 的全局配置模式下配置 f0/3 端口为边缘口，输入以下代码。

```
S3(config)#interface f0/3
S3(config-if)#switchport mode access
S3(config-if)#spanning-tree portfast
```

步骤 4：在交换机 S1 的全局配置模式下输入以下代码，开启 BPDU 防护。

```
S1(config)#spanning-tree portfast bpduguard default
```

步骤 5：在交换机 S2 的全局配置模式下输入以下代码，开启 BPDU 防护。

```
S2(config)#spanning-tree portfast bpduguard default
```

步骤 6：在交换机 S3 的全局配置模式下输入以下代码，开启 BPDU 防护。

```
S3(config)#spanning-tree portfast bpduguard default
```

步骤 7：将交换机 S1 的 f0/3 端口接入交换机 S2 的非边缘端口，交换机 S1 会出现图 16-8 所示的提示信息。

```
*Mar  1 00:36:42.781: %SPANTREE-2-BLOCK_BPDUGUARD: Received BPDU on port Fa0/3 with BPDU Guard enabled. Disabling port.
*Mar  1 00:36:42.781: %PM-4-ERR_DISABLE: bpduguard error detected on Fa0/3, putting Fa0/3 in err-disable state
```

图 16-8　交换机 S1 的提示信息

步骤 8：在交换机 S1 的特权执行模式下，查看 f0/3 端口的状态，结果如图 16-9 所示。

本项目将交换机 S1、S2 和 S3 连接终端的端口配置成了边缘端口，同时启用了 BPDU 防护，然后使交换机 S1 启用了 BPDU 防护的 f0/3 端口连接了一台交换机的非边缘端口。通过查看交换机 S1 的提示信息和查看端口状态可以发现，当交换机 S1 的 f0/3 边缘端口收到 BPDU 帧时，该端口进入了 error-disabled 状态。

```
S1#sh int f0/3
FastEthernet0/3 is down, line protocol is down (err-disabled)
  Hardware is Fast Ethernet, address is 18ef.6394.3683 (bia 18ef.6394.3683)
  MTU 1500 bytes, BW 10000 Kbit, DLY 1000 usec,
     reliability 255/255, txload 1/255, rxload 1/255
  Encapsulation ARPA, loopback not set
  Keepalive set (10 sec)
  Auto-duplex, Auto-speed, media type is 10/100BaseTX
  input flow-control is off, output flow-control is unsupported
  ARP type: ARPA, ARP Timeout 04:00:00
  Last input 00:00:27, output 00:00:27, output hang never
  Last clearing of "show interface" counters never
  Input queue: 0/75/0/0 (size/max/drops/flushes); Total output drops: 0
  Queueing strategy: fifo
  Output queue: 0/40 (size/max)
  5 minute input rate 0 bits/sec, 0 packets/sec
  5 minute output rate 0 bits/sec, 0 packets/sec
     1521 packets input, 131673 bytes, 0 no buffer
     Received 1521 broadcasts (657 multicasts)
     0 runts, 0 giants, 0 throttles
     0 input errors, 0 CRC, 0 frame, 0 overrun, 0 ignored
     0 watchdog, 657 multicast, 0 pause input
     0 input packets with dribble condition detected
     6416 packets output, 443333 bytes, 0 underruns
     0 output errors, 0 collisions, 1 interface resets
     0 babbles, 0 late collision, 0 deferred
     0 lost carrier, 0 no carrier, 0 PAUSE output
     0 output buffer failures, 0 output buffers swapped out
```

图 16-9　交换机 S1 的 f0/3 端口的状态

16.5 项目小结

网络中的冗余提高了网络的可靠性，与此同时也带来了二层环路，容易引发广播风暴。STP 可以通过计算阻塞某个端口以消除环路。当网络拓扑发生变化，如某个转发接口连接的链路出现了故障，STP 会通过计算将原来阻塞的端口变成转发状态，维持网络继续通信。为了使交换机连接终端的端口能够快速进入转发状态，可以把连接终端设备的交换端口配置成边缘端口，同时在边缘端口上开启 BPDU 防护，如果边缘端口收到了 BPDU 帧，说明该端口连接了交换设备，有可能给网络带来环路，这时端口将进入 error-disabled 状态，从而有效关闭端口。默认情况下，思科交换机 STP 是开启的。

16.6 拓展训练

网络拓扑图如图 16-10 所示，要求完成如下配置。

（1）完成 3 台交换机 STP 的配置，使交换机 S1 当选为根桥，交换机 S2 当选为备份根桥，交换机 S3 的 f0/2 端口为指定端口。

（2）配置交换机 S3 连接终端设备的端口为边缘端口，并配置 BPDU 防护。

（3）查看交换机 S1、S2 和 S3 的 STP 配置，并分析根桥、根端口、指定端口和非指定端口的选举依据。

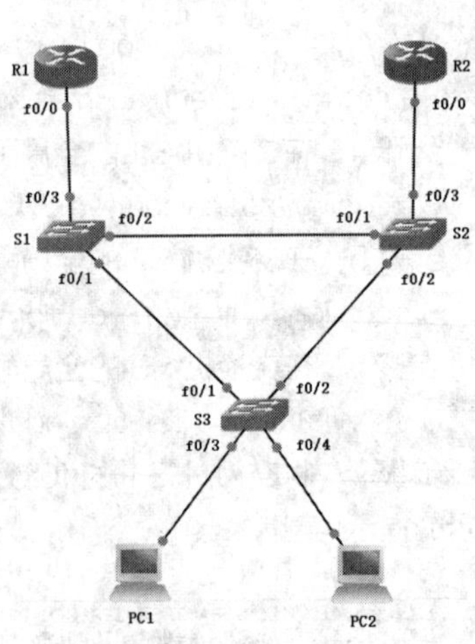

图 16-10　网络拓扑图

项目17 链路聚合的配置

17

17.1 用户需求

某学校网络拓扑图如图 17-1 所示，交换机 S1 和 S2 互连的链路需要较大的带宽，怎样用比较经济的方式提高交换机 S1 和 S2 互连链路的带宽？

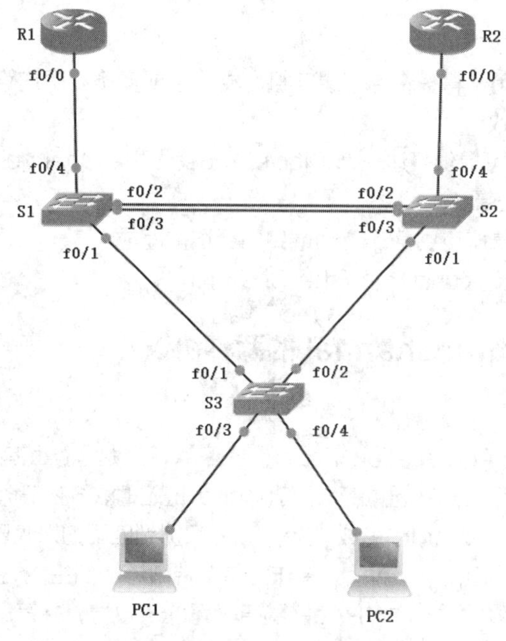

图 17-1 某学校网络拓扑图

17.2 知识梳理

17.2.1 链路聚合

链路聚合能够使用两台设备之间的多个物理链路创建一条逻辑链路，这样，物理链路之间能够进行负载共享，而不是通过 STP 来阻塞一条或多条链路。EtherChannel 是交换网络中所使用的一种链路聚合形式。

17.2.2 EtherChannel 技术

以太网通道（EtherChannel）技术可以将多个快速以太网或吉比特以太网端口聚合到一个逻辑通道中，所产生的虚拟口称为端口通道。物理端口捆绑在一起形成一个端口通道口。

1. EtherChannel 技术的优势

（1）EtherChannel 技术依赖现有交换机端口，无须将链路升级到拥有更高带宽的更快、更昂贵的连接。

（2）绝大多数配置任务可以在 EtherChannel 口下完成，不需要对交换机的每个端口进行配置，可以确保通道中各条链路配置的一致性。

（3）同一个 EtherChannel 的不同链路之间可以进行负载均衡。根据硬件平台实际情况，可以实施一个或多个负载均衡方法，包括物理链路上源 MAC 地址到目的 MAC 地址的负载均衡或源 IP 地址到目的 IP 地址的负载均衡。

（4）EtherChannel 可以实现冗余，创建的聚合被视为一个逻辑链路。因此其中一条物理链路断开并不会给拓扑带来变化，只要交换机之间有一条物理链路是正常工作的，EtherChannel 就会照常工作。

2. EtherChannel 技术的特点

（1）EtherChannel 用于将多个物理端口组合成 1 条或多条逻辑链路。

（2）端口类型必须一致。

（3）EtherChannel 可提供多达 800Mbit/s（Fast EtherChannel）或者 8Gbit/s（Gigabit EtherChannel）的全双工带宽。

（4）EtherChannel 最多可由 8 个物理端口组合配置而成。

（5）思科交换机目前支持最多 6 个 EtherChannel。

17.2.3 创建 EtherChannel 的两种协议

1. 端口聚合协议

端口聚合协议（Port Aggregation Protocol，PAgP）是思科私有协议，可以用来自动创建 EtherChannel 链路。使用 PAgP 配置 EtherChannel 链路时，将在 EtherChannel 可用的端口之间发送 PAgP 数据包，以协商信道的形成。当 PAgP 识别到匹配的以太网链路时，就将其分组到同一 EtherChannel。然后，EtherChannel 将作为单个端口添加到生成树。

PAgP 数据包每 30 秒发送一次，PAgP 检查配置的一致性，并管理链路的添加和两台交换机之间的故障，确保 EtherChannel 创建时所有端口都具有同类型的配置，即所有端口都必须具有相同的速度、双工设置和 VLAN 信息。通道创建后，修改任何端口都将改变所有其他通道口。PAgP 通过检测两端的配置并确保链路的兼容性来协助创建 EtherChannel 链路，以便在需要时启用 EtherChannel 链路。PAgP 有以下 3 种模式。

（1）打开

打开（On）模式强制端口形成 EtherChannel，并且不使用 PAgP 进入通道。打开模式下配置的端口不交换 PAgP 数据包。

（2）期望

期望（Desirable）模式将端口置于主动协商状态，在该状态下，端口通过发送 PAgP 数据包来发起与其他端口的协商。

（3）自动

自动（Auto）模式将端口置于被动协商状态，在该状态下，端口会响应它接收到的 PAgP 数据包，但不会发起 PAgP 协商。

要形成 EtherChannel，两端的模式必须兼容，如果一端配置为自动模式，只能等待另一端发起EtherChannel协商，此时如果另一端配置为自动模式或者打开模式，将不能形成EtherChannel。如果一端配置为期望模式，会主动发起 EtherChannel 协商，此时如果另一端配置成期望模式或者自动模式都可以形成 EtherChannel。打开模式会将端口手动放置到 EtherChannel 中，不进行协商，只有当另一端也设置为打开模式时才会形成 EtherChannel。

2. 链路聚合控制协议

链路聚合控制协议（Link Aggregation Control Protocol，LACP）允许将多个物理端口捆绑形成单个逻辑通道，允许交换机通过向对等体发送 LACP 数据包协商自动捆绑。由于 LACP 是 IEEE 标准，所以可以在多供应商环境中使用，为 EtherChannel 提供便利。LACP 有以下 3 种模式。

（1）打开

打开（On）模式强制端口形成 EtherChannel，并且不使用 LACP 进入通道。打开模式下配置的端口不交换 LACP 数据包，不进行协商。

（2）主动

主动（Active）模式将端口置于主动协商状态。在该状态下，端口通过发送 LACP 数据包发起与其他端口的协商。

（3）被动

被动（Passive）模式将端口置于被动协商状态，在该状态下，端口会响应它接收到的 LACP 数据包，但不会发起 LACP 协商。

像 PAgP 一样，两端的模式必须兼容才能形成 EtherChannel。如果一端配置为被动模式，只能等待另一端发起 EtherChannel 协商，此时如果另一端设置为被动模式或者打开模式，将不能形成 EtherChannel。如果一端配置为主动模式，会主动发起 EtherChannel 协商，此时另一端如果配置成主动模式或者被动模式都可以形成 EtherChannel。打开模式会无条件创建 EtherChannel 配置，所以无须使用 PAgP 或 LACP 动态协商。

17.2.4 配置原则

（1）所有模块上的所有以太网端口都必须支持 EtherChannel，而不要求端口在物理上连续或位于同一模块。

（2）EtherChannel 中的所有端口要以相同速度并在相同双工模式下运行。

（3）EtherChannel 中的所有端口分配到相同 VLAN，或配置为 Trunk。

（4）在中继 EtherChannel 中的所有端口上，EtherChannel 都支持相同的 VLAN 允许范围。如果 VLAN 允许的范围不同，即使设置为自动或期望模式，端口也不会形成 EtherChannel。

17.2.5 配置命令

1. 指定构成 EtherChannel 的端口

```
Switch(config)#interface range port-range
```

range：关键字，允许选择多个口，并将它们一起进行配置。

port-range：端口编号的范围。

2. 创建端口通道口

```
Switch(config-if)#channel-group identifier mode active
```

identifier：标识符，指定通道组编号。

mode active：关键字，将此确定为 LACP EtherChannel 配置。

3. 进入端口通道接口配置模式

```
Switch(config-if)#interface port-channel identifier
```

identifier：标识符，指定通道组编号。

进入端口通道接口配置模式后，可以更改通道口上的第二层设置。

4. 显示 EtherChannel 口的总体状态

```
Switch#show interfaces port-channel
```

5. 用列表每行显示一条通道口信息

```
Switch#show etherchannel summary
```

6. 显示特定通道口的信息

```
Switch#show etherchannel port-channel
```

7. 显示 EtherChannel 内每个端口的相关信息

```
Switch#show interfaces etherchannel
```

17.3 方案设计

在如图 17-1 所示的网络拓扑图中，要满足交换机 S1 和 S2 互连的链路对较大带宽的需求，可以采用链路聚合的方式。这种方式依赖现有交换机端口，无须升级链路，既能提高带宽，也比较经济。

17.4 项目实施

网络拓扑图如图 17-1 所示，交换机 S1 和 S2 通过两条线缆互连，要求配置 LACP，使交换机 S1 和 S2 互连的链路形成二层的 EtherChannel。

步骤 1：在交换机 S1 的全局配置模式下配置 EtherChannel，输入以下代码。

```
S1(config)#interface range f0/2-3
S1(config-if-range)#channel-group 1 mode active
```

步骤 2：在交换机 S2 的全局配置模式下配置 EtherChannel，输入以下代码。

```
S2(config)#interface range f0/2-3
S2(config-if-range)#channel-group 1 mode active
```

步骤 3：在交换机 S1 的特权执行模式下，输入 show interfaces port-channel 1 命令查看通道口的总体状态，如图 17-2 所示。

步骤 4：在交换机 S1 的特权执行模式下，输入 show etherchannel summary 命令查看特定通道口信息，如图 17-3 所示。

```
S1#sh interfaces port-channel 1
Port-channel1 is up, line protocol is up (connected)
  Hardware is EtherChannel, address is 18ef.6366.7b82 (bia 18ef.6366.7b82)
  MTU 1500 bytes, BW 200000 Kbit, DLY 100 usec,
     reliability 255/255, txload 1/255, rxload 1/255
  Encapsulation ARPA, loopback not set
  Keepalive set (10 sec)
  Full-duplex, 100Mb/s, link type is auto, media type is unknown
  input flow-control is off, output flow-control is unsupported
  Members in this channel: Fa0/2 Fa0/3
  ARP type: ARPA, ARP Timeout 04:00:00
  Last input 00:00:25, output 00:00:01, output hang never
  Last clearing of "show interface" counters never
  Input queue: 0/75/0/0 (size/max/drops/flushes); Total output drops: 0
  Queueing strategy: fifo
  Output queue: 0/40 (size/max)
  5 minute input rate 0 bits/sec, 0 packets/sec
  5 minute output rate 2000 bits/sec, 2 packets/sec
     42 packets input, 5301 bytes, 0 no buffer
     Received 30 broadcasts (30 multicasts)
     0 runts, 0 giants, 0 throttles
     0 input errors, 0 CRC, 0 frame, 0 overrun, 0 ignored
     0 watchdog, 30 multicast, 0 pause input
     0 input packets with dribble condition detected
     130 packets output, 14902 bytes, 0 underruns
     0 output errors, 0 collisions, 1 interface resets
     0 babbles, 0 late collision, 0 deferred
     0 lost carrier, 0 no carrier, 0 PAUSE output
     0 output buffer failures, 0 output buffers swapped out
```

图 17-2　端口的总体状态

```
S1#show etherchannel summary
Flags:  D - down        P - bundled in port-channel
        I - stand-alone s - suspended
        H - Hot-standby (LACP only)
        R - Layer3      S - Layer2
        U - in use      f - failed to allocate aggregator

        M - not in use, minimum links not met
        u - unsuitable for bundling
        w - waiting to be aggregated
        d - default port


Number of channel-groups in use: 1
Number of aggregators:           1

Group  Port-channel  Protocol    Ports
------+-------------+-----------+-----------------------------------------------
1      Po1(SU)         LACP      Fa0/2(P)    Fa0/3(P)
```

图 17-3　特定通道口信息

步骤 5：在交换机 S1 的特权执行模式下，输入 show etherchannel port-channel 命令查看通道口信息，如图 17-4 所示。

```
S1#show etherchannel port-channel
                Channel-group listing:
                ----------------------

Group: 1
----------
                Port-channels in the group:
                ---------------------------

Port-channel: Po1    (Primary Aggregator)

------------

Age of the Port-channel   = 0d:00h:04m:08s
Logical slot/port   = 2/1          Number of ports = 2
HotStandBy port = null
Port state          = Port-channel Ag-Inuse
Protocol            =   LACP
Port security       = Disabled

Ports in the Port-channel:

Index   Load   Port     EC state        No of bits
------+------+------+------------------+-----------
  0     00     Fa0/2    Active             0
  0     00     Fa0/3    Active             0

Time since last port bundled:    0d:00h:03m:21s    Fa0/3
```

图 17-4　通道口信息

步骤 6：在交换机 S1 的特权执行模式下，输入 show interfaces etherchannel 命令查看每个通道口的相关信息，如图 17-5 所示。

```
S1#show interfaces etherchannel
----
FastEthernet0/2:
Port state     = Up Mstr Assoc In-Bndl
Channel group = 1           Mode = Active          Gcchange = -
Port-channel  = Po1         GC   =   -             Pseudo port-channel = Po1
Port index    = 0           Load = 0x00            Protocol =    LACP

Flags:  S - Device is sending Slow LACPDUs    F - Device is sending fast LACPDUs.
        A - Device is in active mode.         P - Device is in passive mode.

Local information:
                            LACP port      Admin     Oper    Port        Port
Port      Flags   State     Priority       Key       Key     Number      State
Fa0/2     SA      bndl      32768          0x1       0x1     0x2         0x3D

Partner's information:

                  LACP port                          Admin  Oper   Port    Port
Port      Flags   Priority  Dev ID          Age      key    Key    Number  State
Fa0/2     SA      32768     18ef.638b.0500  13s      0x0    0x1    0x2     0x3D

Age of the port in the current state: 0d:00h:05m:18s
```

```
----
FastEthernet0/3:
Port state     = Up Mstr Assoc In-Bndl
Channel group = 1           Mode = Active          Gcchange = -
Port-channel  = Po1         GC   =   -             Pseudo port-channel = Po1
Port index    = 0           Load = 0x00            Protocol =    LACP

Flags:  S - Device is sending Slow LACPDUs    F - Device is sending fast LACPDUs.
        A - Device is in active mode.         P - Device is in passive mode.

Local information:
                            LACP port      Admin     Oper    Port        Port
Port      Flags   State     Priority       Key       Key     Number      State
Fa0/3     SA      bndl      32768          0x1       0x1     0x3         0x3D

Partner's information:

                  LACP port                          Admin  Oper   Port    Port
Port      Flags   Priority  Dev ID          Age      key    Key    Number  State
Fa0/3     SA      32768     18ef.638b.0500  20s      0x0    0x1    0x3     0x3D

Age of the port in the current state: 0d:00h:05m:20s
```

```
----
Port-channel1:Port-channel1    (Primary aggregator)

Age of the Port-channel   = 0d:00h:06m:10s
Logical slot/port   = 2/1          Number of ports = 2
HotStandBy port = null
Port state          = Port-channel Ag-Inuse
Protocol            =    LACP
Port security       = Disabled

Ports in the Port-channel:

Index   Load   Port     EC state        No of bits
------+------+------+------------------+-----------
  0     00     Fa0/2    Active             0
  0     00     Fa0/3    Active             0

Time since last port bundled:     0d:00h:05m:23s    Fa0/3
```

图 17-5　每个通道口的相关信息

步骤 7：在交换机 S2 的特权执行模式下，输入 show interface port-channel 1 命令查看通道口的总体状态，如图 17-6 所示。

步骤 8：在交换机 S2 的特权执行模式下，输入 show etherchannel summary 命令查看特定通道口信息，如图 17-7 所示。

步骤 9：在交换机 S2 的特权执行模式下，输入 show etherchannel port-channel 命令查看通道口信息，如图 17-8 所示。

```
S2#show interface port-channel 1
Port-channel1 is up, line protocol is up (connected)
  Hardware is EtherChannel, address is 18ef.638b.0502 (bia 18ef.638b.0502)
  MTU 1500 bytes, BW 200000 Kbit, DLY 100 usec,
     reliability 255/255, txload 1/255, rxload 1/255
  Encapsulation ARPA, loopback not set
  Keepalive set (10 sec)
  Full-duplex, 100Mb/s, link type is auto, media type is unknown
  input flow-control is off, output flow-control is unsupported
  Members in this channel: Fa0/2 Fa0/3
  ARP type: ARPA, ARP Timeout 04:00:00
  Last input 00:00:01, output 00:08:12, output hang never
  Last clearing of "show interface" counters never
  Input queue: 0/75/0/0 (size/max/drops/flushes); Total output drops: 0
  Queueing strategy: fifo
  Output queue: 0/40 (size/max)
  5 minute input rate 1000 bits/sec, 1 packets/sec
  5 minute output rate 0 bits/sec, 0 packets/sec
     785 packets input, 111594 bytes, 0 no buffer
     Received 681 broadcasts (452 multicasts)
     0 runts, 0 giants, 0 throttles
     0 input errors, 0 CRC, 0 frame, 0 overrun, 0 ignored
     0 watchdog, 453 multicast, 0 pause input
     0 input packets with dribble condition detected
     243 packets output, 25975 bytes, 0 underruns
     0 output errors, 0 collisions, 1 interface resets
     0 babbles, 0 late collision, 0 deferred
     0 lost carrier, 0 no carrier, 0 PAUSE output
     0 output buffer failures, 0 output buffers swapped out
```

图 17-6 接口的总体状态

```
S2#show etherchannel summary
Flags:  D - down        P - bundled in port-channel
        I - stand-alone s - suspended
        H - Hot-standby (LACP only)
        R - Layer3      S - Layer2
        U - in use      f - failed to allocate aggregator

        M - not in use, minimum links not met
        u - unsuitable for bundling
        w - waiting to be aggregated
        d - default port


Number of channel-groups in use: 1
Number of aggregators:           1

Group  Port-channel  Protocol    Ports
------+-------------+-----------+-----------------------------------------------
1      Po1(SU)         LACP      Fa0/2(P)    Fa0/3(P)
```

图 17-7 特定通道口信息

```
S2#show etherchannel port-channel
                Channel-group listing:
                ----------------------

Group: 1
----------
                Port-channels in the group:
                ---------------------------

Port-channel: Po1    (Primary Aggregator)

------------

Age of the Port-channel   = 0d:00h:10m:09s
Logical slot/port   = 2/1          Number of ports = 2
HotStandBy port = null
Port state          = Port-channel Ag-Inuse
Protocol            =   LACP
Port security       = Disabled

Ports in the Port-channel:

Index   Load   Port     EC state        No of bits
------+------+------+------------------+-----------
  0     00     Fa0/2    Active             0
  0     00     Fa0/3    Active             0

Time since last port bundled:    0d:00h:10m:07s    Fa0/3
```

图 17-8 通道口信息

步骤 10：在交换机 S2 的特权执行模式下，输入 show interfaces etherchannel 命令查看每个通道口的相关信息，如图 17-9 所示。

```
S2#show interfaces etherchannel
----
FastEthernet0/2:
Port state    = Up Mstr Assoc In-Bndl
Channel group = 1           Mode = Active          Gcchange = -
Port-channel  = Po1         GC   =   -             Pseudo port-channel = Po1
Port index    = 0           Load = 0x00            Protocol =   LACP

Flags:  S - Device is sending Slow LACPDUs    F - Device is sending fast LACPDUs.
        A - Device is in active mode.         P - Device is in passive mode.

Local information:
                            LACP port     Admin     Oper    Port        Port
Port      Flags   State     Priority      Key       Key     Number      State
Fa0/2     SA      bndl      32768         0x1       0x1     0x2         0x3D

Partner's information:

                  LACP port                         Admin  Oper   Port    Port
Port      Flags   Priority  Dev ID          Age     key    Key    Number  State
Fa0/2     SA      32768     18ef.6366.7b80  28s     0x0    0x1    0x2     0x3D

Age of the port in the current state: 0d:00h:11m:39s
```

```
----
FastEthernet0/3:
Port state    = Up Mstr Assoc In-Bndl
Channel group = 1           Mode = Active          Gcchange = -
Port-channel  = Po1         GC   =   -             Pseudo port-channel = Po1
Port index    = 0           Load = 0x00            Protocol =   LACP

Flags:  S - Device is sending Slow LACPDUs    F - Device is sending fast LACPDUs.
        A - Device is in active mode.         P - Device is in passive mode.

Local information:
                            LACP port     Admin     Oper    Port        Port
Port      Flags   State     Priority      Key       Key     Number      State
Fa0/3     SA      bndl      32768         0x1       0x1     0x3         0x3D

Partner's information:

                  LACP port                         Admin  Oper   Port    Port
Port      Flags   Priority  Dev ID          Age     key    Key    Number  State
Fa0/3     SA      32768     18ef.6366.7b80  14s     0x0    0x1    0x3     0x3D

Age of the port in the current state: 0d:00h:11m:41s
```

```
----
Port-channel1:Port-channel1    (Primary aggregator)

Age of the Port-channel   = 0d:00h:11m:45s
Logical slot/port   = 2/1          Number of ports = 2
HotStandBy port = null
Port state          = Port-channel Ag-Inuse
Protocol            =   LACP
Port security       = Disabled

Ports in the Port-channel:

Index   Load   Port     EC state        No of bits
------+------+------+------------------+-----------
  0     00     Fa0/2    Active             0
  0     00     Fa0/3    Active             0

Time since last port bundled:    0d:00h:11m:43s    Fa0/3
```

图 17-9　每个通道口的相关信息

通过查看端口通道口的状态可以发现，端口通道 1 已经启用。通过查看通道口信息和组成端口通道的物理端口的信息可以发现，交换机配置了一个 EtherChannel，组 1 使用 LACP，端口通道 1 由两个物理端口（f0/2 和 f0/3）组成，交换机 S1 和 S2 都在主动模式下使用 LACP 成功建立 EtherChannel。show etherchannel summary 命令显示的信息中，端口通道编号旁边的字母 SU 表示第二层 EtherChannel 且正在使用。

17.5 项目小结

本项目完成了链路聚合的配置。EtherChannel 是一种链路聚合形式，协议有 PAgP 和 LACP 两种。其中，PAgP 是思科的私有协议，LACP 是 IEEE 标准，通过这两种协议都可以形成 EtherChannel 链路，将交换机的多个端口聚合起来，增加链路带宽，提高链路的可靠性。

17.6 拓展训练

网络拓扑图如图 17-10 所示，要求完成链路聚合的配置。

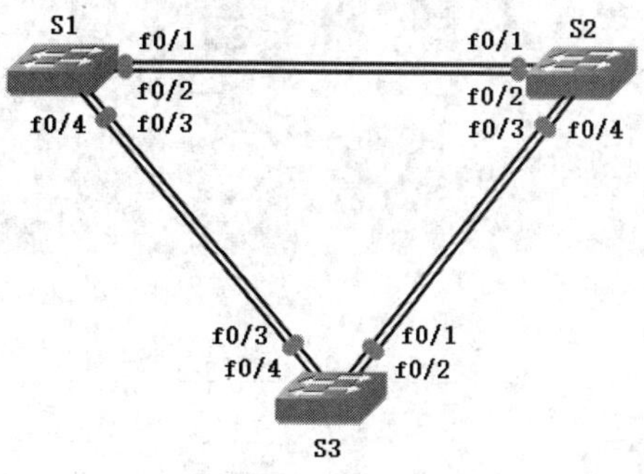

图 17-10 网络拓扑图

（1）用 PAgP 使交换机 S1 和 S2 互连的链路形成 EtherChannel。
（2）用 LACP 使交换机 S1 和 S3 互连的链路形成 EtherChannel。
（3）强制交换机 S2 和 S3 互连的链路形成 EtherChannel。

项目18 交换机端口安全的配置

18

18.1 用户需求

某学校办公网络的部分网络拓扑图如图 18-1 所示，为了提高网络的安全性，不允许接入交换机的不合法用户访问网络。怎样实现这样的功能？

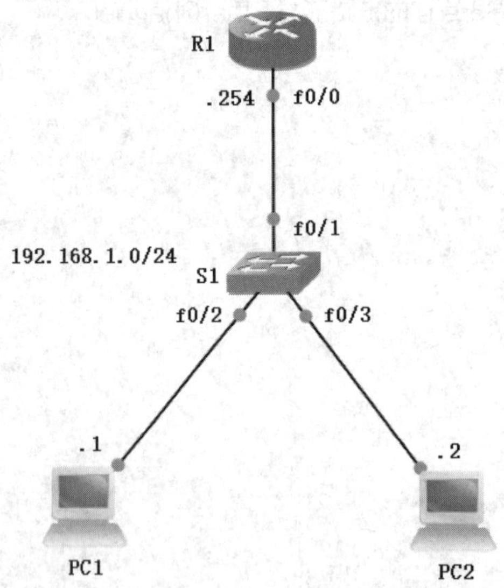

图 18-1　某学校办公网络的部分网络拓扑图

18.2 知识梳理

18.2.1 端口安全

端口安全限制端口上所允许的有效 MAC 地址的数量，可以为安全端口分配安全 MAC 地址，当数据包的源地址不是已定义的安全地址时，端口不会转发。如果将安全 MAC 地址的数量限制为一个，并为该端口只分配一个安全 MAC 地址，只有地址为该特定安全 MAC 地址的工作站才能成功连接到该交换机端口，而且连接该端口的工作站将确保获得端口的全部带宽。如果交换机端口的安全 MAC 地址的数量已达到最大值，当尝试访问该端口的工作站的 MAC 地址不同于任何已确定的安全 MAC 地址时，会发生安全违规。

18.2.2 安全 MAC 地址类型

1. 静态安全 MAC 地址

静态安全 MAC 地址是使用命令手动配置的交换机端口的安全 MAC 地址，存储在地址表中，并添加到交换机的运行配置中。

2. 动态安全 MAC 地址

动态安全 MAC 地址是动态学习到的，并且仅存储在地址表中。动态安全 MAC 地址在交换机重新启动时将被移除。

3. 粘滞安全 MAC 地址

当在端口上启用安全 MAC 地址粘滞学习时，端口会将所有动态安全 MAC 地址（包括那些在启用粘滞获取之前动态获得的 MAC 地址）转换为粘滞安全 MAC 地址，并将所有粘滞安全 MAC 地址添加到运行配置中。如果禁用端口安全 MAC 地址粘滞学习，则粘滞安全 MAC 地址仍作为地址表的一部分，但会从运行配置中移除。如果启用端口安全 MAC 地址粘滞学习，端口学习到粘滞安全地址后禁用端口安全，粘滞安全 MAC 地址仍会保留在运行配置中。如果将粘滞安全 MAC 地址保存在配置文件中，则当交换机重新启动或者接口关闭时，接口不需要重新学习这些地址。

18.2.3 安全违规模式

1. 保护

保护违规模式下，当安全 MAC 地址的数量达到端口允许的限制时，带有未知源地址的数据包将被丢弃，直至移除地址使安全 MAC 地址的数量在允许的范围内，或者增加允许的最大地址数。保护违规模式不会发送安全违规的通知。

2. 限制

限制违规模式下，当安全 MAC 地址的数量达到端口允许的限制时，带有未知源地址的数据包将被丢弃，直至移除地址使安全 MAC 地址的数量在允许的范围内，或者增加允许的最大地址数。该模式会发送 SNMP Trap 消息，记录系统日志，并增加违规计数器的计数。

3. 关闭

关闭违规模式下，端口安全违规将造成端口立即变为错误禁用（error-disabled）状态，并关闭端口 LED。该模式会发送 SNMP Trap 消息，记录系统日志，并增加违规计数器的计数。当安全端口处于错误禁用状态时，要恢复该端口，需要移除地址，使安全 MAC 地址的数量在允许的范围内，或者增加允许的最大地址数，然后用 shutdown 命令关闭端口，再用 no shutdown 命令开启端口。默认情况下，交换机端口的安全违规模式是关闭。

18.2.4 发生安全违规的条件

（1）地址表中添加了最大数量的安全 MAC 地址，有工作站试图访问端口，而且该工作站的 MAC 地址未出现在该地址表中。

（2）在一个安全端口上学习或配置的地址出现在同一个 VLAN 中的另一个安全端口上。

18.2.5 配置命令

1. 启用端口安全和设置端口的违规模式

```
Switch(config-if)#switchport port-security [violation {protect | restrict |shutdown}]
```

switchport port-security：启用端口安全。只有交换机静态接入端口或中继端口才能开启端口安全。

protect：将违规的 MAC 地址的流量丢弃，不记录。

restrict：将违规的 MAC 地址的流量丢弃，并发送 SNMP Trap 消息，记录系统日志。

shutdown：将违规模式设置为 shutdown，违规后执行动作 shutdown（error-disabled），并发送 SNMP Trap 消息，记录系统日志，是端口安全的默认违规模式。

2. 设置端口允许通过的最大 MAC 地址数量

```
Switch(config-if)#switchport port-security maximum value
```

value：端口允许通过的最大 MAC 地址数量。

3. 设置静态安全 MAC 地址

```
Switch(config-if)#switchport port-security mac-address mac-address
```

mac-address：接入端口设备的静态 MAC 地址。

4. 设置粘滞安全 MAC 地址

```
Switch(config-if)#switchport port-security mac-address sticky {mac-address}
```

5. 显示交换机或指定端口的端口安全设置

```
Switch# show port-security [interface interface-id]
```

6. 显示所有交换机端口或某个指定端口上配置的所有安全 MAC 地址

```
Switch# show port-security [interface interface-id] address
```

18.3 方案设计

在如图 18-1 所示的网络拓扑图中，若要实现不允许接入交换机的不合法用户访问网络，可以启用端口安全（启用端口安全后，不合法的设备无法访问网络），可以采用静态端口安全、动态端口安全或粘滞端口安全，端口的违规模式可以配置为保护、限制或关闭。

18.4 项目实施

18.4.1 静态端口安全的配置

网络拓扑图如图 18-1 所示，计算机 PC1 的 MAC 地址为 54be.f74e.2456，计算机 PC2 的 MAC 地址为 54be.f74e.2502。为了防止不合法用户访问网络，要求配置静态端口安全，使交换机 S1 的 f0/2 端口只允许计算机 PC1 接入，交换机 S1 的 f0/3 端口只允许计算机 PC2 接入，一旦端口有非法计算机接入，端口将进入关闭模式。

步骤 1：在交换机 S1 的全局配置模式下输入以下代码，启用端口安全。

```
S1(config)#interface range f0/2-3
S1(config-if)#switchport mode access
```

```
S1(config-if)#switchport port-security
```

步骤 2：在交换机 S1 的全局配置模式下输入以下代码，配置 f0/2 端口的静态安全地址。

```
S1(config)#interface f0/2
S1(config-if)#switchport port-security mac-address 54be.f74e.2456
```

步骤 3：在交换机 S1 的全局配置模式下输入以下代码，配置 f0/3 端口的静态安全地址。

```
S1(config)#interface f0/3
S1(config-if)#switchport port-security mac-address 54be.f74e.2502
```

步骤 4：在交换机 S1 的特权执行模式下，输入 show port-security address 命令查看安全 MAC 地址，如图 18-2 所示。

```
S1#show port-security address
          Secure Mac Address Table
-------------------------------------------------------------------------
Vlan    Mac Address       Type                     Ports   Remaining Age
                                                              (mins)
----    -----------       ----                     -----   -------------
   1    54be.f74e.2456    SecureConfigured         Fa0/2          -
   1    54be.f74e.2502    SecureConfigured         Fa0/3          -
-------------------------------------------------------------------------
Total Addresses in System (excluding one mac per port)     : 0
Max Addresses limit in System (excluding one mac per port) : 8192
```

图 18-2　交换机 S1 的安全 MAC 地址

步骤 5：在交换机 S1 的特权执行模式下，输入 show port-security interface f0/2 命令查看端口安全设置（interface 可以简写为 int），如图 18-3 所示。

```
S1#sh port-security int f0/2
Port Security               : Enabled
Port Status                 : Secure-up
Violation Mode              : Shutdown
Aging Time                  : 0 mins
Aging Type                  : Absolute
SecureStatic Address Aging  : Disabled
Maximum MAC Addresses       : 1
Total MAC Addresses         : 1
Configured MAC Addresses    : 1
Sticky MAC Addresses        : 0
Last Source Address:Vlan    : 54be.f74e.2456:1
Security Violation Count    : 0
```

图 18-3　交换机 S1 的 f0/2 端口安全设置

步骤 6：在交换机 S1 的特权执行模式下，输入 show port-security interface f0/3 命令查看端口安全设置，如图 18-4 所示。

```
S1#sh port-security int f0/3
Port Security               : Enabled
Port Status                 : Secure-up
Violation Mode              : Shutdown
Aging Time                  : 0 mins
Aging Type                  : Absolute
SecureStatic Address Aging  : Disabled
Maximum MAC Addresses       : 1
Total MAC Addresses         : 1
Configured MAC Addresses    : 1
Sticky MAC Addresses        : 0
Last Source Address:Vlan    : 54be.f74e.2502:1
Security Violation Count    : 0
```

图 18-4　交换机 S2 的 f0/3 端口安全设置

步骤 7：在交换机 S1 的特权执行模式下，输入 show run interface f0/2 命令查看交换机 S1 运行配置文件中 f0/2 端口的配置，如图 18-5 所示。

```
S1#sh run int f0/2
Building configuration...

Current configuration : 136 bytes
!
interface FastEthernet0/2
 switchport mode access
 switchport port-security
 switchport port-security mac-address 54be.f74e.2456
end
```

图 18-5　交换机 S1 的 f0/2 端口配置

步骤 8：在交换机 S1 的特权执行模式下，输入 show run interface f0/3 命令查看交换机 S1 运行配置文件 f0/3 端口的配置，如图 18-6 所示。

```
S1#sh run int f0/3
Building configuration...

Current configuration : 136 bytes
!
interface FastEthernet0/3
 switchport mode access
 switchport port-security
 switchport port-security mac-address 54be.f74e.2502
end
```

图 18-6　交换机 S1 的 f0/3 端口配置

步骤 9：在计算机 PC1 的命令行界面输入 ping 192.168.1.2 命令检验连通性，如图 18-7 所示。

```
C:\>ping 192.168.1.2

正在 Ping 192.168.1.2 具有 32 字节的数据:
来自 192.168.1.2 的回复: 字节=32 时间<1ms TTL=128
来自 192.168.1.2 的回复: 字节=32 时间<1ms TTL=128
来自 192.168.1.2 的回复: 字节=32 时间<1ms TTL=128
来自 192.168.1.2 的回复: 字节=32 时间<1ms TTL=128

192.168.1.2 的 Ping 统计信息:
    数据包: 已发送 = 4, 已接收 = 4, 丢失 = 0 (0% 丢失),
往返行程的估计时间(以ms为单位):
    最短 = 0ms, 最长 = 0ms, 平均 = 0ms
```

图 18-7　从计算机 PC1 ping 计算机 PC2

步骤 10：将连接计算机 PC1 和 PC2 的两个交换机端口互换，交换机会提示如图 18-8 所示的消息。

```
*Mar  1 00:41:51.876: %PORT_SECURITY-2-PSECURE_VIOLATION: Security violation occurred, caused by MAC address 54be.f74e.24
56 on port FastEthernet0/3.
*Mar  1 00:41:52.882: %LINEPROTO-5-UPDOWN: Line protocol on Interface FastEthernet0/3, changed state to down
*Mar  1 00:41:53.881: %LINK-3-UPDOWN: Interface FastEthernet0/3, changed state to down
*Mar  1 00:41:53.956: %PM-4-ERR_DISABLE: psecure-violation error detected on Fa0/2, putting Fa0/2 in err-disable state
*Mar  1 00:41:54.963: %LINEPROTO-5-UPDOWN: Line protocol on Interface FastEthernet0/2, changed state to down
*Mar  1 00:41:55.961: %LINK-3-UPDOWN: Interface FastEthernet0/2, changed state to down
```

图 18-8　交换机提示消息

步骤 11：在交换机 S1 的特权执行模式下，查看交换机 S1 的 f0/2 端口状态，如图 18-9 所示。

```
S1#sh int f0/2 status

Port      Name               Status       Vlan       Duplex  Speed Type
Fa0/2                        err-disabled 1            auto   auto 10/100BaseTX
```

图 18-9　交换机 S1 的 f0/2 端口状态

步骤 12：在交换机 S1 的特权执行模式下，查看交换机 S1 的 f0/2 端口安全设置，如图 18-10 所示。

```
S1#sh port-security int f0/2
Port Security              : Enabled
Port Status                : Secure-shutdown
Violation Mode             : Shutdown
Aging Time                 : 0 mins
Aging Type                 : Absolute
SecureStatic Address Aging : Disabled
Maximum MAC Addresses      : 1
Total MAC Addresses        : 1
Configured MAC Addresses   : 1
Sticky MAC Addresses       : 0
Last Source Address:Vlan   : 54be.f74e.2502:1
Security Violation Count   : 1
```

图 18-10　交换机 S1 的 f0/2 端口安全设置

步骤 13：在交换机 S1 的特权执行模式下，查看交换机 S1 的 f0/3 端口状态，如图 18-11 所示。

```
S1#sh int f0/3 status

Port      Name               Status       Vlan       Duplex  Speed Type
Fa0/3                        err-disabled 1            auto   auto 10/100BaseTX
```

图 18-11　交换机 S1 的 f0/3 端口状态

步骤 14：在交换机 S1 的特权执行模式下，查看交换机 S1 的 f0/3 端口安全设置，如图 18-12 所示。

```
S1#sh port-security int f0/3
Port Security              : Enabled
Port Status                : Secure-shutdown
Violation Mode             : Shutdown
Aging Time                 : 0 mins
Aging Type                 : Absolute
SecureStatic Address Aging : Disabled
Maximum MAC Addresses      : 1
Total MAC Addresses        : 1
Configured MAC Addresses   : 1
Sticky MAC Addresses       : 0
Last Source Address:Vlan   : 54be.f74e.2456:1
Security Violation Count   : 1
```

图 18-12　交换机 S1 的 f0/3 端口安全设置

步骤 15：在计算机 PC1 的命令行界面输入 ping 192.168.1.2 命令检验连通性，如图 18-13 所示。

```
C:\>ping 192.168.1.2

正在 Ping 192.168.1.2 具有 32 字节的数据:
来自 192.168.1.1 的回复: 无法访问目标主机。
来自 192.168.1.1 的回复: 无法访问目标主机。
来自 192.168.1.1 的回复: 无法访问目标主机。
来自 192.168.1.1 的回复: 无法访问目标主机。

192.168.1.2 的 Ping 统计信息:
    数据包: 已发送 = 4，已接收 = 4，丢失 = 0 (0% 丢失)，
```

图 18-13　从计算机 PC1 ping 计算机 PC2

步骤 16：将违规的计算机从交换机端口移除，然后发出 shutdown/no shutdown 命令重新启用端口。

```
S1(config)#interface range f0/2-3
S1(config-if-range)#shutdown
S1(config-if-range)#no shutdown
```

重启端口后，交换机收到图 18-14 所示的提示信息，说明交换的端口正常启动了。

```
*Mar  1 00:27:20.803: %LINK-5-CHANGED: Interface FastEthernet0/2, changed state to administratively down
*Mar  1 00:27:20.803: %LINK-5-CHANGED: Interface FastEthernet0/3, changed state to administratively down
*Mar  1 00:27:23.621: %LINK-3-UPDOWN: Interface FastEthernet0/2, changed state to up
*Mar  1 00:27:23.630: %LINK-3-UPDOWN: Interface FastEthernet0/3, changed state to up
*Mar  1 00:27:24.628: %LINEPROTO-5-UPDOWN: Line protocol on Interface FastEthernet0/2, changed state to up
*Mar  1 00:27:24.636: %LINEPROTO-5-UPDOWN: Line protocol on Interface FastEthernet0/3, changed state to up
```

图 18-14　交换机的提示信息

通过查看交换机 S1 的 f0/2 和 f0/3 端口状态和端口安全配置可以发现，完成静态端口安全配置后，交换机的静态安全 MAC 地址会写入运行配置文件中，将计算机 PC1 连接到交换机 S1 的 f0/3 端口，将计算机 PC2 连接到交换机 S1 的 f0/2 端口，交换机 S1 的 f0/2 和 f0/3 端口处于 err-disabled 状态，交换机会提示消息，违规计数器的数值会增加。本项目中，端口的安全违规模式采用的是默认模式，交换机默认的端口安全违规模式是关闭违规模式。

18.4.2　动态端口安全的配置

网络拓扑图如图 18-1 所示，为了防止不合法用户访问网络，要求配置动态端口安全，使交换机 S1 的 f0/3 端口只允许两台计算机接入，一旦交换机端口有不合法计算机接入，端口将进入保护违规模式。

步骤 1：在交换机 S1 的全局配置模式下输入以下代码，启用端口安全。

```
S1(config)#interface f0/3
S1(config-if)#switchport mode access
S1(config-if)#switchport port-security
```

步骤 2：在交换机 S1 的全局配置模式下输入以下代码，配置端口合法地址数量。

```
S1(config-if)#switchport port-security maximum 2
```

步骤 3：在交换机 S1 的全局配置模式下输入以下代码，配置端口的违规模式。

```
S1(config-if)#switchport port-security violation protect
```

步骤 4：将一台集线器接入交换机 S1 的 f0/3 端口，并在集线器上接入两台计算机，网络拓扑图如图 18-15 所示。

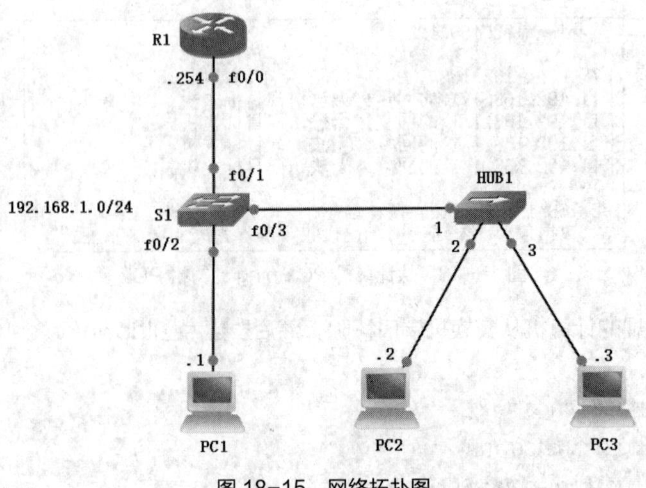

图 18-15　网络拓扑图

步骤 5：在交换机 S1 的特权执行模式下，输入 show port-security address 命令查看安全 MAC 地址，如图 18-16 所示。

```
S1#show port-security address
          Secure Mac Address Table
-------------------------------------------------------------------------
Vlan    Mac Address       Type                     Ports    Remaining Age
                                                               (mins)
----    -----------       ----                     -----    -------------
   1    54be.f74e.2456    SecureDynamic            Fa0/3          -
   1    54be.f74e.2502    SecureDynamic            Fa0/3          -
-------------------------------------------------------------------------
Total Addresses in System (excluding one mac per port)     : 1
Max Addresses limit in System (excluding one mac per port) : 8192
```

图 18-16　交换机 S1 的安全 MAC 地址

步骤 6：在交换机 S1 的特权执行模式下，输入 show port-security interface f0/3 命令查看端口安全设置，如图 18-17 所示。

```
S1#sh port-security int f0/3
Port Security              : Enabled
Port Status                : Secure-up
Violation Mode             : Protect
Aging Time                 : 0 mins
Aging Type                 : Absolute
SecureStatic Address Aging : Disabled
Maximum MAC Addresses      : 2
Total MAC Addresses        : 2
Configured MAC Addresses   : 0
Sticky MAC Addresses       : 0
Last Source Address:Vlan   : 54be.f74e.2456:1
Security Violation Count   : 0
```

图 18-17　交换机 S1 的 f0/3 端口安全设置

步骤 7：在计算机 PC2 的命令行界面输入 ping 192.168.1.254 命令检验连通性，如图 18-18 所示。

```
C:\>ping 192.168.1.254

正在 Ping 192.168.1.254 具有 32 字节的数据:
来自 192.168.1.254 的回复: 字节=32 时间=1ms TTL=255
来自 192.168.1.254 的回复: 字节=32 时间<1ms TTL=255
来自 192.168.1.254 的回复: 字节=32 时间<1ms TTL=255
来自 192.168.1.254 的回复: 字节=32 时间<1ms TTL=255

192.168.1.254 的 Ping 统计信息:
    数据包: 已发送 = 4，已接收 = 4，丢失 = 0 (0% 丢失)，
往返行程的估计时间(以ms为单位):
    最短 = 0ms，最长 = 1ms，平均 = 0ms
```

图 18-18　从计算机 PC2 ping 路由器 R1 的 f0/0 端口

步骤 8：在计算机 PC3 的命令行界面输入 ping 192.168.1.254 命令检验连通性，如图 18-19 所示。

```
C:\>ping 192.168.1.254

正在 Ping 192.168.1.254 具有 32 字节的数据:
来自 192.168.1.254 的回复: 字节=32 时间=2ms TTL=255
来自 192.168.1.254 的回复: 字节=32 时间<1ms TTL=255
来自 192.168.1.254 的回复: 字节=32 时间<1ms TTL=255
来自 192.168.1.254 的回复: 字节=32 时间<1ms TTL=255

192.168.1.254 的 Ping 统计信息:
    数据包: 已发送 = 4，已接收 = 4，丢失 = 0 (0% 丢失)，
往返行程的估计时间(以ms为单位):
    最短 = 0ms，最长 = 2ms，平均 = 0ms
```

图 18-19　从计算机 PC3 ping 路由器 R1 的 f0/0 端口

步骤 9：在集线器上接入第三台计算机 PC4，网络拓扑图如图 18-20 所示。

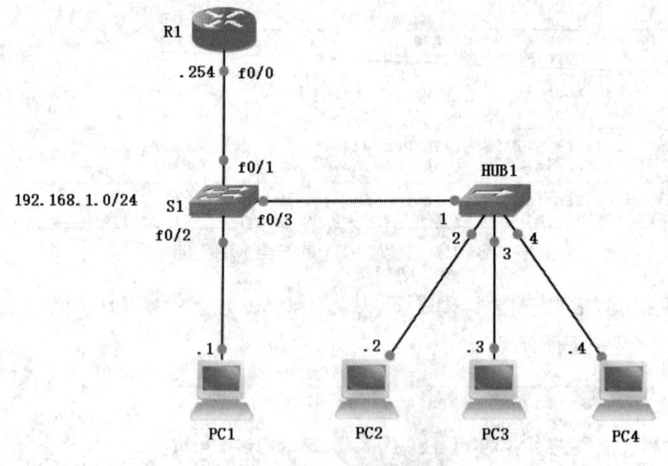

图 18-20 网络拓扑图

步骤 10：在交换机 S1 的特权执行模式下，查看交换机 S1 的 f0/3 端口状态，如图 18-21 所示。

```
S1#sh int f0/3 status

Port      Name               Status       Vlan       Duplex  Speed Type
Fa0/3                        connected    1          a-full  a-100 10/100BaseTX
```

图 18-21 交换机 S1 的 f0/3 端口状态

步骤 11：在交换机 S1 的特权执行模式下，输入 show port-security interface f0/3 命令查看端口安全设置，如图 18-22 所示。

```
S1#sh port-security int f0/3
Port Security              : Enabled
Port Status                : Secure-up
Violation Mode             : Protect
Aging Time                 : 0 mins
Aging Type                 : Absolute
SecureStatic Address Aging : Disabled
Maximum MAC Addresses      : 2
Total MAC Addresses        : 2
Configured MAC Addresses   : 0
Sticky MAC Addresses       : 0
Last Source Address:Vlan   : 54be.f74e.2456:1
Security Violation Count   : 0
```

图 18-22 交换机 S1 的 f0/3 端口安全设置

通过查看交换机 S1 的 f0/3 端口安全设置可以发现，在保护违规模式下，违规计数器不计数。

步骤 12：在交换机 S1 的特权执行模式下，输入 show port-security address 命令查看安全 MAC 地址，如图 18-23 所示。

```
S1#show port-security address
               Secure Mac Address Table
-----------------------------------------------------------------------------
Vlan    Mac Address       Type                          Ports   Remaining Age
                                                                   (mins)
----    -----------       ----                          -----   -------------
   1    54be.f74e.2456    SecureDynamic                 Fa0/3        -
   1    54be.f74e.2502    SecureDynamic                 Fa0/3        -
-----------------------------------------------------------------------------
Total Addresses in System (excluding one mac per port)     : 1
Max Addresses limit in System (excluding one mac per port) : 8192
```

图 18-23 交换机 S1 的安全 MAC 地址

步骤 13：在计算机 PC4 的命令行界面输入 ping 192.168.1.2 命令检验连通性，如图 18-24 所示。

```
C:\>ping 192.168.1.2

正在 Ping 192.168.1.2 具有 32 字节的数据:
来自 192.168.1.2 的回复: 字节=32 时间=1ms TTL=128
来自 192.168.1.2 的回复: 字节=32 时间<1ms TTL=128
来自 192.168.1.2 的回复: 字节=32 时间<1ms TTL=128
来自 192.168.1.2 的回复: 字节=32 时间<1ms TTL=128

192.168.1.2 的 Ping 统计信息:
    数据包: 已发送 = 4，已接收 = 4，丢失 = 0 (0% 丢失)，
往返行程的估计时间(以ms为单位):
    最短 = 0ms，最长 = 1ms，平均 = 0ms
```

图 18-24　从计算机 PC4 ping 计算机 PC2

步骤 14：在计算机 PC4 的命令行界面输入 ping 192.168.1.3 命令检验连通性，如图 18-25 所示。

```
C:\>ping 192.168.1.3

正在 Ping 192.168.1.3 具有 32 字节的数据:
来自 192.168.1.3 的回复: 字节=32 时间<1ms TTL=128
来自 192.168.1.3 的回复: 字节=32 时间<1ms TTL=128
来自 192.168.1.3 的回复: 字节=32 时间<1ms TTL=128
来自 192.168.1.3 的回复: 字节=32 时间<1ms TTL=128

192.168.1.3 的 Ping 统计信息:
    数据包: 已发送 = 4，已接收 = 4，丢失 = 0 (0% 丢失)，
往返行程的估计时间(以ms为单位):
    最短 = 0ms，最长 = 0ms，平均 = 0ms
```

图 18-25　从计算机 PC4 ping 计算机 PC3

步骤 15：在计算机 PC4 的命令行界面输入 ping 192.168.1.254 命令检验连通性，如图 18-26 所示。

```
C:\>ping 192.168.1.254

正在 Ping 192.168.1.254 具有 32 字节的数据:
来自 192.168.1.4 的回复: 无法访问目标主机。
来自 192.168.1.4 的回复: 无法访问目标主机。
来自 192.168.1.4 的回复: 无法访问目标主机。
来自 192.168.1.4 的回复: 无法访问目标主机。

192.168.1.254 的 Ping 统计信息:
    数据包: 已发送 = 4，已接收 = 4，丢失 = 0 (0% 丢失)，
```

图 18-26　从计算机 PC4 ping 路由器 R1 的 f0/0 端口

步骤 16：在计算机 PC3 的命令行界面输入 ping 192.168.1.254 命令检验连通性，如图 18-27 所示。

```
C:\>ping 192.168.1.254

正在 Ping 192.168.1.254 具有 32 字节的数据:
来自 192.168.1.254 的回复: 字节=32 时间=2ms TTL=255
来自 192.168.1.254 的回复: 字节=32 时间<1ms TTL=255
来自 192.168.1.254 的回复: 字节=32 时间<1ms TTL=255
来自 192.168.1.254 的回复: 字节=32 时间<1ms TTL=255

192.168.1.254 的 Ping 统计信息:
    数据包: 已发送 = 4，已接收 = 4，丢失 = 0 (0% 丢失)，
往返行程的估计时间(以ms为单位):
    最短 = 0ms，最长 = 2ms，平均 = 0ms
```

图 18-27　从计算机 PC3 ping 路由器 R1 的 f0/0 端口

查看交换机 S1 的 f0/3 端口状态和安全设置可以发现，交换机 S1 的 f0/3 端口接入的计算机数量超过两台时出现了端口的违规，端口进入保护安全违规模式，交换机不提示信息，违规计数器不计数。通过从计算机 PC4 ping 计算机 PC2 和 PC3 返回的结果可以发现，计算机 PC2、PC3 和 PC4 已经实现了互通，说明计算机 PC4 已经正确接入网络。从计算机 PC3 和 PC4 ping 路由器 R1 的 f0/0 接口返回的结果可以发现，计算机 PC3 能够通过交换机 S1 的 f0/3 端口访问路由器 R1 的 f0/0 端口，而计算机 PC4 无法通过交换机 S1 的 f0/3 端口访问路由器 R1 的 f0/0 端口。保护安全违规模式不会发送安全违规的通知，违规计数器不计数，只是交换的端口不转发违规计算机发送的数据。

18.4.3 粘滞端口安全的配置

网络拓扑图如图 18-1 所示，为了防止不合法用户访问网络，要求配置粘滞端口安全，使交换机 S1 的 f0/3 端口只允许 1 台计算机接入，一旦有非法计算机接入，端口将进入限制安全违规模式。

步骤 1：在交换机 S1 的全局配置模式下输入以下代码，启用端口安全。

```
S1(config)#interface f0/3
S1(config-if)#switchport mode access
S1(config-if)#switchport port-security
```

步骤 2：在交换机 S1 的全局配置模式下输入以下代码，配置粘滞端口安全。

```
S1(config-if)#switchport port-security mac-address sticky
```

步骤 3：在交换机 S1 的全局配置模式下输入以下代码，配置端口的违规模式。

```
S1(config-if)#switchport port-security violation restrict
```

步骤 4：在交换机 S1 的特权执行模式下，输入 show port-security address 命令，查看交换机 S1 的安全 MAC 地址，如图 18-28 所示。

```
S1#sh port-security address
          Secure Mac Address Table
-----------------------------------------------------------------------------
Vlan    Mac Address       Type                    Ports   Remaining Age
                                                              (mins)
----    -----------       ----                    -----   -------------
   1    54be.f74e.2502    SecureSticky            Fa0/3         -
-----------------------------------------------------------------------------
Total Addresses in System (excluding one mac per port)     : 0
Max Addresses limit in System (excluding one mac per port) : 8192
```

图 18-28 交换机 S1 的安全 MAC 地址

步骤 5：在交换机 S1 的特权执行模式下，输入 show port-security interface f0/3 命令查看交换机 S1 的 f0/3 端口安全设置，如图 18-29 所示。

```
S1#sh port-security int f0/3
Port Security              : Enabled
Port Status                : Secure-up
Violation Mode             : Restrict
Aging Time                 : 0 mins
Aging Type                 : Absolute
SecureStatic Address Aging : Disabled
Maximum MAC Addresses      : 1
Total MAC Addresses        : 1
Configured MAC Addresses   : 0
Sticky MAC Addresses       : 1
Last Source Address:Vlan   : 54be.f74e.2502:1
Security Violation Count   : 0
```

图 18-29 交换机 S1 的 f0/3 端口安全设置

步骤 6：在交换机 S1 的特权执行模式下，输入 show run interface f0/3 命令查看交换机 S1

运行配置文件中 f0/3 端口的配置，如图 18-30 所示。

```
S1#sh run int f0/3
Building configuration...

Current configuration : 233 bytes
!
interface FastEthernet0/3
 switchport mode access
 switchport port-security
 switchport port-security violation restrict
 switchport port-security mac-address sticky
 switchport port-security mac-address sticky 54be.f74e.2502
end
```

图 18-30 交换机 S1 运行配置文件中 f0/3 端口的配置

步骤 7：在计算机 PC2 的命令行界面输入 ping 192.168.1.254 命令检验连通性，如图 18-31 所示。

```
C:\>ping 192.168.1.254

正在 Ping 192.168.1.254 具有 32 字节的数据:
来自 192.168.1.254 的回复: 字节=32 时间=2ms TTL=255
来自 192.168.1.254 的回复: 字节=32 时间<1ms TTL=255
来自 192.168.1.254 的回复: 字节=32 时间<1ms TTL=255
来自 192.168.1.254 的回复: 字节=32 时间<1ms TTL=255

192.168.1.254 的 Ping 统计信息:
    数据包: 已发送 = 4, 已接收 = 4, 丢失 = 0 (0% 丢失),
往返行程的估计时间(以ms为单位):
    最短 = 0ms, 最长 = 2ms, 平均 = 0ms
```

图 18-31 从计算机 PC2 ping 路由器 R1 的 f0/0 端口

步骤 8：将一台集线器接入交换机 S1 的 f0/3 端口，在集线器上连接计算机 PC2 和 PC3，网络拓扑图如图 18-32 所示。

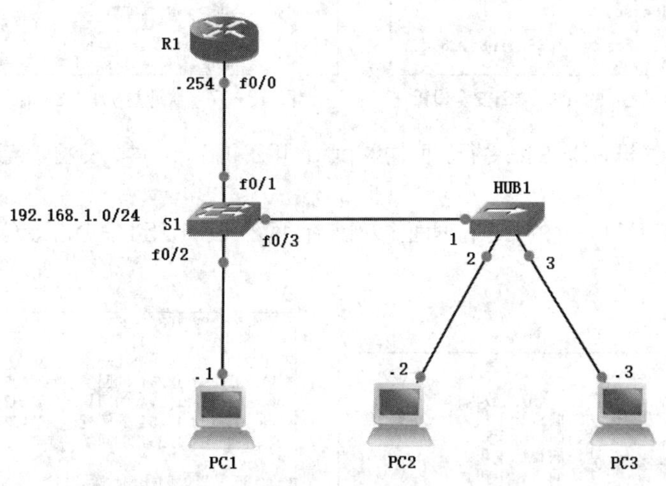

图 18-32 网络拓扑图

当用集线器将计算机 PC3 接入交换机 S1 的 f0/3 端口时，交换机提示如图 18-33 所示的消息。

```
*Mar  1 00:12:23.398: %PORT_SECURITY-2-PSECURE_VIOLATION: Security violation occurred, caused by MAC address c85b.7684.c8
5d on port FastEthernet0/3.
*Mar  1 00:12:29.035: %PORT_SECURITY-2-PSECURE_VIOLATION: Security violation occurred, caused by MAC address c85b.7684.c8
5d on port FastEthernet0/3.
*Mar  1 00:12:35.377: %PORT_SECURITY-2-PSECURE_VIOLATION: Security violation occurred, caused by MAC address c85b.7684.c8
5d on port FastEthernet0/3.
```

图 18-33 交换机的提示消息

步骤 9：在交换机 S1 的特权执行模式下，查看交换机 S1 的 f0/3 端口状态，如图 18-34 所示。

```
S1#sh int f0/3 status

Port      Name               Status       Vlan       Duplex  Speed Type
Fa0/3                        connected    1          a-full  a-100 10/100BaseTX
```

图 18-34　交换机 S1 的 f0/3 端口状态

步骤 10：在交换机 S1 的特权执行模式下，输入 show port-security address 命令查看安全 MAC 地址，如图 18-35 所示。

```
S1#show port-security address
               Secure Mac Address Table
-------------------------------------------------------------------------
Vlan    Mac Address       Type                          Ports   Remaining Age
                                                                   (mins)
----    -----------       ----                          -----   -------------
   1    54be.f74e.2502    SecureSticky                  Fa0/3         -
-------------------------------------------------------------------------
Total Addresses in System (excluding one mac per port)     : 0
Max Addresses limit in System (excluding one mac per port) : 8192
```

图 18-35　交换机 S1 的安全 MAC 地址

步骤 11：在交换机 S1 的特权执行模式下，输入 show port-security interface f0/3 命令查看端口安全设置，如图 18-36 所示。

步骤 12：在计算机 PC3 的命令行界面输入 ping 192.168.1.2 命令检验连通性，如图 18-37 所示。

```
S1#sh port-security int f0/3
Port Security               : Enabled
Port Status                 : Secure-up
Violation Mode              : Restrict
Aging Time                  : 0 mins
Aging Type                  : Absolute
SecureStatic Address Aging  : Disabled
Maximum MAC Addresses       : 1
Total MAC Addresses         : 1
Configured MAC Addresses    : 0
Sticky MAC Addresses        : 1
Last Source Address:Vlan    : c85b.7684.c85d:1
Security Violation Count    : 31
```

图 18-36　交换机 S1 的 f0/3 端口安全设置

```
C:\>ping 192.168.1.2

正在 Ping 192.168.1.2 具有 32 字节的数据:
来自 192.168.1.2 的回复: 字节=32 时间=1ms TTL=128
来自 192.168.1.2 的回复: 字节=32 时间<1ms TTL=128
来自 192.168.1.2 的回复: 字节=32 时间<1ms TTL=128
来自 192.168.1.2 的回复: 字节=32 时间<1ms TTL=128

192.168.1.2 的 Ping 统计信息:
    数据包: 已发送 = 4, 已接收 = 4, 丢失 = 0 (0% 丢失),
往返行程的估计时间(以ms为单位):
    最短 = 0ms, 最长 = 1ms, 平均 = 0ms
```

图 18-37　从计算机 PC3 ping 计算机 PC2

步骤 13：在计算机 PC3 的命令行界面输入 ping 192.168.1.254 命令检验连通性，如图 18-38 所示。

步骤 14：在计算机 PC2 的命令行界面输入 ping 192.168.1.254 命令检验连通性，如图 18-39 所示。

```
C:\>ping 192.168.1.254

正在 Ping 192.168.1.254 具有 32 字节的数据:
来自 192.168.1.3 的回复: 无法访问目标主机。
来自 192.168.1.3 的回复: 无法访问目标主机。
来自 192.168.1.3 的回复: 无法访问目标主机。
来自 192.168.1.3 的回复: 无法访问目标主机。

192.168.1.254 的 Ping 统计信息:
    数据包: 已发送 = 4, 已接收 = 4, 丢失 = 0 (0% 丢失),
```

图 18-38　从计算机 PC3 ping 路由器 R1 的 f0/0 端口

```
C:\>ping 192.168.1.254

正在 Ping 192.168.1.254 具有 32 字节的数据:
来自 192.168.1.254 的回复: 字节=32 时间=1ms TTL=255
来自 192.168.1.254 的回复: 字节=32 时间<1ms TTL=255
来自 192.168.1.254 的回复: 字节=32 时间<1ms TTL=255
来自 192.168.1.254 的回复: 字节=32 时间<1ms TTL=255

192.168.1.254 的 Ping 统计信息:
    数据包: 已发送 = 4, 已接收 = 4, 丢失 = 0 (0% 丢失),
往返行程的估计时间(以ms为单位):
    最短 = 0ms, 最长 = 1ms, 平均 = 0ms
```

图 18-39　从计算机 PC2 ping 路由器 R1 的 f0/0 端口

通过查看交换机 S1 运行配置文件中 f0/3 端口的配置可以发现，粘滞安全 MAC 地址会写入交换机的运行配置文件。通过查看交换机 S1 的 f0/3 端口状态和安全设置可以发现，交换机 S1 的 f0/3 端口接入的计算机数量超过 1 台时，出现了端口的安全违规，端口进入限制安全违规模式，交换机会提示信息，违规计数器会计数。从计算机 PC3 ping 计算机 PC2 返回的结果表明，计算机 PC2 和 PC3 已经实现了互通，说明计算机 PC3 已经正确接入网络。从计算机 PC2 和 PC3 ping 路由器 R1 的 f0/0 端口返回的结果表明，计算机 PC2 能够通过交换机 S1 的 f0/3 端口访问路由器 R1 的 f0/0 端口，而计算机 PC3 无法通过交换机 S1 的 f0/3 端口访问路由器 R1 的 f0/0 端口。限制安全违规模式会发送安全违规的通知，违规计数器会计数，交换机的端口不转发违规计算机发送的数据。

18.5 项目小结

本项目完成了端口安全的配置。端口安全分为静态端口安全、动态端口安全和粘滞端口安全 3 种，静态端口安全用管理员手动配置的静态安全 MAC 地址，动态端口安全用交换机自己学习的动态安全 MAC 地址，粘滞端口安全用交换机自己学习的粘滞安全 MAC 地址，粘滞安全 MAC 地址会被写入运行配置文件，如果保存运行配置文件，粘滞安全 MAC 地址会一直保存在配置文件中。

端口的安全违规模式有保护、限制和关闭 3 种，保护违规模式只是端口不转发违规计算机发送的数据，不发送安全违规的通知，违规计数器也不计数。限制违规模式下端口不转发违规计算机发送的数据，发送安全违规的通知，违规计数器要计数。关闭违规模式下端口处于 err-disabled 状态，发送安全违规的通知，违规计数器也要计数，关闭违规模式是交换机端口安全默认的违规模式。

18.6 拓展训练

网络拓扑图如图 18-40 所示，要求完成如下配置。

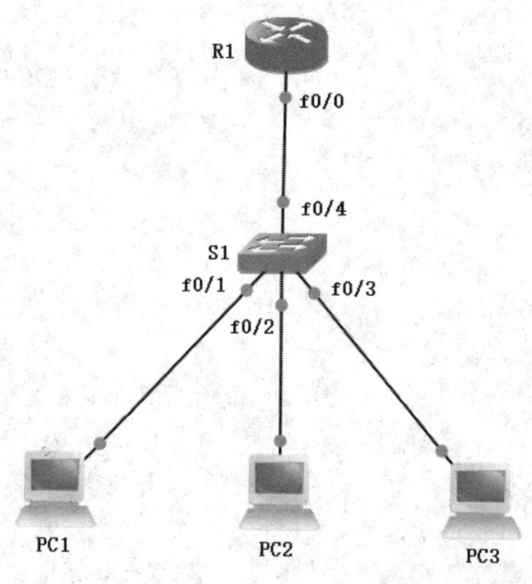

图 18-40 网络拓扑图

（1）完成静态端口安全的配置，使交换机 S1 的 f0/1 端口仅允许计算机 PC1 接入。当有其他计算机接入时，端口将进入保护违规模式。

（2）完成动态端口安全的配置，使交换机 S1 的 f0/2 端口仅允许两台计算机接入。如果有多于两台计算机接入，端口将进入关闭违规模式。

（3）完成粘滞端口安全的配置，使交换机 S1 的 f0/3 端口仅允许三台计算机接入。如果有多于三台计算机接入，端口将进入限制违规模式。

模块六

网络设备的管理

网络设备的正常运行是保证网络正常运行的基础，所以网络设备管理非常重要，而且设备管理常用的技术也是网络工程技术人员需要掌握的基本技能。本模块以路由器的管理为例，介绍设备的密码恢复、IOS 的备份和恢复。

项目19 路由器的密码恢复

19

19.1 用户需求

某学校网络中心由于原来的网络管理员离职，有一台路由器的 Console 接口登录密码和远程登录密码丢失。近期，由于网络升级改造，需要对这台设备完善配置，但是由于密码丢失，无法登录设备，怎样解决这个问题？

19.2 知识梳理

19.2.1 配置寄存器

路由器的配置寄存器以一个十六进制值表示，配置寄存器就像计算机中用于控制启动过程的 BIOS，BIOS 可以设置计算机用哪个存储器作为引导设备启动。

19.2.2 路由器密码的恢复

路由器的配置寄存器默认值是 0x2102，表示启动时加载 NVRAM 的配置文件，路由器的密码丢失后，在启动时使用启动中断命令 Ctrl+Break 进入 rommon 模式，然后修改配置寄存器的值为 0x2142，使路由器启动时不加载 NVRAM 配置文件，这样路由器在启动时就可以绕过登录密码。当路由器启动后，可以手动将启动配置文件加载到运行配置文件，然后修改密码；Console 接口登录密码和远程登录密码都修改完成后，再把配置寄存器的值改回默认值。

19.3 方案设计

本项目中，路由器的 Console 接口登录密码和远程登录密码都丢失了，这种情况下，通过密码恢复可以给路由器设置新的 Console 接口登录密码。如果密码是明文格式的，可以通过查看配置文件读出密码，不需要修改；如果密码是密文格式的，查看配置文件无法读出密码，这种情况下就需要修改密码。

19.4 项目实施

本项目要求完成路由器密码的恢复，使用户通过 Console 口和远程登录都能正常登录到路由器。

步骤 1：路由器的控制台口登录。用计算机通过 Console 电缆将路由器的 Console 口和计算机的 COM 接口连接起来,并在计算机上运行终端软件，进入路由器的用户执行模式。

步骤 2：关闭路由器的电源开关，然后重新打开电源，重启路由器。

步骤 3：进入 rommon 模式。在路由器启动过程的 60 秒内按终端键盘上的“Ctrl+Break”组合键，使路由器进入 rommon 模式，出现“rommon 1>”提示符时说明已进入 rommon 模式。

注意

如果在路由器重启时按“Ctrl+Break”组合键路由器没有反应，可以将终端软件连接到路由器的 baud rate 参数改为 1200，屏幕上不会输出任何信息，然后将路由器电源关闭再重新打开，使路由器重新启动。在路由器启动过程的 60 秒内按住空格键 10～15s，与按“Ctrl+Break”组合键相似，然后再将 baud rate 参数改为 9600，也可以进入 rommon 模式。

步骤 4：输入 confreg 0x2142 和 reset，修改配置寄存器的值为 0x2142，使路由器在重新启动时不加载配置文件，从而绕过配置过的密码。

```
rommon 1 >confreg 0x2142
rommon 1 >reset
```

步骤 5：当路由器进入初始配置模式时输入 no，或者按“Ctrl+C”组合键，可跳过初始配置过程。

步骤 6：在路由器的特权执行模式下，输入 copy startup-config running-config 命令，将 NVRAM 中保存的启动配置复制到内存中。

```
Router#copy startup-config running-config
```

注意

这条命令一定不能把 startup-config 和 running-config 的位置写反，一旦这两个参数的位置写反了，路由器的原有配置将会被删除。

步骤 7：在路由器的特权执行模式下，输入 show running-config 命令查看配置文件。

```
Router#show running-config
```

通过查看配置文件可以看到密文格式或明文格式的密码，明文格式的密码可以直接读出来并继续使用，密文格式的密码无法直接读出，需要更改为新密码。

步骤 8：在全局配置模式下，对于密文格式的密码进行更改。

步骤 9：在路由器的特权执行模式下，输入如下代码，修改配置寄存器的值为默认值。

```
Router(config)#config-register 0x2102
```

步骤 10：按“Ctrl+Z”组合键或输入 end 退出全局配置模式，进入特权执行模式。

步骤 11：保存配置。

19.5 项目小结

本项目完成了路由器的密码恢复。恢复路由器的密码首先需要重启路由器，重启过程中按“Ctrl+Break”组合健使路由器进入 rommon 模式，在这个模式下修改配置寄存器，使路由器启动过程中不加载启动配置文件，从而绕过密码，直接进入用户执行模式。然后将配置文件手动加载到路由器的内存中，这样明文格式的密码通过查看配置文件可以直接读出来并继续使用，密文格式的密码需要修改。密码修改完成后，需要将配置寄存器再修改成默认值，并保存配置。

19.6 拓展训练

某学校网络有一台核心交换机的 Console 口登录和远程登录密码丢失，要求完成交换机密码的恢复，使用户通过 Console 口和远程登录都能正常登录到路由器。

任务提示：交换机没有电源开关，重启设备需要先拔掉电源，然后再将电源线重新连接到交换机；在 15 秒内，当 System（系统）LED 灯闪烁绿光时按住 Mode 按钮，直到 System（系统）LED 灯短暂变成琥珀色，再变成绿色常亮后释放 Mode 按钮，界面上会出现“switch:”，使用 flash_init 命令初始化闪存文件系统；使用 rename flash:config.text flash:config.text.old 命令将配置文件重命名为 config.text.old；用 boot 命令启动系统。因为交换机的配置文件名称被修改了，交换机重启时找不到配置文件，所以不会加载配置。交换机重启后通过 enable 命令进入特权执行模式，使用 rename flash:config.text.old flash:config.text 命令将配置文件重命名为原始文件名称，再使用 copy flash:config.text system:running-config 命令将配置文件复制到内存中，然后读取或者修改密码，保存配置。

项目20 路由器IOS的备份与恢复

20

20.1 用户需求

某学校校园网中有一台路由器的 IOS 丢失了，怎样对路由器的 IOS 进行恢复？

20.2 知识梳理

20.2.1 思科 IOS

IOS（Internetwork Operating System）是在思科网络设备上使用的操作系统，是一个将路由、交换、安全和其他网络互连技术集成到单个多任务操作系统中的软件包。大多数思科设备，无论其种类和大小如何，都离不开 IOS。类似于计算机的桌面操作系统，交换机或路由器上的 IOS 为网络技术人员提供了一个界面，技术人员可以输入命令配置设备或为设备编程，以便执行各种网络功能。不同网络设备的 IOS 操作细节不相同，具体取决于设备的用途和支持的功能。使用何种 IOS 版本取决于使用的设备类型和所需的功能，思科网络设备运行 IOS 的特定版本。当所有设备都有默认的 IOS 和功能集时，可以升级 IOS 版本或功能集以获得更多的功能。

20.2.2 IOS 的存放位置

IOS 文件本身大小为几兆字节，它存储在闪存中。闪存可提供非易失性存储，设备断电时，闪存中的内容不会丢失。必要时可以更改或覆盖闪存内容，这样可将 IOS 升级到新版本或添加新功能，而无须更换硬件。此外，闪存可以同时存储多个 IOS 软件版本。

许多思科设备启动时，IOS 从闪存复制到随机访问存储器（RAM）；RAM 具有许多功能，包括存储设备用于支持网络运营的数据。设备工作时，IOS 在 RAM 中运行。由于重新通电时 RAM 中的数据会丢失，因此 RAM 被视为易失性存储器。

特定版本 IOS 所需的闪存和 RAM 内存容量差别很大。为了便于维护和规划网络，确定每个设备运行的 IOS 版本需要的闪存和 RAM 要求非常重要。IOS 最新版本对于闪存和 RAM 的要求可能超过某些设备上可以安装的 RAM 和闪存，在设备 IOS 升级前，要检查需要升级设备的闪存和 RAM 容量是否满足新版本 IOS 的需要。

20.2.3 TFTP

TFTP（Trivial File Transfer Protocol，简单文件传输协议）是 TCP/IP 协议族中的一个，是用来在客户机与服务器之间进行简单文件传输的协议，提供不复杂、开销不大的文件传输服务。为了防止路由器等设备的系统映像或配置文件损坏或被意外删除，网络 TFTP 服务器保留 IOS 软件映像或者配置文件的备份副本。网络 TFTP 服务器可以是一台路由器、一个工作站，也可以是主机系统，IOS 软件映像和配置文件可通过网络上传和下载。

20.2.4 Xmodem 协议

Xmodem 协议是一种在串口通信中广泛使用到的异步文件传输协议，分为标准 Xmodem 和 1K-Xmodem 两种，前者以 128 字节块的形式传输数据，后者字节块为 1024 字节，并且每个块都使用一个校验和过程来进行错误检测。在校验过程中，如果接收方关于一个块的校验和与在发送方的校验和相同，接收方就向发送方发送一个确认字节（ACK）。由于 Xmodem 需要对每个块都进行确认，导致了性能有所下降，特别是延时比较长的场合，这种协议显得效率较低。Ymodem 是 Xmodem 的改进版协议，具有传输快速稳定的优点，可以一次传输 1024 字节的信息块，还支持同时传输多个文件。

20.2.5 配置命令

1. 备份 IOS 文件到 TFTP 服务器

```
Router#copy flash: tftp:
```

执行上述命令，设备会提示输入源文件名、远程主机（TFTP 服务器）的地址或者名称和目标文件名。

2. 从 TFTP 服务器恢复设备的 IOS

```
Router#copy tftp: flash:
```

执行上述命令，设备会提示输入远程主机（TFTP 服务器）的地址或者名称、源文件名和目标文件名。

3. 在 rommon 模式下使用 Xmodem 恢复 IOS

```
rommon 1> xmodem [-cyr] [filename]
```

-cyr：根据配置参数的不同有不同的含义，-c 表示 CRC-16；y 表示 Ymodem 协议；r 表示将映像复制到 RAM 中。

filename：需要传输的文件名称。

4. 指定 Flash 作为思科 IOS 映像的源设备

```
Router(config)#boot system flash0://filename
```

5. 指定从 ROM 引导

```
Router(config)#boot system rom
```

指定 TFTP 服务器作为思科 IOS 文件的一个来源，如果找不到正确的 IOS，可以指定从 ROM 引导。

20.3 方案设计

在本项目中，需要管理员对网络设备的 IOS 进行恢复。如果路由器之前做过 IOS 文件的备份，可以用备份的 IOS 完成路由器 IOS 的恢复。在网络管理过程中，为了便于网络设备的管理以及后期的维护，一般都会对设备的 IOS 进行备份。备份 IOS 可以借助 TFTP 服务器，通过 copy 命令将 IOS 文件上传到 TFTP 服务器。如果路由器的 IOS 丢失后，路由器没有重启，仍然在正常运行，这时可以借助 TFTP 服务器将 IOS 文件下载到路由器完成恢复；如果设备的 IOS 丢失后，设备已经重启，则需要进入 rommon 模式，用 TFTP 服务器或者 Xmodem 恢复。如果需要升级设备的 IOS，需要找到设备对应的新版本 IOS 文件，删除设备原有的 IOS 文件后，将新版本的 IOS 文件恢复到设备。如果设备存储空间充足，也可以保留设备原有的 IOS 文件，将新版本的 IOS 文件恢复到设备后，使用命令配置路由器用于引导系统的 IOS。

20.4 项目实施

20.4.1 备份 IOS 到 TFTP 服务器

某学校网络刚刚完成了升级改造，为了便于网络设备的管理以及后期的维护，要求管理员对网络设备的 IOS 进行备份。

步骤 1：在管理员的管理计算机上运行 TFTP 服务器软件（TFTP 服务器软件有很多，本项目选择的是 Cisco TFTP Server 软件），软件界面如图 20-1 所示。

图 20-1　Cisco TFTP Server 软件界面

步骤 2：单击“选项”按钮，打开“选项”对话框，如图 20-2 所示。

步骤 3：单击“日志文件名”文本框后面的“浏览”按钮，设置日志文件的存放位置；单击“TFTP 服务器根目录”文本框后面的“浏览”按钮，设置 TFTP 服务器接收到的文件的存放位置。

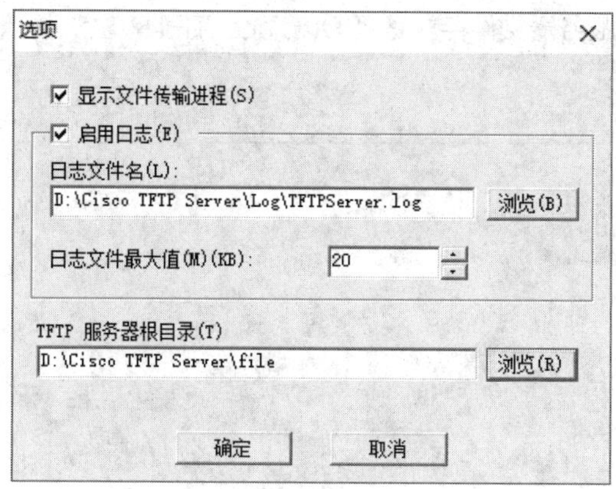

图 20-2 “选项”对话框

步骤 4：按照图 20-3 所示的网络拓扑图，把计算机和路由器连接起来。

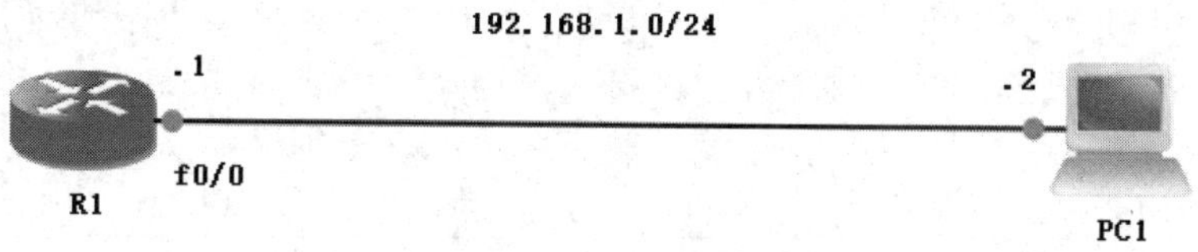

图 20-3 网络拓扑图

步骤 5：配置路由器的 f0/0 端口和计算机的 IP 地址。

步骤 6：通过 Console 口登录路由器，进入特权执行模式，输入 dir 命令查看路由器闪存中的文件，如图 20-4 所示，找到路由器的 IOS 文件，是 c2801-ipbase-mz.124-15.T13.bin。

```
R1#dir
Directory of flash:/

    1  -rw-    23174468   Jun 2 2010 06:42:42 +00:00  c2801-ipbase-mz.124-15.T13.bin
    2  -rw-        2898   Jun 2 2010 06:44:10 +00:00  cpconfig-2801.cfg
    3  -rw-     2938880   Jun 2 2010 06:44:36 +00:00  cpexpress.tar
    4  -rw-        1038   Jun 2 2010 06:44:50 +00:00  home.shtml
    5  -rw-      122880   Jun 2 2010 06:45:04 +00:00  home.tar
    6  -rw-      527849   Jun 2 2010 06:45:20 +00:00  128MB.sdf
    7  -rw-     1697952   Jun 2 2010 06:45:48 +00:00  securedesktop-ios-3.1.1.45-k9.pkg
    8  -rw-      415956   Jun 2 2010 06:46:06 +00:00  sslclient-win-1.1.4.176.pkg

128704512 bytes total (99811328 bytes free)
```

图 20-4 路由器闪存中的文件

步骤 7：在路由器 R1 的特权执行模式下输入以下代码，用复制命令将 IOS 文件上传到 TFTP 服务器，备份 IOS 文件。

```
R1#copy flash:c2801-ipbase-mz.124-15.T13.bin tftp:
```

运行上述命令，会提示输入远程主机的地址或者主机名；输入 TFTP 服务器的地址 192.168.1.1，会提示确认目标文件名（TFTP 服务器上 IOS 镜像文件的名称），可以直接按“Enter”键，确认文件名并开始上传。如果出现如图 20-5 所示的界面，说明备份成功。

```
R1#copy flash:c2801-ipbase-mz.124-15.T13.bin tftp:
Address or name of remote host []? 192.168.1.1
Destination filename [c2801-ipbase-mz.124-15.T13.bin]?
.!!!!!!!!!!!!!!!!!!!!!!!!!!!!!!!!!!!!!!!!!!!!!!!!!!!!!!!!!!!!!!!!!!!!!!!!!!!!!!!!!!!!!!!!!!!!!
23174468 bytes copied in 126.188 secs (183650 bytes/sec)
```

图 20-5 将路由器的 IOS 文件上传到 TFTP 服务器

步骤 8：进入 TFTP 服务器文件存放路径 D:\Cisco TFTP Server\file，查看 IOS 文件，如图 20-6 所示。

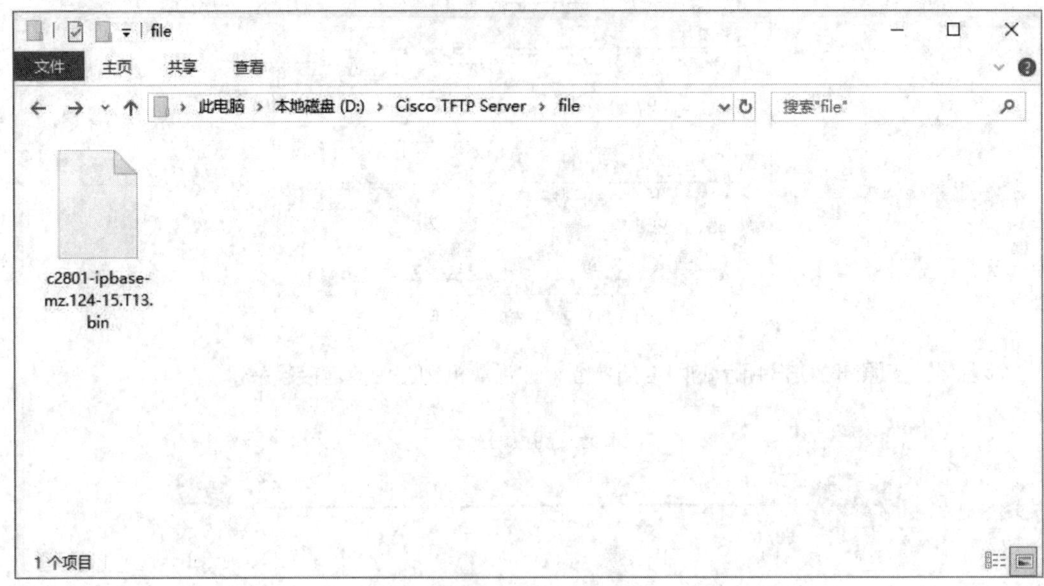

图 20-6　查看 TFTP 服务器上的 IOS 文件

注意

在 IOS 备份过程中，一定要保证 TFTP 服务软件是开启的。

20.4.2　用 TFTP 服务器恢复路由器的 IOS 文件

某学校校园网中有一台正在运行的路由器，网络管理员发现路由器的 IOS 丢失了，设备没有重启，要求通过备份在 TFTP 服务器上的 IOS 对设备进行恢复。

如果路由器的 IOS 映像文件被删除或损坏后设备没有重新启动，这是因为路由器的 IOS 正在路由器 RAM 中运行，所以路由器仍然可以正常运行。此时不能重新启动路由器，否则无法在闪存中找到有效的 IOS，路由器无法完成正常启动。管理员可以将备份在 TFTP 服务器中的 IOS 映像文件复制到路由器，完成路由器 IOS 的恢复。

步骤 1：按照如图 20-3 所示的网络拓扑图连接路由器和 TFTP 服务器，TFTP 服务器的配置步骤与备份 IOS 到 TFTP 服务器时对其进行的配置相同，这里不再赘述。

步骤 2：TFTP 服务器已经配置完成并与路由器建立连接后，在路由器的特权执行模式下输入以下代码，从 TFTP 服务器复制 IOS 文件。

```
R1#copy tftp: flash:
```

运行命令，路由器会提示输入远程主机的地址或者主机名。根据提示输入 TFTP 服务器的地址 192.168.1.1，会提示源文件名；输入保存在 TFTP 服务器上的 IOS 镜像文件的名称，会提示确认目标文件名，可以直接按“Enter”键确认文件名，并开始从 TFTP 服务器复制 IOS 文件，出现如图 20-7 所示的界面说明恢复成功。

```
R1#copy tftp: flash:
Address or name of remote host []? 192.168.1.1
Source filename []? c2801-ipbase-mz.124-15.T13.bin
Destination filename [c2801-ipbase-mz.124-15.T13.bin]?
Accessing tftp://192.168.1.1/c2801-ipbase-mz.124-15.T13.bin...
Loading c2801-ipbase-mz.124-15.T13.bin from 192.168.1.1 (via FastEthernet0/0): !!!!!!!!!!!!!!!!!!!!!!!!!!!!!!!!!!!!!!!!!!!!!!
!!!!!!!!!!!!!!!!!!!!!!!!!!!!!!!!!!!!!!!!!!!!!!!!!!!
[OK - 23174468 bytes]

23174468 bytes copied in 94.184 secs (246055 bytes/sec)
```

图 20-7　从 TFTP 服务器恢复 IOS 到路由器

20.4.3　使用 rommon 模式恢复

如果路由器上的 IOS 被意外地从闪存中删除，并且路由器已经重新启动，路由器将无法加载 IOS，它会根据默认设置加载 rommon 提示符，如图 20-8 所示。

```
System Bootstrap, Version 12.4(13r)T, RELEASE SOFTWARE (fc1)
Technical Support: http://www.cisco.com/techsupport
Copyright (c) 2006 by cisco Systems, Inc.
PLD version 0x10
GIO ASIC version 0x127
c2801 platform with 393216 Kbytes of main memory
Main memory is configured to 64 bit mode with parity disabled


Readonly ROMMON initialized
program load complete, entry point: 0x8000f000, size: 0xcb80
program load complete, entry point: 0x8000f000, size: 0xcb80
loadprog: bad file magic number:      0x0
boot: cannot load "flash:"

System Bootstrap, Version 12.4(13r)T, RELEASE SOFTWARE (fc1)
Technical Support: http://www.cisco.com/techsupport
Copyright (c) 2006 by cisco Systems, Inc.
PLD version 0x10
GIO ASIC version 0x127
c2801 platform with 393216 Kbytes of main memory
Main memory is configured to 64 bit mode with parity disabled


Readonly ROMMON initialized
rommon 1 >
```

图 20-8　路由器进入加载 rommon 模式

要恢复设备的 IOS，可以使用 TFTP 服务器或者使用 Xmodem。

1. 使用 TFTP 服务器恢复 IOS 映像

步骤 1：将系统管理员的计算机连接到丢失 IOS 的路由器的控制台口。将 TFTP 服务器连接到该路由器的第一个以太网接口，在计算机上运行终端软件，实现计算机对路由器的 Console 口登录，并完成计算机 IP 地址的配置。

步骤 2：设置路由器 R1 的 rommon 变量，使路由器能够连接到 TFTP 服务器，在默认加载的 rommon 提示符下输入以下代码。

```
rommon 1> IP_ADDRESS=192.168.1.2
rommon 2> IP_SUBNET_MASK=255.255.255.0
rommon 3> DEFAULT_GATEWAY=192.168.1.1
rommon 4> TFTP_SERVER=192.168.1.1
rommon 5> TFTP_FILE=c2801-ipbase-mz.124-15.T13.bin
```

注意

输入 rommon 变量时，变量名称区分大小写，=的前后不能加入任何空格。为了便于正确输入，可以使用文本编辑器编辑变量后复制粘贴至终端窗口中。

步骤 3：在 rommon 提示符后输入 tftpdnld 命令。

```
rommon 6 > tftpdnld
```

步骤 4：按“Enter”键，路由器将显示所需的环境变量，并警告闪存中的所有现有数据都将被删除，如图 20-9 所示。

```
rommon 6 > tftpdnld

          IP_ADDRESS: 192.168.1.2
      IP_SUBNET_MASK: 255.255.255.0
     DEFAULT_GATEWAY: 192.168.1.1
         TFTP_SERVER: 192.168.1.1
           TFTP_FILE: c2801-ipbase-mz.124-15.T13.bin
        TFTP_MACADDR: 28:93:fe:5b:b0:4e
        TFTP_VERBOSE: Progress
    TFTP_RETRY_COUNT: 18
        TFTP_TIMEOUT: 7200
       TFTP_CHECKSUM: Yes
             FE_PORT: 0
       FE_SPEED_MODE: Auto Detect

Invoke this command for disaster recovery only.
WARNING: all existing data in all partitions on flash: will be lost!
Do you wish to continue? y/n:  [n]:
```

图 20-9　显示环境变量并警告所有数据将被删除

步骤 5：输入 y 后按“Enter”键，路由器将尝试连接到 TFTP 服务器启动下载。连接成功后，下载将开始。感叹号（！）会指示这一过程，每个!表明路由器接收到一个 UDP 数据段，如图 20-10 所示。

```
!!!!!!!!!!!!!!!!!!!!!!!!!!!!!!!!!!!!!!!!!!!!!!!!!!!!!!!!!!!!!!!!!!!!!!!!!!!!!!!!!!!!!!!!!!!!!!!!!!!
File reception completed.
Validating checksum.
Copying file c2801-ipbase-mz.124-15.T13.bin to flash:.
program load complete, entry point: 0x8000f000, size: 0xcb80

Format: Drive communication & 1st Sector Write OK...
Writing Monlib sectors.
..........................................................................................
Monlib write complete

Format: All system sectors written. OK...
Format: Operation completed successfully.

Format of flash: complete
program load complete, entry point: 0x8000f000, size: 0xcb80

rommon 7 >
```

图 20-10　使用 TFTP 服务器恢复 IOS 映像

步骤 6：重新启动设备，输入以下代码。

```
rommon 7 > reset
```

按“Enter”键，路由器将重启并加载新的 IOS 映像。

2. 使用 Xmodem 恢复 IOS 映像

路由器的 rommon 支持 Xmodem，路由器能与系统管理员计算机上的终端仿真应用程序（如 SecureCRT）通信。

步骤 1：在路由器的 rommon 模式下输入以下代码，修改波特率。

```
rommon 1 > confreg
```

按“Enter”键，将提示是否修改配置，如图 20-11 所示。

```
rommon 1 > confreg


          Configuration Summary
    (Virtual Configuration Register: 0xa102)
enabled are:
diagnostic mode
load rom after netboot fails
console baud: 9600
boot: image specified by the boot system commands
      or default to: cisco2-c2801

do you wish to change the configuration? y/n  [n]:
```

图 20-11　修改配置界面

步骤 2：输入 y，进入具体修改选项，具体选项都输入 n，直到出现“change console baud rate?”

提示，输入 y，并输入 7，选择波特率为 115200，如图 20-12 所示。

```
do you wish to change the configuration? y/n  [n]:  y
disable "diagnostic mode"? y/n  [n]:  n
enable  "use net in IP bcast address"? y/n  [n]:  n
disable "load rom after netboot fails"? y/n  [n]:  n
enable  "use all zero broadcast"? y/n  [n]:  n
enable  "break/abort has effect"? y/n  [n]:  n
enable  "ignore system config info"? y/n  [n]:  n
change console baud rate? y/n  [n]:  y
0=9600, 1=4800, 2=1200, 3=2400, 4=19200, 5=38400, 6=57600, 7=115200
enter rate  [0]: 
```

图 20-12　修改配置选项

步骤 3：在出现的“change the boot characteristics? ”选项后输入 n,在出现的“do you wish to change the configuration? ”选项后输入 n，将提示设备需要重启，如图 20-13 所示。

```
change console baud rate? y/n  [n]:  y
0=9600, 1=4800, 2=1200, 3=2400, 4=19200, 5=38400, 6=57600, 7=115200
enter rate  [0]:  7
change the boot characteristics? y/n  [n]:  n


            Configuration Summary
   (Virtual Configuration Register: 0xb922)
enabled are:
diagnostic mode
load rom after netboot fails
console baud: 115200
boot: image specified by the boot system commands
      or default to: cisco2-c2801

do you wish to change the configuration? y/n  [n]:  n


You must reset or power cycle for new config to take effect
rommon 2 > 
```

图 20-13　修改配置选项

步骤 4：输入以下代码，重新启动设备。

```
rommon 2 > reset
```

步骤 5：将管理员计算机通过 Console 电缆连接到路由器的 Console 口。管理员通过 Console 口登录到路由器，登录时波特率需要选择 115200。

步骤 6：在 rommon 命令提示符后面输入 xmodem 命令，会出现如图 20-14 所示的提示消息。

```
rommon 3 > xmodem -c c2801-ipbase-mz.124-15.T13.bin
```

```
rommon 1 > xmodem -c c2801-ipbase-mz.124-15.T13.bin
Do not start the sending program yet...
program load complete, entry point: 0x8000f000, size: 0xcb80
        File size           Checksum   File name

WARNING: All existing data in flash will be lost!
Invoke this application only for disaster recovery.
Do you wish to continue? y/n  [n]:  
```

图 20-14　提示消息

步骤 7：输入 y，接受出现的所有提示消息，如图 20-15 所示。

```
rommon 1 > xmodem -c c2801-ipbase-mz.124-15.T13.bin
Do not start the sending program yet...
program load complete, entry point: 0x8000f000, size: 0xcb80
        File size           Checksum   File name

WARNING: All existing data in flash will be lost!
Invoke this application only for disaster recovery.
Do you wish to continue? y/n  [n]:  y
Ready to receive file b ...
```

图 20-15　接受提示消息

步骤 8：使用 SecureCRT 发送文件，单击菜单栏中的“Transfer”选项，在弹出的下拉菜单中选择“Send Xmodem...”命令，如图 20-16 所示。

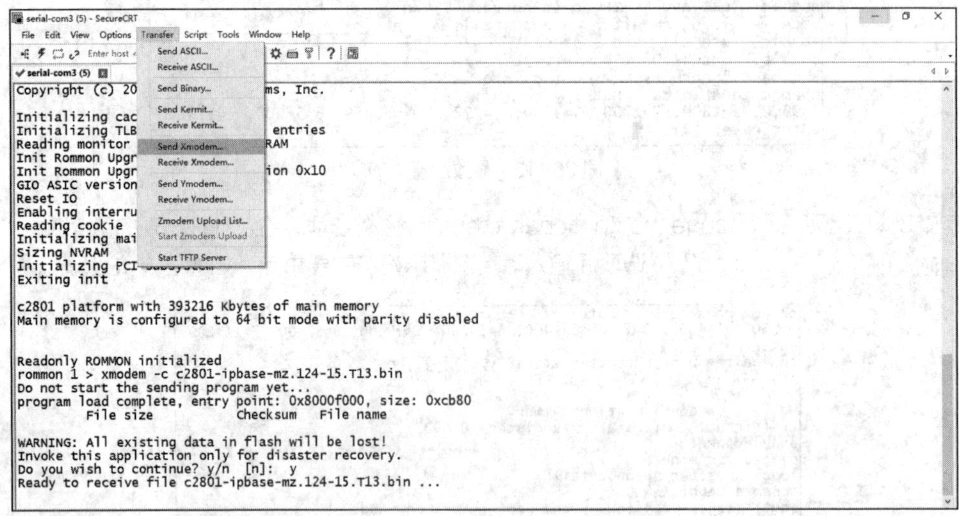

图 20-16 使用 Xmodem 发送文件

弹出“Select File to Send using Xmodem”对话框，如图 20-17 所示。

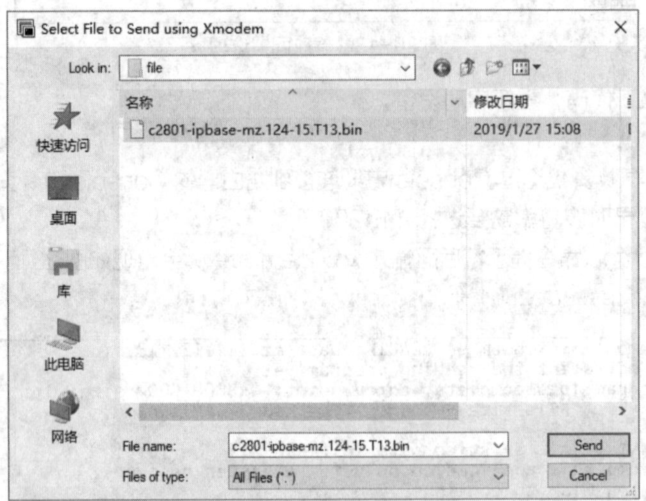

图 20-17 “Select File to Send using Xmodem”对话框

步骤 9：在“Select File to Send using Xmodem”对话框的“Look in”下拉列表中，选择要传输的 IOS 映像所在的位置，在“File name”下拉列表中选择要传输的 IOS 映像文件，单击“Send”按钮，随后将出现传输状态信息，如图 20-18 所示。

```
WARNING: All existing data in flash will be lost!
Invoke this application only for disaster recovery.
Do you wish to continue? y/n  [n]:  y
Ready to receive file c2801-ipbase-mz.124-15.T13.bin ...

Transferring c2801-ipbase-mz.124-15.T13.bin, errors 2...
    2%       565 KB        1 KB/sec      04:17:06 ETA    2 Errors
```

图 20-18 传输状态信息

传输开始后，Packet（数据包）和 Elapsed（已用）字段的值将会增加，等待传输完成。

使用 Xmodem 方式恢复路由器 IOS 的方法，与使用 TFTP 服务器相比，速度慢很多，但是这种方式文件传输使用控制台电缆完成，不用搭建 TFTP 服务器。

20.5 项目小结

本项目完成了路由器 IOS 的备份与恢复。路由器的 IOS 是路由器的操作系统，如果路由器中的 IOS 被误删或者丢失，设备将无法正常运行。在实际的网络运维中，为了便于网络管理，需要备份设备的 IOS 和配置文件，可以把设备的 IOS 和配置文件通过 copy 命令备份到 TFTP 服务器。当路由器的 IOS 丢失时，如果设备没有重启，可以直接从 TFTP 服务器下载 IOS 到路由器的闪存中，完成路由器 IOS 的恢复。如果路由器 IOS 丢失，并且路由器也已重启，这时路由器将无法正常启动，可进入 rommon 模式，使用 TFTP 服务器或者 Xmodem 恢复 IOS。使用 TFTP 服务器通过 rommon 模式恢复的速度相对比较快，使用 Xmodem 方式速度会比较慢，将波特率修改为 115200，会提高传输速度。如果要升级设备的 IOS，只要把路由器原有 IOS 从闪存中删掉，再将新版本 IOS 复制到路由器的闪存中，重启设备即可，升级时需要核对设备的闪存和 RAM 容量能否满足新版本 IOS 的要求。如果设备的闪存容量可以存放多个 IOS，升级时也可以保留原有的 IOS 文件，直接将 IOS 的新版本复制到路由器，然后用 boot system 命令指定路由器用于引导设备的 IOS 文件。

20.6 拓展训练

某学校网络有一台交换机的 IOS 丢失，并且设备已经重新启动，要求使用该交换机的最新的 IOS 版本完成交换机 IOS 的恢复，并写出操作步骤。

参考文献

[1] 埃普森，施密特. 思科网络技术学院教程：路由和交换基础[M]. 思科系统公司，译. 北京：人民邮电出版社，2014.

[2] 戴伊，麦克唐纳，鲁菲. 思科网络技术学院教程 CCNA Exploration：网络基础知识[M]. 思科系统公司，译. 北京：人民邮电出版社，2009.

[3] 格拉齐亚尼. 思科网络技术学院教程 CCNA Exploration：路由协议和概念[M]. 思科系统公司，译. 北京：人民邮电出版社，2009.

[4] 刘易斯. 思科网络技术学院教程 CCNA Exploration：LAN 交换和无线[M]. 思科系统公司，译. 北京：人民邮电出版社，2009.

[5] 瓦尚，格拉齐亚尼. 思科网络技术学院教程 CCNA Exploration：接入 WAN[M]. 思科系统公司，译. 北京：人民邮电出版社，2009.

[6] 蒂尔. CCNP ROUTE（642-902）学习指南[M]. 袁国忠，译. 北京：人民邮电出版社，2011.

[7] 理查德，巴拉基，艾然. CCNP SWITCH（642-813）学习指南[M]. 田果，刘丹宁，译. 北京：人民邮电出版社，2011.

[8] 新华三大学. 路由交换技术详解与实践：第 2 卷[M]. 北京：清华大学出版社，2018.